Oldenbourgs

Technische Handbibliothek

Band VII:

Über Wasserkraft- und Wasser-Versorgungsanlagen

von

Ferdinand Schlotthauer

München und Berlin
Druck und Verlag von R. Oldenbourg
1913

Über Wasserkraft- und Wasser-Versorgungsanlagen

Praktische Anleitung
zu ihrer
Projektierung, Berechnung und Ausführung

Von

Ferdinand Schlotthauer
Ingenieur

Zweite Auflage

Mit 20 Abbildungen

München und Berlin
Druck und Verlag von R. Oldenbourg
1913

Vorwort zur zweiten Auflage.

Der rasche Absatz, dessen sich die erste Auflage dieses Buches zu erfreuen hatte, beweist die günstige Aufnahme, welche es in weiten Kreisen fand, und bestätigt das durchaus wohlwollende Urteil der Kritik, die, aus zahlreichen hervorragenden Fachmännern bestehend, fast ausnahmslos zu der Überzeugung gelangte, daß dem Verfasser die Lösung seiner schwierigen Aufgabe vollständig gelungen sei.

Es galt, intelligenten, theoretisch tüchtigen und praktisch erfahrenen Technikern eine Anleitung zu bieten, welche sie befähigt, selbst ohne Kenntnis der höheren Mathematik sich mit den Grundgesetzen der Hydraulik oder Hydromechanik bekannt zu machen, an der Hand praktischer Beispiele ihre Formeln richtig anwenden zu lernen und neben der Theorie, die auf das geringste zulässige Maß beschränkt wurde, sich auch die reiche Praxis zu eigen zu machen, welche der Verfasser im Laufe fast eines Menschenalters gesammelt hat.

Es läßt sich nicht bestreiten, daß sowohl im Hoch- als Straßen- und Eisenbahnbau die Hydraulik eine recht wesentliche Rolle spielt. Beispielsweise sei darauf hingewiesen, daß die Versorgung mit Trinkwasser in allen Fällen, woselbst diese nicht durch gemeindliche Leitungen erfolgen kann, oft eine recht schwierige Sache ist, da aus lokalen, hygienischen und praktischen Gründen die Schaffung von Pump- und Ziehbrunnen immer mehr in den Hintergrund tritt. Auch die Herstellung von Entwässerungsanlagen spielt oft eine wesentliche Rolle und es erfordern beide Einrichtungen tüchtige Kenntnisse auf dem hydraulischen Gebiete, sollen

grobe Fehler und unmotivierte Mehrkosten entfallen. In weit
höherem Maße ist es beim Eisenbahnbau nötig, einen gründ-
lichen Einblick in die erwähnte Wissenschaft zu besitzen.
Sie ist nötig zur richtigen Bestimmung der Durchlässe, Brücken,
Fluß- und Bachkorrektionen und insbesondere der Gräben
in den Einschnitten und längs der Dämme, da ihre verfehlte
Anlegung Anlaß zu bedrohlichen Böschungsrutschungen bietet.
Und wie selten findet man das erforderliche Wissen für
alle diese Dinge! Der Grund liegt darin, daß auf höheren
Schulen das Verständnis hierfür nicht immer erweckt wird.
Man doziert die Hydraulik, mit der Hydrodynamik beginnend,
nur zu oft auf rein wissenschaftlicher Basis und unterläßt
die Hinweise auf die einschlägige Praxis, so daß fast alle,
deren Beruf nicht auf dieser Materie fußt, ihren Wert nicht
erfassen lernen und es vorziehen, ihre Zeit dem eigentlichen,
für sie in erster Linie maßgebenden Studium der betreffenden
Bauwissenschaft zu widmen und das anscheinend Nebensächliche zu vernachlässigen. Geraten schon diese Herren
nicht selten in eine bedenkliche Lage, so ist diese noch rosig
gegenüber jener zu nennen, in welche fast alle Techniker
gedrängt werden, die im Dienste kleinerer städtischer
Behörden, von Distrikts- bzw. Verwaltungsbehörden oder
von Privaten stehen und die Grundlage ihres Wissens nicht
in höheren Schulen erworben haben. Sie haben sich für
e i n e n bestimmten Beruf vorbereitet, und nun verlangt
man gleichzeitig: Hochbau, Kulturtechnik, Elektrizitäts- und
Maschinenwesen sowie Tiefbau. Letztere Materie schließt
natürlich die Hydraulik ein. War es da nicht ein zwingendes
Gebot der Notwendigkeit, all den Genannten ein Hilfsmittel
an die Hand zu geben, das den eingangs aufgeführten Bedingungen entspricht? Ist doch gerade diese Materie jene,
welche zurzeit die größte Rolle spielt und dem Selbststudium
die meisten Schwierigkeiten bereitet. Die Antwort auf die
vorausgegangene Frage bildet der rasche Absatz der ersten
Auflage dieses Buches. Reichlich entlohnt durch diesen
Erfolg seiner mühseligen Arbeit ist der Verfasser freudig
an die Herstellung der zweiten geschritten. Er hat es sich
nicht verdrießen lassen, einen großen Teil seines Buches

vollständig umzuarbeiten, um das Werk zu vervollkommnen, den Wünschen der Kritik Rechnung zu tragen und Kürzungen eintreten zu lassen, soweit sie tunlich waren, ohne der verschiedenartigen Auffassungsgabe der Interessenten und ihrem ebensolchen Bildungsgange Einbuße zu tun. Aber auch die in der jüngsten Zeit gemachten Fortschritte auf technischem Gebiete erheischten dringend eine Aufnahme in das Buch, dessen Rahmen allerdings recht eng begrenzt ist, so daß es sich als nötig erwies, vieles nur mit wenigen Worten anzudeuten. Der Hinweis, welcher dadurch erfolgte, dürfte jedoch fast in allen Fällen genügen, um den betreffenden Herrn zur Einforderung von Prospekten usw. zu veranlassen.

Die Zahl der Abbildungen wurde vermehrt, Veraltetes ausgeschieden, allen Neuerungen Rechnung getragen. Ein Hauptgewicht legte der Verfasser darauf, d i e A b t e i l u n g e n I u n d II t u n l i c h s t u n a b h ä n g i g v o n e i n a n d e r z u m a c h e n , da sich verschiedene Herren oft nur mit einer der beiden zu beschäftigen haben. Zu diesem Zwecke war es nötig, einzelne Abhandlungen auszuscheiden und in den allgemeinen Erläuterungen unterzubringen, welche für die Benutzung der Tabellen 1 1 und 1 2 erforderlich sind und diesen direkt vorausgesetzt wurden. Einige unbedeutende Wiederholungen wurden dabei unerläßlich, werden jedoch gerne in den Kauf genommen werden, da in dem erwähnten Falle das Studium des gesamten Inhaltes d e s B u c h e s e r s p a r t und zirka auf die H ä l f t e beschränkt ist. Es wird sich daher diese Umarbeitung ungeteilten Beifalles erfreuen. Ein weiterer wesentlicher Vorzug dürfte in vorliegender Ausgabe darin liegen, daß der Verfasser vor der mühseligen und zeitraubenden Arbeit nicht zurückschreckte und zahlreiche Berechnungen anstellte, um die im vorausgegangenen erwähnten Tabellen dadurch zu erweitern, daß dort alle jene Rohrgattungen neu eingereiht wurden, welche seit kurzer Zeit in den Handel gebracht wurden, um die großen Abstände von einem Rohrdurchmesser zum nächsten zu vermindern und so erhebliche Ersparungen an Rohrmaterial herbeizuführen. Entsprechend dem Zwecke dieses Buches umfaßt die Tabelle nun für Wasserversorgungen sämtliche Rohrlichtweiten von ¼″ bis 300 mm und für Wasserkraftanlagen noch alle meist gebräuchlichen von 300 mm bis zu 2000 mm. Diese hochwichtige Neuerung dürfte zurzeit kaum in einem anderen Werke zu finden sein.

So sei denn diese neue Auflage der Öffentlichkeit mit dem Wunsche übergeben, daß sie ebenso wohlwollend wie die erste aufgenommen und ihr Zweck noch in gesteigertem Maße erreicht werde! Möge das Buch manche schwere berufliche Sorge verscheuchen!

Der Verfasser.

Inhaltsverzeichnis.

Inhaltsverzeichnis.

I. Teil.
Wasserkraftanlagen.

1. Allgemeines über die Hydraulik — auch Hydromechanik genannt —, bzw. über die Anwendung der einschlägigen Formeln.

Die Bewegung des Wassers, sei es in den von der Natur geschaffenen Rinnsalen, sei es in künstlich hergestellten Wasserläufen, geht in Wirklichkeit niemals ohne Wellen, Wirbelungen, Temperaturveränderungen und sonstige äußere Einwirkungen vor sich. Es ist daher unmöglich, eine exakte mathematische Darstellung jener Gesetze, nach welchen das Wasser in einzelnen bestimmten Fällen sich fortbewegt, zu schaffen. Wird selbst von der Wärmeveränderung vollständig abgesehen und die Wasserbewegung einzig nach dem Gesetze der Schwere behandelt, so ergeben sich trotzdem unvollkommene Formeln. Aus diesem Grunde blieb die rein theoretische Lehre über die Wasserbewegung oder Hydrodynamik ziemlich ohne praktisch greifbare Resultate, da die Integration der Grundgleichungen sich nur in wenigen Fällen vollziehen läßt. Für den Zweck, welchen dieses Buch verfolgt, kommt daher lediglich die Hydraulik, auch Hydromechanik genannt, in Betracht. Diese Wissenschaft rechnet in ihren empirischen Formeln mit Erfahrungskoeffizienten, welche, richtig angewendet, für die Praxis vollständig brauchbare Resultate liefern. Die Benutzung von empirischen Formeln verlangt jedoch, daß keine willkürliche Auflösung derselben vorgenommen wird, da die Bedingungen, unter welchen diese Koeffizienten ermittelt wurden, in der

Praxis niemals die vollständig gleichen werden und eine
Verallgemeinerung der betreffenden Formeln die Einsetzung
weiterer bestimmter Koeffizienten nötig machte, deren Wert
nur unter der gegebenen Voraussetzung ein richtiger ist, so
daß es nicht angeht, jeden einzelnen Koeffizienten aus der
Formel berechnen zu wollen. Dieser Umstand erschwert
in hohem Maße die Arbeiten auf dem Gebiete der Hydraulik
und bietet das einzige verlässige Hilfsmittel für jene, welche
die einschlägige, wissenschaftliche Materie nicht oder nicht
vollständig beherrschen, der in diesem Buche einge-
schlagene Weg: an der Hand von Beispielen die Anwendung
der erforderlichen Formeln klarzulegen und ihre Auflösung
rechnerisch durchzuführen.

Verschiedene Formeln sind überhaupt nicht direkt
lösbar, sie geben lediglich die Beziehungen der einzelnen
Koeffizienten zueinander. In solchen Fällen erübrigt nichts
anderes als durch Einsetzung von Versuchswerten für jene
Unbekannte, welche die direkte Lösung der Formel unmöglich macht, ein Resultat zu erhalten, das sich alsdann
entweder zu groß oder zu klein erweist, sehr selten zufällig
erraten wird. Man wird daher ein zweites Resultat suchen,
das zu klein ausfällt, wenn das erste zu groß wurde und aus
beiden den Durchschnittswert ermitteln, der, in die Formel
eingesetzt, dem gesuchten Werte allmählich ganz nahe kommt,
so daß das Resultat praktisch verwendbar wird.

Derartige Manipulationen sind zwar umständlich und
zeitraubend, aber bisweilen nicht zu vermeiden. Wer mit
dem Rechenschieber bewandert ist, wird in solchen Fällen
mit diesem eine bedeutende Arbeitserleichterung erzielen.
Es verbietet der Zweck dieser Anleitung, sämtliche Formeln
der Hydraulik hier aufzuführen und zu erläutern. Ein
solches Verfahren würde nur zu Mißverständnissen führen
und diese Niederschrift mit Gegenständen überladen, an
denen derjenige, welcher einen bestimmten Fall zu bearbeiten
hat, kein Interesse besitzt. Es kommen daher nur diejenigen
Formeln zur Anwendung, welche bei der praktischen Durchführung von Projekten unentbehrlich sind, und zwar wurden
gerade jene ausgewählt, welche auf Grund der Erfahrung

das sicherste Resultat ergeben. Wo die Auflösung einer solchen Formel sehr schwierig ist und eine einfachere ein praktisch ausreichendes Resultat ergibt, wurde letztere gewählt. Von der Entwicklung der Formeln, welche ohne höhere Mathematik meist nicht durchführbar ist, wurde ebenfalls Abstand genommen, da der Hauptzweck dieses Werkes eine p r a k t i s c h e Anweisung zur raschen und sicheren Lösung aller einschlägigen Arbeiten auf dem Gebiete der Hydraulik sein soll.

2. Über die Bewegung des Wassers in natürlichen Gerinnen und Kanälen, bzw. die Einflüsse, welche sich bei derselben geltend machen.

Das Wasser bedarf als tropfbar flüssiger Körper zu seiner Fortbewegung einer bestimmten Druckhöhe oder eines gewissen Gefälles. Die Geschwindigkeit, welche bei den verschiedenen Gefällshöhen eintritt, ist einerseits von der geognostischen Beschaffenheit seines Gerinnes oder Bettes, anderseits von dem Verhältnis des benetzten Umfanges zur Wasserquerschnittfläche abhängig. Die Beobachtung, daß das Wasser der Flüsse bei gleichbleibendem Sohlengefälle je nach der Tiefe des Wasserstandes eine verschiedene Geschwindigkeit erhält, liefert hierfür den Beweis. Während z. B. ein Fluß mit breiter Sohle bei niedrigem Wasserstande und einem vorhandenen geringen Gefälle nur langsam fließt, steigt seine Geschwindigkeit bei eintretendem Hochwasser oftmals um mehr als das Doppelte. Es gibt für diese Erscheinung nur die oben angedeutete Erklärung, daß das Verhältnis des benetzten Umfanges U eines Wasserlaufes zum Wasserquerschnitt F ein derartiges ist, daß die Geschwindigkeit des Wassers wächst, je größer die Querschnittfläche im Verhältnis zum benetzten Umfang wird. Die Querschnittfläche F wächst im quadratischen Verhältnisse, während der benetzte Umfang U nur in linearem solchen zunimmt. Ein Beispiel wird das Gesagte erläutern. Ein Fluß, der 20 m mittlere Breite und durchschnittlich 0,4 m Tiefe, sowie einmalige Uferböschung besitzt, hat eine Wasser-

1*

Querschnittsfläche $F = 20 \times 0,4 = 8$ qm. Der benetzte Umfang $U = 19,2 + 2 \times 0,57 = 20,34$ m. Das Verhältnis zwischen Querschnitt und Umfang oder $\frac{F}{U} = 8 : 20,34$ = rund 0,39.

Schwillt das Wasser auf eine mittlere Tiefe von 0,8 m an, so wird F 16 qm und $U = 18,2 + 2 \times 1,13 = 20,46$ und $\frac{F}{U} = $ rund 0,78.

Bezüglich der Berechnung des benetzten Umfanges U für ein beliebiges und ein günstigstes Querprofil vgl. die Angaben S. 11 u. 16.

Indem also bei einem Wasserstande von 0,4 m Tiefe die Querschnittsfläche 8 qm beträgt und der benetzte Umfang 20,34 m, erhöht sich bei 0,8 m Wassertiefe der Querschnitt bereits auf das Doppelte, während der benetzte Umfang lediglich auf 20,46 m steigt.

In der Lehre über die Bewegung flüssiger Körper wird der Quotient $\frac{F}{U}$ fast durchwegs mit R oder hydraulischem Radius bezeichnet. Wie jedoch erwähnt wurde, ist für die Geschwindigkeit eines fließenden Wassers nicht das oben erwähnte Verhältnis allein maßgebend, sondern auch die Beschaffenheit des Fluß- oder Kanalbettes. Je rauher z. B. die Sohle und das Ufer eines Flusses ist, je mehr Gerölle, Geschiebe oder Felsblöcke im Wasserlaufe auftreten, je dichter der Pflanzenwuchs oder je größer die Schlammablagerung in langsam fließenden Gewässern ist, desto geringer wird die Geschwindigkeit.

3. Bestimmung der Wassergeschwindigkeit.

Vorbemerkungen.

Es ergibt sich hieraus, daß ein bedeutend höheres Gefälle erforderlich wird, wenn ein Wasserlauf bei derartigen, der Bewegung hinderlichen Untergrunds- und Uferverhältnissen eine bestimmte Geschwindigkeit erreichen soll, als wenn sich derselbe z. B. in einem gehobelten Gerinne oder einem Kanale aus glatt verputztem Beton fortbewegt. Soll nach dem Gesagten daher ein Fluß oder Kanalprofil bestimmt werden, so ist es unerläßlich, zu wissen, welches Material dabei durchschnitten wird, da nicht nur darauf zu achten ist, ob infolge der Beschaffenheit desselben ein größeres oder kleineres Gefälle nötig wird, sondern auch berücksichtigt werden muß, daß einzelne Bodenarten schon von sehr mäßig fließendem Wasser angegriffen werden, so z. B. Lehmerde, Tonerde, lockerer Sand usw. Die Folge eines zu raschen Wasserlaufes wäre daher Ausspülung der Sohle und Böschungen und Nachrutschung der letzteren. Anderseits birgt aber auch langsam fließendes Wasser bei unseren klimatischen Verhältnissen die Gefahr in sich, daß dasselbe gänzlich, das ist bis zum Grund, einfriert. Ist derartiges zu befürchten und gestattet die Beschaffenheit des Materials keine nennenswerte Wassergeschwindigkeit, so bleibt nur der einzige Ausweg übrig, die vom Wasser benetzte Kanalstrecke künstlich vor Ausspülung und Rutschungen zu sichern, was, wenn auch mit erheblichen Kosten, dadurch möglich wird, daß die Sohle durch Herstellung einer Betonschichte oder eines auf einem Schwellroste befestigten Bodenbelages aus Dielen und die Seitenwände durch Beschlachtungen, Ufermauern — im günstigsten Falle — durch Flechtzäune und Faschinenbauten oder Steinwurf gesichert werden.

Die erste Erwägung bei Bestimmung eines Wasserlaufes gilt somit der für ihn zu wählenden Geschwindigkeit. Je nach dem Rauhigkeitskoeffizienten des Materials ergibt sich für einen Oberwasserkanal praktisch eine mittlere solche von 0,3—0,9 m pro Sekunde. Dabei bezeichnet die mittlere Geschwindigkeit nicht etwa den Lauf des Wassers im Stromstriche, in dessen Mitte die größte Geschwindigkeit auftritt, sondern den Durchschnitt aus den verschiedenen Geschwindigkeiten, welche im letzteren, sowie an den beiden Ufern und bei zunehmender Tiefe beobachtet werden.

Soll z. B. lockerer Kies in der Sohle eines Kanals nicht in Bewegung geraten, so darf die Wassergeschwindigkeit über dieser Sohle 0,75 m pro Sekunde nicht überschreiten. Hierbei wird die der Gefällsrechnung zugrunde zu legende

mittlere Wassergeschwindigkeit angenähert um $\frac{1}{3}$ größer,
somit 1 m pro Sekunde. Es wird daher in der Regel nötig
werden, die Wassergeschwindigkeit als gegeben vorauszu-
setzen und alsdann zu berechnen, welches Gefälle erforderlich wird, um dem Wasser die gewünschte Geschwindigkeit
zu verleihen.

Es ist bereits erörtert worden, daß letztere von dem
Rauhigkeitskoeffizienten und dem Verhältnis des benetzten
Umfanges zur Wasserquerschnittsfläche abhängt.

4. Ermittelung der Wassermengen und die hierzu dienenden Methoden.

Ehe jedoch an eine derartige Berechnung geschritten
werden kann, ist es vor allem nötig, die Wassermenge zu
wissen, welche in der Sekunde den Kanal zu durchfließen
hat, ebenso das Gefälle, welches für die Ausnutzung einer
Wasserkraft zur Verfügung steht. Sehr häufig ist beides erst
zu ermitteln.

Die Berechnung der in einem größeren Flusse sekundlich abgeführten Wassermenge ist deshalb schwierig und
unzuverlässig, weil der Wasserstand der Flüsse ein stetig
schwankender ist. Es ist in solchen Fällen rätlich, bei Behörden oder Personen, welche ständig mit der Beobachtung
der verschiedenen Wasserstände zu tun haben, Erkundigungen
über den geringsten, mittleren und höchsten Wasserstand
einzuziehen.

Früher wurde fast ausnahmslos eine Turbinenanlage
für den m i t t l e r e n Wasserstand eines kleineren Flusses
berechnet. Diese dient zwar immer noch als Grundlage für
die Projektierung von Wasserkraftanlagen, weshalb sie stets
zu ermitteln ist, in vielen Fällen geht man jedoch in letzterer
Zeit dazu über, die Kanäle so herzustellen, daß ihr Wasserstand bis auf die Höhe mittlerer Hochwässer anzuschwellen
vermag, so daß auch die Höhe der letzteren festgestellt werden
muß, wozu vielfach Höhenmarken in den vorhandenen Wasserkraftanlagen oder Erhebungen bei den einschlägigen Behörden
dienlich sind.

Derartige Bauausführungen sind besonders dann angezeigt, wenn die Anlage größere Geldausgaben lohnt, im Unterwassergraben sofort ein schädlicher Rückstau eintritt und der Betrieb mittels Turbinen auf das höchste ausgenutzt werden soll. Wo hierzu keine zwingende Veranlassung gegeben ist, haben solche Anlagen besser zu unterbleiben, da sie sehr teuer sind und die Konstruktionen der Turbinen derart verbessert wurden, daß einzelne Systeme auch unter bedeutendem Rückstau noch einwandfrei arbeiten.

Unter allen Umständen ist daher die Bauwürdigkeit einer derartigen Anlage genau zu kalkulieren, da als Sicherung des Betriebes bei Niederwasser fast immer eine Dampfreserve aufzustellen ist, so daß einzig der Kostenpunkt entscheidet, ob diese nicht vorteilhafter auch bei Hochwässern in Betrieb zu setzen ist und dafür die Kosten für den teuren Kanal in Wegfall gelangen können. Es darf aber dabei nicht unberücksichtigt bleiben, daß ein Turbinensystem für Nieder- und Mittelwasser, ein weiteres für Hochwasser nötig ist, welch letzteres bei Einleitung von solchen in den Kanal wiederum wesentlich größer und teurer ausfällt.

Exzessive Hochwässer kommen auch in diesem Falle nicht in Betracht und sind diese, wie später gesagt wird, durch Überfälle tunlichst schadlos zu machen. Bei Anlagen, welche auf Mittelwasser projektiert werden, stehen diese Überfälle in der ihm entsprechenden Höhe. Andernfalls auf jener mittlerer Hochwässer (vgl. Fig. 3, S. 13).

Bei Wasserkraftanlagen, welche durch Ströme gespeist werden, wird diesen immer nur ein Teil des gesamten Wassers entnommen.

Ist eine Wehranlage mit Schützenzügen, an welchen das Wasser direkt gemessen werden kann, nicht vorhanden, so ist die Wassermenge durch Aufnahme von Querprofilen zu bestimmen, welche sich von einem Ufer zum andern erstrecken. Die Höhe des Wasserspiegels ist bei jedem Querprofile durch das Nivellierinstrument zu bestimmen und kann alsdann die Tiefe der Fußsohle durch Peilung festgesetzt werden, während die Entfernung der Brechungspunkte einzumessen ist, so daß die Querprofile aufgetragen und be-

rechnet werden können. Dabei ist der ermittelte Normal-
wasserstand für Mittelwasser einzutragen und die Quadratfläche der Querprofile für diesen zu berechnen. Die aus
drei oder mehr Querprofilen sich ergebende Durchschnitts-
fläche entspricht dem mittleren Flußprofile an dieser Stelle
und dient zur Berechnung der Wassermenge, welche sich
aus der mittleren Geschwindigkeit mal der Querschnittsfläche
ergibt. Dabei ist das Konstantbleiben des Wassers durch
Pegelbeobachtung oder wiederholte Messung der Wasserspiegelhöhe zu kontrollieren. Befinden sich oberhalb der
gedachten Wehrstelle Stauanlagen, so ist doppelte Vorsicht
geboten, da von den Besitzern fast regelmäßig in den Ruhe-
pausen des Betriebes Wasser auf die zulässige Höhe, welche
stets von Amts wegen durch einen Eichpfahl oder eine Eich-
marke festgelegt ist, aufgestaut wird, um bei Beginn des
Betriebes eine erhöhte Arbeitskraft zur Verfügung zu haben.
Es kann also der Fall sein, daß während des Staues eine zu
geringe und bei Verlaufen desselben eine zu große Wassermenge
festgestellt wird. Die Wassergeschwindigkeit wird am besten
mittels des W o l t m a n n schen Flügelmessers bestimmt,
dessen Umdrehungzahl für eine bestimmte Geschwindigkeit v ermittelt sein muß und als Konstante für die verschiedenen zu messenden Geschwindigkeiten dient. Festzustellen ist bei jedem Profile m i n d e s t e n s die Geschwindigkeit in der Mitte des Stromstriches, jene an den Ufern,
ferner an den gleichen Stellen die Sohlengeschwindigkeit.
Der Durchschnitt aus sämtlichen Geschwindigkeitsmessungen
ist alsdann die mittlere Wassergeschwindigkeit v, welche, mit
der mittleren Querschnittsfläche multipliziert, die sekundliche
Wassermenge Q angibt.

Eine derartige Messung ist selbstredend nur da hinreichend, wo es sich um einen nicht zu großen und ziemlich regelmäßigen Wasserlauf handelt. Andernfalls ist systematisch eine ganze Reihe von Punkten, z. B. in Abständen
von ca. 5 m und in verschiedenen Tiefen zu untersuchen
bzw. die Geschwindigkeit zu messen. Es empfiehlt sich,
als erste Messung die Höhe von 0,1 m unter dem Wasserspiegel zu wählen, dann 0,4 m und endlich 0,5 m und in

diesen Abständen gleichmäßig bis zur Sohle die Messungen fortzusetzen. Jede einzelne Messung ist dreimal vorzunehmen und der Durchschnitt als mittlere Geschwindigkeit zu verzeichnen. Man trägt vorteilhaft das Querprofil des Flusses auf Millimeterpapier auf und verzeichnet in demselben die einzelnen Geschwindigkeitsmessungen, deren Dauer auf 100 Sekunden bemessen wird. Die Messungen an der Sohle sind tunlichst nahe über dieser vorzunehmen. Die Höhe des Wasserstandes ist in jeder Zone der Vertikalmessung durch Pegelbeobachtung und Peilung zu registrieren. Die Berechnung der Wassermengen erfolgt unter Zugrundelegung der in jeder Höhenzone ermittelten Geschwindigkeit aus den erwähnten nötigen drei Messungen während je 100 Sekunden. Das nachstehende Schema macht die systematische Geschwindigkeitsmessung und Berechnung der Wassergeschwindigkeiten ersichtlich. (Siehe Skizze Seite 10.)

Die Querschnittsberechnung erfolgt für das Profil A von oben nach abwärts durch Berechnung des mittleren Profils aus zwei von oben nach unten sich aneinander reihenden Profilen, die Wassermengenberechnung durch Einsetzung der mittleren Wassergeschwindigkeit zwischen diesen beiden Profilen, und zwar wird mit letzterer das Durchschnittsprofil aus 1 und 2, dann aus 2 und 3, 3 und 4 usw. multipliziert. Alsdann wird in gleicher Weise Profil b, dann Profil c usw. berechnet, bis die ganze Flußbreite erreicht ist, womit auch die Gesamtwassermenge ermittelt ist. Der Flügelradmesser ist bei größeren Geschwindigkeitsmessungen wiederholt durch Kontrolle mittels eines zweiten Instrumentes auf seinen richtigen Gang zu prüfen. Die besten Resultate ergeben Flügelradmesser mit elektrischer Ein- und Ausschaltung.

5. Bestimmung der mittleren Wassergeschwindigkeit aus jener im Stromstriche.

Steht ein Woltmannscher Messer nicht zur Verfügung, so kann die Geschwindigkeit im Stromstriche dadurch annähernd bestimmt werden, daß an einer tunlichst geraden Flußstreckenstelle eine bestimmte Länge abgemessen

und markiert wird. Eine verkorkte Flasche oder sonst ein
geeigneter Schwimmer wird an der oberen Markierung der
gemessenen Länge zu einer bestimmten Sekunde in die
Mitte des Stromstriches gelegt und mit der Uhr beobachtet,
wie lange der Schwimmer braucht, um die abgemessene
Strecke zu durchschwimmen. Der Versuch ist mehrere Male
zu wiederholen und die durchschnittliche Zeit hieraus zu
ermitteln. Die mittlere Wassergeschwindigkeit erhält man
alsdann nach der Formel von B a z i n :

$$\frac{v}{v_0} = \frac{1}{1 + 14\sqrt{\alpha + \dfrac{\beta}{R}}} \cdot$$

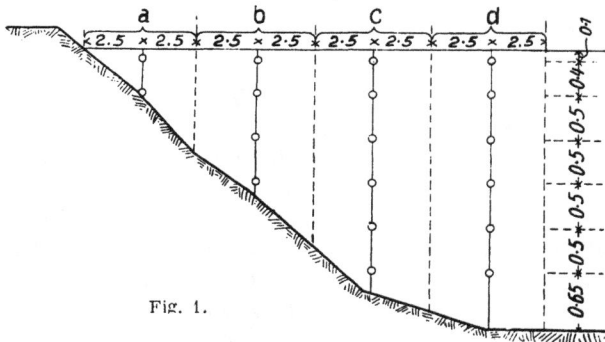

Fig. 1.

In dieser Formel bezeichnet v_0 die ermittelte Geschwindigkeit im Stromstriche; α und β die Rauhigkeitskoeffizienten,
und zwar sind:

	α	β
I. für sehr ebene Wände (glatter Putz und gehobeltes Holz) . .	0,00015	0,0000045
II. ebene Wände (Hausteine, ungehobelte Bohlen) unverputzter Beton	0,00019	0,0000133
III. wenig ebene Wände (Bruchsteinmauerwerk)	0,00024	0,000060
IV. Erdwände	0,00028	0,000350
V. Gerölle und Geschiebe sowie Schlamm und Wasserpflanzen .	0,00040	0,00070

Die B a z i n schen Werte von $\dfrac{v}{v_0}$ für eine größere Reihe von hydraulischen Radien sind in unten aufgeführter Tabelle ersichtlich gemacht.

Tabelle 1.

Der hydraulische Radius oder $R =$	0,1	0,2	0,3	0,4	0,5	0,6	0,8	1,00	2,00	3,00	6,00
$\dfrac{v}{v_2}$ für den Fall I	0,84	0,85	0,85	0,85	0,85	0,85	0,85	0,85	0,85	0,85	0,85
» » » » II	0,80	0,82	0,82	0,83	0,83	0,83	0,83	0,83	0,84	0,84	0,84
» » » » III	0,72	0,76	0,77	0,78	0,79	0,80	0,80	0,81	0,81	0,82	0,82
« » » » IV	0,54	0,61	0,65	0,68	0,70	0,71	0,72	0,74	0,77	0,78	0,80
» » » » V	0,45	0,53	0,58	0,61	0,63	0,65	0,67	0,68	0,72	0,74	0,76

Die genaue Berechnung von U bei gegebenen regelmäßigen Böschungen ist in Tab. 3, Kol. 8, Seite 16 u. 18, ersichtlich gemacht und durch eingehende Erklärungen erläutert. Die Querschnittsfläche F ergibt sich durch die Berechnung der Größe des aufgenommenen mittleren Querprofiles.

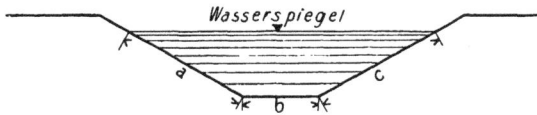

Fig. 2.

Der benetzte Umfang $U = a + b + c$.

6. Wassermessungen durch Ausflußöffnungen oder Überfälle usw.

Läßt sich das Wasser mittels einer vorhandenen oder einzubauenden Ausflußöffnung messen, so dient zur Berechnung der Abflußmenge über einen rechteckigen Überfall mit scharfer Überfallkante, wenn eine seitliche Wasserkontraktion durch einen trichterförmig verbreiterten Einlauf zum Gerinne vermieden ist und dieses die gleiche Breite als der Überfall besitzt, die Formel von B a z i n :

$$Q = m\, b\, h\, \sqrt{2g\,h}\,,$$

wobei Q die Wassermenge, b die Breite des Überfalles, h die Druckhöhe und g die Beschleunigung beim freien Fall oder 9,81 ist. m bestimmt sich aus der Formel:

$$m = 0{,}425 + 0{,}212 \left(\frac{h}{h+w}\right)^2,$$

in welcher w die Wehrhöhe bedeutet. Bei einer derartigen Anordnung ist jedoch abzuwarten, bis sich der durch den Einbau des Überfalles entstehende Stau verlaufen hat, so daß die Druckhöhe h erst nach diesem Zeitpunkte gemessen werden darf.

Erfolgt die Wassermessung durch Ziehen einer Schütze unter Wasser, wobei die Schütze so lange zu regulieren ist, bis der Oberwasserspiegel konstant bleibt, so wird die Wassermenge Q angenähert $= \mu A \sqrt{2gh}$, wobei A die Querschnittsfläche der Ausflußöffnung, g wiederum 9,81 und h die Höhendifferenz zwischen Ober- und Unterwasserspiegel bedeutet. μ wird bei scharfkantiger nach außen abgeschrägter Kante der Ausflußöffnung $= 0{,}615$. Vorausgesetzt ist dabei, daß das obere und untere Gerinne gleich breit sind.

An Stelle der von B a z i n aufgestellten Formel für Wassermessungen an Überfällen wird häufig die Formel von E y t e l w e i n angewendet, nämlich $Q = \frac{2}{3}\mu b h\sqrt{2gh}$, wobei $\frac{2}{3}\mu = 0{,}41$, $b =$ ein Drittel der Breite des Gerinnes und h die Differenz zwischen Ober- und Unterwasserspiegel ist. Die Messung von h darf nicht direkt am Überfalle selbst vorgenommen werden, woselbst das Wasser sich infolge der Erdbeschleunigung beim freien Fall bereits absenkt, sondern 1—3 m oberhalb des Überfalles. Die für letzteren erforderliche scharfe Kante muß dabei nach innen gerichtet sein.

Die genauere Formel für den gleichen Fall ist nach dem Handbuche der Ingenieur-Wissenschaft jene von B o r - n e m a n n , nach welcher

$$Q = b h\sqrt{2gh}\left(0{,}54593 - 0{,}091893\left(\frac{h}{H}\right)^{1/2}\right)$$

wird, wobei die Geschwindigkeit des Wassers bei seiner Ankunft vor dem Überfalle vernachlässigt ist. Wird dieselbe in Rechnung gezogen, so ergibt sich ein noch schärferes Resultat und lautet die Formel:

$$Q = b\,h\,\sqrt{2\,g}\left(h + \frac{v^2}{2\,g}\right)^{3/2}\left(0{,}640204 - 0{,}286217\left(\frac{h}{H}\right)^{1/2}\right).$$

In beiden Formeln bezeichnet b die Breite des Überfalles, dessen obere Kante a gegen die Unterwasserseite zu abgeschrägt ist, h die Höhe des zur Ruhe gekommenen Ober-

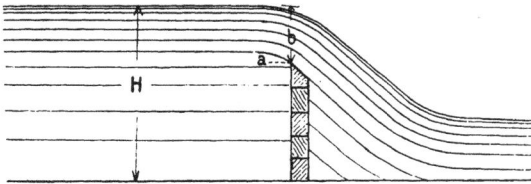

Fig. 3.

wasserspiegels über der Kante a und H die Tiefe des Wasserstandes 1—3 m oberhalb des Überfalles. v ist in der zweiten Formel die Geschwindigkeit des ankommenden Wassers.

7. Vorarbeiten für die Kanalbestimmung und Ermittelung der Stauweite für Wehranlagen.

Ist nach einer der vorbezeichneten Methoden die Wassermenge bestimmt, so wird das Gefälle des Flusses von jenem Punkte aus, an welchem die Abzweigung des Kanals gedacht ist, bis dahin, wo der Unterwasserkanal münden soll, mittels des Nivellierinstrumentes gemessen. Ist der Einbau eines Wehres geplant, so sind flußaufwärts vom gedachten Wehre Querprofile aufzunehmen, welche ersehen lassen, ob der Aufstau bei Hochwasser die Herstellung von Dämmen zum Schutze der angrenzenden Grundstücke nötig macht. Die Länge des Staues, welche die Entfernung des letzten Querprofiles oberhalb des Wehres bestimmt, berechnet sich am vorteilhaftesten nach der einfachen Formel $L = \dfrac{2\,h}{i}$, welche

der Geh. Baurat Herr Professor P f a r r an der Techn. Hoch-
schule in Darmstadt aufgestellt hat und in welcher h die
Stauhöhe und i das im Flusse oberhalb des Wehres vorhandene
Sohlengefälle pro m bedeutet, weshalb auch dieses durch
Höhenmessung zu ermitteln ist. Schließlich muß noch die
vorteilhafteste Kanalachse aufgesucht und eingemessen werden. Die Höhe der einzelnen Achspunkte ist zu bestimmen
und bei jedem derselben ein Querprofil aufzunehmen, dessen
Breite so bemessen werden soll, daß etwaige Achsverschie-
bungen, welche bisweilen schon in Rücksicht auf die Grund-
erwerbung eintreten können, ohne ergänzende Neuaufnahmen
möglich sind. Für die Zentrale selbst sind ebenfalls Quer-
profilsaufnahmen erforderlich. Sind diese Vorarbeiten be-
endigt, so kann an die Bestimmung des Kanalprofils geschritten
werden.

8. Die Wassergeschwindigkeit in Kanälen.

Als allgemeine Norm für die in einem Kanale zulässige
mittlere Geschwindigkeit kann nachstehende Tabelle gelten:

Tabelle 2.

		pro Sekunde	
Für Erde und Lehm	$v =$	0,076	m
» fetten Ton	v	0,152	m
» Sand	v	0,305	m
» Kies (rollig)	v	0,609	m
» Kies mit dazwischen gelagertem Sand	v	0,75	m
» größere Kieselsteine	v	0,914	m
» Holz	v	0,6—0,9	m
» kantige Steine	v	1,22	m
» Schiefer und Konglomerate	v	1,52	m
» geschichtete Felsen	v	1,84	m
» harte, geschlossene Felsen u. Beton	v	2,5—3,05	m

9. Bestimmung des Kanalprofiles.

Ist für den Kanal auf Grund obiger Angaben eine Geschwindigkeit v festgesetzt, so wird zunächst die erforder-

liche Querschnittsfläche für das gegebene Wasserquantum Q aus der Formel $\dfrac{Q}{v}$ gesucht. Alsdann wählt man einen für das vorhandene Material entsprechenden Böschungswinkel. Ist der Kanal gemauert oder betoniert, so wird am vorteilhaftesten die innere Wandung senkrecht gehalten und der Anlauf auf die Erdseite gelegt.

Ist das Profil aus festem Material auszubrechen, so wählt man zweckmäßig einen Böschungswinkel von 60⁰ bzw. 45⁰.

Bei einem Boden, welcher noch mit Pickel und Schaufel zu lösen ist, kann die Böschung $5/4$ malig bzw. 1½ malig gewählt werden, und ergibt sich für erstere ein Böschungswinkel von 38⁰ 40′, für letztere von 33⁰ 41′. Es ist jedoch dabei, wie erwähnt, im Auge zu behalten, daß das Wasser nur eine solche Geschwindigkeit erhalten darf, welche das Material nicht anzugreifen vermag.

Umstehende Tabelle gibt einen vorzüglichen Behelf zur Bestimmung eines günstigsten Querprofiles, bei welchem der vom Wasser benetzte Umfang U ein Minimum wird.

Die Tabelle berechnet sich nach den Formeln:

$$\text{Die Wassertiefe } a = \sqrt{\frac{F \sin \delta}{2 - \cos \delta}},$$

worin $F = 1$ zu setzen ist,

$$\text{die untere Breite } b = \frac{1}{a} - a \operatorname{ctg} \delta,$$

$$\text{die obere Breite } B = b + 2 \operatorname{ctg} \delta,$$

$$\text{und der benetzte Umfang } U = b + \frac{2\,a}{\sin \delta},$$

die absolute Böschung ist $a \operatorname{ctg} \delta$.

In der Tabelle wurden die Werte für die allgemein üblichen Böschungen berechnet und berücksichtigt, ebenso das halbkreisförmige Profil, welches als das günstigste zu bezeichnen ist.

Nachdem in umstehender Tabelle sämtliche Werte auf den Querschnitt $F = 1,00$ bezogen und berechnet sind, müssen

Tabelle 3.

1 Böschungs-verhältnis	2 Böschungs-Winkel γ	3 Relative Böschung ctg δ	4 Tiefe a	5 Untere Breite b	6 Obere Breite B	7 Absolute Böschung $a \cdot \text{ctg}\,\delta$	8 Benetzter Umfang U	Bemerkungen
senkrecht	90^0	0	$0,707\sqrt{F}$	$1,414\sqrt{F}$	$1,414\sqrt{F}$	0	$2,828\sqrt{F}$	Beschlachtung, Quader- und Betonmauern.
1,75:1	60^0	0,577	$0,760\sqrt{F}$	$0,877\sqrt{F}$	$1,755\sqrt{F}$	$0,439\sqrt{F}$	$2,632\sqrt{F}$	Bruchsteinmauerwerk, Pflasterungen und Konglomerate.
1:1	45^0	1,000	$0,740\sqrt{F}$	$0,613\sqrt{F}$	$2,092\sqrt{F}$	$0,740\sqrt{F}$	$2,704\sqrt{F}$	Ungebundenes Material mit Uferbefestigungen.
1:1¼	$38^0\,40'$	1,250	$0,708\sqrt{F}$	$0,529\sqrt{F}$	$2,299\sqrt{F}$	$0,885\sqrt{F}$	$2,895\sqrt{F}$	Gebundenes (festgelagertes) Material.
1:1½	$33^0\,41'$	1,500	$0,689\sqrt{F}$	$0,418\sqrt{F}$	$2,485\sqrt{F}$	$1,034\sqrt{F}$	$2,904\sqrt{F}$	Ungebundenes Material.
1:2	$26^0\,34'$	2,000	$0,636\sqrt{F}$	$0,300\sqrt{F}$	$2,844\sqrt{F}$	$1,272\sqrt{F}$	$3,144\sqrt{F}$	Lockere Erde, Sand, rolliger Kies etc.
Halbkreis	–	–	$0,798\sqrt{F}$	–	$1,596\sqrt{F}$	–	$2,507\sqrt{F}$	Mauerwerk, Beton oder Eisen.

die der Tabelle entnommenen, mit dem Werte $\sqrt{F}$ multipliziert werden. Man verfährt bei Benutzung der Tabelle in nachstehender Weise:

Das Wasserquantum muß in jedem Falle gegeben sein oder ermittelt werden. Die Geschwindigkeit richtet sich nach der Beschaffenheit des Materials und dem verfügbaren Gefälle.

Der Querschnitt, welcher erforderlich ist, um bei einer gewählten Geschwindigkeit v die gegebene Wassermenge Q zu fördern, ergibt sich aus der Formel $\frac{Q}{v} = F$.

Ist die — ebenfalls durch die Standfestigkeit des Materials bedingte — Böschungsneigung richtig gewählt, so sucht man in der Tabelle die der letzteren oder dem Böschungswinkel w entsprechenden Werte auf und multipliziert diese mit dem Wurzelwerte von F. Das so gewonnene Resultat gibt die Dimensionen des gesuchten Querprofils an.

Ist z. B. eine Wassermenge von 2,25 cbm in einem Kanale fortzuleiten, und zwar mit einer mittleren Geschwindigkeit von 0,75 m pro Sekunde, bei welcher Kieselsteine noch ruhend verbleiben, und ist als Böschung die Neigung 1 : 1½ oder $w = 33^0$ 41′ gewählt, so wird die erforderliche Querschnittsfläche $F = \frac{2,25}{0,75} = 3,0$ qm. Der Wurzelwert aus 3,0 = 1,732. Die der Tabelle entnommenen Werte sind demnach folgende:

Die Tiefe $a = 0,689 \times 1,732 = 1,193$,

die untere Breite $b = 0,418 \times 1,732 = 0,724$,

die obere Breite B wird $2,485 \times 1,732 = 4,304$,

und endlich der benetzte Umfang U $2,904 \times 1,732 = 5,03$.

Die absolute Böschung, welche die Länge der Böschungslinie angibt, die bei der ermittelten Tiefe vom Wasser benetzt wird, ergibt sich durch die Multiplikation des Wertes 1,034 mit 1,732 = 1,791. Die gefundene Sohlenbreite plus dem zweimaligen obigen Werte ergibt den benetzten Umfang U. Das so gefundene Profil ist demnach kehrseits skizziert.

Bei $Q = 2{,}25$ cbm $v = 0{,}75$ m $F = 3{,}00$ qm.

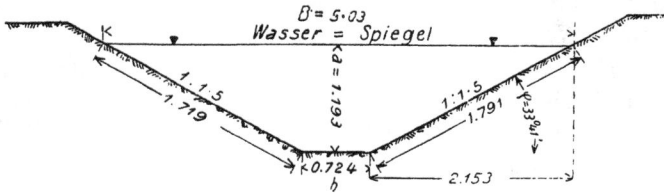

Fig. 4.

10. Bestimmung des für eine gewählte Geschwindigkeit erforderlichen Gefälles.

Zur Bestimmung der Druckhöhe bzw. des Gefälles, welches im vorliegenden Falle erforderlich ist, um dem Wasser die nötige Geschwindigkeit von 0,75 m pro Sekunde zu verleihen, dienen vielfach die Formeln von D a r c y - B a z i n :

$$\text{Formel 1:}\quad h\,{}^0/_{00} = 0{,}15\left(1 + 0{,}03\,\frac{U}{F}\right)\frac{U}{F}\,v^2,$$

und zwar für Kanäle mit glatter Wandung und Sohle, glattverputztem Zement oder gehobeltem Holz.

$$\text{Formel 2:}\quad h\,{}^0/_{00} = 0{,}19\left(1 + 0{,}07\,\frac{U}{F}\right)\frac{U}{F}\,v^2$$

für Kanäle mit ziemlich glatter Wandung, z. B. behauene Steine, ungehobeltes Holz, unverputzter Beton.

$$\text{Formel 3:}\quad h\,{}^0/_{00} = 0{,}24\left(1 + 0{,}25\,\frac{U}{F}\right)\frac{U}{F}\,v^2$$

für Kanäle aus Bruchsteinmauerwerk, gepflasterte Kanäle usw.

$$\text{Formel 4:}\quad h\,{}^0/_{00} = 0{,}28\left(1 + 1{,}25\,\frac{U}{F}\right)\frac{U}{F}\,v^2$$

für Kanäle mit Erdwandung und Sohle.

Kanäle, welche aus Felsen ausgesprengt werden müssen, sind, soweit sie vom Wasser benetzt werden, sauber zu bearbeiten oder rauh zu verputzen, so daß sie unter die Formel 2 bzw. 3 entfallen. Falls die größtmöglichste Ausnutzung der Wasserkraft geboten erscheint, kommt glatter Verputz in Anwendung.

Es wurde bereits gezeigt, in welcher Weise der Wert von U aus der Tabelle berechnet werden kann. Das aufgeführte Beispiel ergibt 5,03; F ist dabei mit 3 qm Querschnittsfläche festgesetzt worden und die Wassermenge Q mit 2,25 cbm.

Verfolgt man das gegebene Beispiel weiter und rechnet für den angenommenen Kanal, der als Erdkanal zu bezeichnen ist, das erforderliche Gefälle, so erhält man alsdann nach Formel 4:

$$h^0/_{00} = 0,28 \left(1 + 1,25 \frac{5,03}{3,00}\right) \frac{5,03}{3,00} \cdot 0,75^2$$

$$h^0/_{00} = 0,28 \times 3,069 \times 1,677 \times 0,563 = 0,811 \text{ m pro Mille.}$$

Ist der Kanal nun nicht 1000 m lang, sondern 700, so wird das Gefälle $\dfrac{0,811 \times 700}{1000}$ = rund 0,57 m.

11. Bestimmung der Wassergeschwindigkeit bei gegebenem Gefälle.

Sehr häufig geht man von der Annahme aus, daß Oberwasserkanäle ein Gefäll von 0,2—0,6 pro Mille erhalten, und zwar je nach der Beschaffenheit des Materials.

In diesem Falle wird nicht die Gefällshöhe gesucht, sondern die Geschwindigkeit v, mit welcher das Wasser unter der angenommenen solchen das bestimmte Profil durchfließt.

Dieses v berechnet sich allgemein nach der Formel $v = C \sqrt{RJ}$.

In dieser bedeutet C wiederum den Rauhigkeitskoeffizienten. R ist der mehrfach erwähnte hydraulische Radius $= \dfrac{\text{Profilsfläche}}{\text{benetzter Umfang}} = \dfrac{F}{U}$ und J das Gefälle p r o M e t e r.

Die gebräuchlichsten Werte zur Berechnung von C rühren von G a n g u i l l e t und K u t t e r her und sind in der Erfahrungsformel niedergelegt.

$$C = \frac{23 + \dfrac{1}{n} + \dfrac{0,00155}{J}}{1 + \left(23 + \dfrac{0,00155}{J}\right)\dfrac{n}{\sqrt{R}}}$$

Tabelle 4.

Der Rauhigkeitskoeffizient ist dabei im Mittel:

	n	$\dfrac{1}{n}$
1. Für Kanäle aus glatt gehobeltem Holz oder glattem Zementputz	0,010	100
2. Für Kanäle aus ungehobelten Bohlen, rauh verputztem sauberem Beton	0,012	83
3. Für Kanäle aus Quadern, Ziegelsteinen	0,013	77
4. Für Kanäle aus Bruchsteinen oder gepflasterte Kanäle	0,017	59
5. Für Kanäle aus ungebundenem Material sowie für Bäche und Flüsse . .	0,025	40
6. Für Gewässer mit gröberem Geschiebe oder mit Wasserpflanzen . .	0,030	33

Untersucht man, ob bei obiger Gefällsberechnung der Wert für den Rauhigkeitskoeffizienten und das Verhältnis von $U : F$ in der Formel den Bedingungen der letzt aufgeführten Formel entspricht, so ist der Beweis dadurch erbracht, daß sich bei der Einsetzung des gefundenen Wertes für $J = 0,00057$ mittels der letzten Formel auch angenähert die verlangte Geschwindigkeit $v = 0,75$ m pro Sekunde berechnet.

$$v \text{ wird demnach} = \frac{23 + \dfrac{1}{n} + \dfrac{0,00155}{0,00057}}{1 + \left(23 + \dfrac{0,00155}{0,00057}\right)\dfrac{n}{\sqrt{R}}} \cdot \sqrt{RJ}$$

$$v = \frac{23 + 40 + \dfrac{0,00155}{0,00057}}{1 + \left(23 + \dfrac{0,00155}{0,00057}\right)\dfrac{0,025}{\sqrt{0,5964}}} \sqrt{0,5964 \cdot 0,00057}$$

$$v = \frac{65,75}{1 + (25,72 \cdot 0,0323)} \sqrt{0,00034}$$

$$v = \frac{65,75}{1,381} \cdot 0,01844 = 0,778 \text{ m pro Sek.}$$

Hierbei ist:

$$J = 0,00057$$

$$R = \frac{F}{U} = \frac{3,0}{5,03} = 0,5964$$

$$n \text{ und } \frac{1}{n} \text{ Tab. 4 Ziff. 5.}$$

$$\sqrt{R} = 0,773.$$

Aus diesem Schlußresultate ergibt sich, daß die der vorausgegangenen Gefällsberechnung zugrunde gelegten Werte richtig sind, da gegenüber der gewollten Geschwindigkeit von 0,75 m pro Sekunde sich eine solche von 0,778 m ergibt. Die entstandene minimale Differenz von rund 3 cm pro Sekunde ist in der Praxis ohne Belang und spricht zugunsten der Anwendung der Gefällsberechnungsformel, da bei der praktischen Ausführung eines Kanals aus Erde bisweilen noch Krümmungen oder nicht völlig exakte Arbeiten erwartet werden müssen, so daß die Geschwindigkeit schließlich auf 0,75 m sinken wird.

Die einfachere Formel von G a n g u i l l e t und K u t - t e r , für kleinere Kanäle ist:

$$c = \frac{m \sqrt{R}}{100 \sqrt{R}}, \text{ wobei } m =$$

1. bei ganz glatten Flächen. 0,12
2. u. 3. bei Zementputz, gehobeltem Holz usw. . . 0,15
4. rauhen Brettern, sauberen Backsteinen, Quadern usw. 0,25
5. gew. Backsteinmauern 0,35
6. Bruchst. Mauerwerk mit gespitzten Steinen . . . 0,45

7. bearbeiteten Bruchsteinen mit schlammiger Sohle   0,75
8. älterem, aber pflanzen- und moosfreiem Mauerwerk mit schlammiger Sohle   1,00
9. bei trapezartigen Profilen in felsigem Boden, Sohle
   unter 1,5 m breit   1,25
10. sehr regelmäßig und sauber ausgeführter Erd-
    kanal   1,50
11. Erdkanal mit schlammiger oder steiniger Sohle
    und wenig Wasserpflanzen über 2 m Breite . . .   1,75
12. rauhere Erdkanäle mit mehr oder weniger Wasser-
    pflanzen . . . . 2,00—2,50

Untersucht man, welches Resultat sich ergibt, wenn
dem vorausgegangenen Beispiel die verkürzte Formel zugrunde
gelegt wird, so erhält man, wenn R wiederum $= 0,5964$,
$\sqrt{R} = 0,773$ und $J = 0,00057$ ist, folgende Rechnung:

$$c = \frac{m \sqrt{R}}{100 \sqrt{R}},$$

wobei m einem Werte von 1,75 entspricht. Wie auf
S. 19, Abs. 11, angegeben wurde ist die gesuchte Geschwindigkeit $v = C \sqrt{R J}$.

$$C = \frac{1,75 \sqrt{R}}{100 \cdot \sqrt{R}} = \frac{1,75 \cdot 0,773}{100 \cdot 0,773} = 0,0175.$$

In die Formel $v = C \sqrt{R J}$ eingesetzt wird $v = 0,0175$ mit
seinem reziproken Werte, also mit

$$\frac{1}{0,0175} \sqrt{R J} = 57,14 \sqrt{0,5964 \cdot 0,00057}$$

$v = 57,14 \cdot 0,0184 = 1,05$ m pro Sek.

Es zeigt sich, daß die verkürzte Formel eine Erhöhung
der Wassergeschwindigkeit von 1,05 — 0,778 = rot. 0,27 m
zur Folge hat. Die Ursache liegt darin, daß die Voraussetzungen
in Tabelle 4 sub 1—6 jenen nicht völlig entsprechen, welche
auf S. 20 und 21—22 sub 1—12 verzeichnet sind.

Es ist also rätlich, bei Projektierungsarbeiten genaue
Bodenuntersuchungen vornehmen zu lassen und alsdann
jene Formel zur Berechnung zu wählen, bei welchen die Voraussetzungen für den Rauhigkeitskoeffizienten genau zutreffen.

An sich spielt praktisch die berechnete Differenz keine wesentliche Rolle, wenn das mit dem Kanale zu durchfahrende Material durch die eintretende erhöhte Geschwindigkeit vom Wasser nicht angegriffen wird.

12. Wechsel der Wassergeschwindigkeiten bei verschiedenen Kanalarten.

Die Berechnung der Geschwindigkeit v wird sehr oft nötig, wenn z. B. ein in ungebundenem Material hergestellter Kanal in einen Betonkanal übergeht, oder umgekehrt, und das Sohlengefäll für beide das gleiche ist.

Bei der bedeutenden Abminderung, welcher der Rauhigkeitskoeffizient bei glattverputzter Sohle und ebensolchen Kanalwänden unterliegt, läßt sich die Querschnittsfläche F oftmals bedeutend verkleinern, wodurch sich die Anlagekosten des Betonkanals vermindern lassen.

Nötig wird jedoch in diesem Falle, daß der Übergang vom Erd- zum Betonkanale so ausgeführt wird, daß letzterer sich nur allmählich verengt, damit seitliche Kontraktionen des Wassers vermieden werden.

Ebenso ist der Anschluß eines Erdkanals an einen Betonkanal so zu gestalten, daß die Sohle des ersteren so breit ist als die des letzteren, so daß die Böschungen sich an den erforderlichen Flügelmauern am Ende der Betonkanalstrecke anlehnen.

Wie bedeutend der Unterschied der Wassergeschwindigkeiten zwischen Erd- und Betonkanal ist, besonders wenn letzterer glatt verputzt wird, soll im nachstehenden gezeigt werden.

Dem bisher als Beispiel durchgeführten Kanale aus ungebundenem Material geht als Kanaleinlauf ein Betonkanal voraus. Derselbe verjüngt sich hinter dem Rechen auf die Breite der Einlaßschütze. Die Geschwindigkeit des Wassers darf in der Betonstrecke rund 3 m pro Sekunde betragen.

Die Wassermenge ist wiederum 2,25 cbm, das Gefäll mit 0,00057 pro Meter bleibt unverändert. Der Böschungswinkel wird 90°.

Nimmt man zunächst $v = 1,25$, so wird $F = \dfrac{2,25}{1,25}$ 1,8 qm

$\sqrt{F} = \sqrt{1,8} = 1,342$.

Das Profil wird demnach unter Benutzung der Tabelle 3, S. 16:

$$\text{Tiefe } a = 0,707 \times 1,342 = 0,95,$$
$$\text{Breite } b = 1,414 \times 1,342 = 1,90,$$
$$U = 2,828 \times 1,342 = 3,80,$$
$$\frac{F}{U} \text{ oder } R = \frac{1,80}{3,80} = 0,474,$$
$$\sqrt{R} = 0,689.$$

Auf Grund dieser Daten wird demnach:

$$v = \frac{23 + 100 + \dfrac{0,00\,155}{0,00\,057}}{1 + \left(23 + \dfrac{0,00\,155}{0,00\,057}\right)\dfrac{0,01}{0,689}}\; \sqrt{0,474 \cdot 0,00057}$$

$$v = \frac{125,72}{1,373} \cdot 0,01\,643 = 1,5 \text{ m pro Sekunde}$$

$1,5 \times 1,8 = 2,7$ (cbm pro Sekunde).

Vorhanden sind 2,25 Sek.-cbm; demnach befördert das von 3 qm auf 1,8 qm verkleinerte Profil des Betonkanals bei gleichem Gefälle bereits mehr Wasser als der Erdkanal, wobei jedoch angenommen ist, daß Sohle und Wände glatt verputzt sind, weshalb für n der Wert von 0,01 eingesetzt wurde.

Durch wiederholte Versuchsrechnungen kann die erforderliche Querschnittsfläche bzw. Geschwindigkeit genau ermittelt werden.

Es ist jedoch nicht rätlich, das Profil allzu knapp zu bemessen, da eine Abbröckelung des Betonverputzes, welche meistens schon in kurzer Zeit eintritt, eine Verlangsamung der Geschwindigkeit und damit einen kleineren Wasserdurchfluß bedingt.

Es hat sich ergeben, daß bei Anwendung des günstigsten Querprofils die Wassertiefe a für den Erdkanal 1,193 m, für den Betonkanal 0,95 m würde.

Wenn die betonierte Strecke, wie erwähnt, als Kanaleinlauf dem Erdkanale vorausgeht, wird ein Absturz zu letzterem mit rund 25 cm Höhe nötig, nur muß derselbe noch innerhalb des Betonkanals erfolgen und im darauffolgenden Erdkanal eine Pflasterung vorhanden sein, um Ausspülungen
zu vermeiden.

Es wird dieser Fall sehr häufig eintreten, da oftmals
die Flüsse eine weit geringere Tiefe haben als die Kanäle,
welche alsdann unter einem gleich ungünstigen Querschnitts-
verhältnisse, wie es die Flüsse häufig besitzen, ein sehr bedeutendes Gefälle erhalten müßten, um die erforderliche Wassergeschwindigkeit zu erzeugen. Der Kanaleinlauf würde
sich in diesem Falle in der Höhe der Fußsohle befinden, dann
senkrecht bis zur Sohle des Erdkanals abfallen und hinter
den Flügelmauern des Betonkanals in ersteren übergehen.

Eine Erhöhung der Betonsohle über das Sohlengefälle
am Ende des Erdkanals vor dem Turbinenhause ist dagegen
wegen Stauerzeugung untunlich und zu vermeiden, es sei
denn, daß die Tiefe des Erdkanals größer als nötig gewählt
wurde, in welchem Falle eine Hebung der Kanalsohle auf
die Tiefe des günstigsten Querprofils zulässig ist. Eine auf
solche Weise entstehende Stufe schützt den Turbineneinlauf
vor Sand, Schlamm usw. und ist daher zu empfehlen.

13. Kanäle, für welche kein günstigstes Querprofil gewählt werden kann.

Es war bisher nur von jenen Querprofilen des Kanals
die Rede, bei welchen der benetzte Umfang im Verhältnis
zum Wasserquerschnitt ein Minimum ist, da hierbei das geringste Gefälle erforderlich wird.

In einer großen Anzahl von Fällen ist es jedoch unmöglich, ein günstigstes Profil zu wählen und muß alsdann
häufig der erhöhte Gefällsverlust in Kauf genommen werden,
falls nicht Sohlenbetonage usw. zur Gefällseinsparung vorgezogen wird.

Soll z. B. das Mittelwasser eines größeren Flusses, das
24 cbm beträgt, vollständig einem Kanale zugeführt werden,

während das Gefälle nur $3\frac{1}{2}$ m ergibt, so würde die Querschnittsfläche bei 0,75 m Geschwindigkeit 33,333 qm bedingen. Der Wurzelwert hieraus ist 5,77. Die Kanaltiefe
würde daher bei $1\frac{1}{2}$ maliger Böschung $0,689 \times 5,77 = 3,98$ m,
also tiefer als das vorhandene Gesamtgefälle, so daß hier
das vorteilhafteste Querprofil keine Verwendung finden kann.
Die Tabelle 3 ist in solchen Fällen dann nicht mehr anwendbar,
ebensowenig z. B. bei Kanaleinläufen, deren Breite sich nach
der gegebenen Wassermenge und Tiefe richtet.

Wie in derartigen Fällen zu verfahren ist, wird im nächstfolgenden Absatze erläutert.

14. Kanaleinlauf oberhalb der Wehranlagen.

Allgemeines.

Es ist klar, daß beim Einbau eines Wehres, welches
dazu bestimmt ist, das gesamte Nieder- und Mittelwasser
dem Kanale zuzuführen, im Flußlaufe ein Stau eintritt, der
dem Wasser die ihm innewohnende Geschwindigkeit ganz
oder teilweise nimmt, so daß eine neue gegen den Kanal zu
entstehen muß. Die Wehrkrone ist deshalb stets so hoch
zu bemessen, daß für Mittelwasser noch eine bestimmte Druckhöhe verbleibt, um dem Wasser die zur Abströmung in den
Kanal erforderliche Geschwindigkeit zu erteilen. Das nötige
Gefälle ist bekanntlich sehr gering, da der Kanaleinlauf meist
kurz oberhalb des Wehres angeordnet ist, so daß bei der geringen Entfernung des Wehreinlaufes die Reibungswiderstände sehr klein werden.

Liegt z. B. die Wehrkrone auf Mittelwasser, so läßt sich
nicht nur dieses insgesamt in den Kanal einleiten, sondern
man kann es auch mit einem beliebigen Gefälle und einer
dem Material entsprechenden Geschwindigkeit dort zum Abfluß bringen.

Die Art der Ableitung des Kanalwassers richtet sich
nach der Wassermenge, dem Gefälle und der Wassergeschwindigkeit.

Die seitliche Kontraktion ist dadurch unschädlich zu
machen, daß der Einlauf trichterförmig verbreitert wird.

Die Kanalsohle wird an ihrem Beginne häufig höher zu legen sein als die Flußsohle, da sonst Sinkstoffe, Kies, Sand und Gerölle in den Kanal mitgerissen werden (vgl. auch allgem. Bemerk. Seite 50).

Denkt man sich am Wehr eine Flußtiefe von 1,2 m bei Mittelwasser und die Kanaleinlaufsohle aus dem angegegebenen Grunde um 0,5 m höher liegend, so bleibt an jener Stelle, woselbst der Kanal in das Gefälle übergeführt wird, das ist am Brechungspunkte der Sohle, eine Wassertiefe von 0,7 m übrig. Diese Höhe darf jedoch nicht ganz erreicht werden, da zum Abflusse vom Wehr in den Kanal ein geringes Gefälle im Wasserspiegel erforderlich ist, indem sonst nur ein Teil des Wassers in den Kanal fließen, der übrige jedoch beim Wehr überfallen würde, wenn die Geschwindigkeit des ankommenden Wassers = 0 angenommen wird. Es ist daher dasjenige Querprofil am trichterförmigen Einlaufe, welches den kleinsten Querschnitt besitzt, der Berechnung zugrunde zu legen und Breite sowohl als Geschwindigkeit so zu wählen, daß das Wasser an dieser Stelle die Tiefe von 70 cm nicht ganz erreicht. Im Flusse sind 24 cbm als Mittelwasser angenommen.

Nimmt man eine Geschwindigkeit von 1,5 m an, so wird die Querschnittsfläche $F = 24 : 1,5 = 16$ qm und ist bei einer Wassertiefe von 68 cm die Kanalbreite an der engsten Stelle $16 : 0,68 =$ rund 23,1 m. Der Kanal selbst soll von dieser bis zu den Schützen ein Sohlengefälle erhalten, welches der Geschwindigkeit von 1,5 m entspricht.

Die Länge dieser Strecke sei z. B. 20 m.

$h\,^0/_{00}$ wird nach Formel 1 Seite 18 $= 0,15 \left(1 + 0,03\,\dfrac{U}{F}\right)\dfrac{U}{F}\,v^2$

$$U = 2 \times \overset{\text{Tiefe}}{0,68} + 23,1 = 24,460$$
$$F = 16 \text{ qm}$$
$$\frac{U}{F} = \frac{24,46}{16} = \text{rund } 1,53$$

$h\,^0/_{00}$ daher $= 0,15\,(1 + 0,03 \times 1,53)\,1,53 \times 1,5^2 = 0,54\,^0/_{00}$

oder auf 20 m Länge $\dfrac{20 \times 0,54}{1000} = 0,01$ m.

Dieses minimale Gefälle genügt also, um die Geschwindigkeit von 1,5 m pro Sekunde zu erzeugen unter der Voraussetzung, daß Sohle und Wände glatt verputzt sind.

Für unverputzten Beton wird

$$h^0/_{00} = 0,24 \, (1 + 0,25 \times 1,53) \times 1,53 \times 2,25 = 0,92^0/_{00}$$

und auf 20 m Länge 1,84 = rund 2 cm.

In Anbetracht des geringfügigen Mehrverlustes am Gefälle von 1 cm kann daher der teuere glatte Verputz in Wegfall gelangen.

Es wurde eine Wassertiefe von 0,68 m in der Kanalstrecke angenommen, so daß für die gesamte Länge vom Kanaleinlauf bis zum Wehr das Gefälle von 2 cm gegeben ist, um dem Wasser die Anfangsgeschwindigkeit zum Kanale zu verleihen. Die Geschwindigkeit wird bei Mittelwasser jedoch größer werden, da bei dem vom Flusse zum Kanale abströmenden Wasser die Sohlenreibung vollständig in Wegfall gelangt, indem durch Erhöhung der Kanalsohle vor dem Einlauf in der Tiefe von ca. 0,5 m sich stehendes gestautes Wasser befindet, über welchem das abströmende hinweggleitet. Es wird daher das Wasser im Kanale durch das mit erhöhter Geschwindigkeit nachdrängende eine Beschleunigung erfahren, welche dadurch vermindert werden kann, daß die Einlaßschützen gedrosselt werden. Im übrigen ist sie der Wasserzuführung dienlich, da der Beton eine Wassergeschwindigkeit bis zu 3,05 m erträgt und diese bei Niederwasser kleiner wird, so daß das gewählte Kanalprofil wie auch das Gefälle als richtig belassen werden kann.

15. Übergang zum Erdkanal.

Ist zum Übergang in einen Erdkanal, dessen Wassertiefe, wie erwähnt, vorteilhaft größer gewählt wird, ein Absturz hinter den Schützen vorgesehen, so kann das Sohlengefälle bis dorthin reduziert bzw. ganz entfallen, da die Absenkungskurve, welche sich vom Wehr bis zur Absturzstelle ergibt, hinreichend Gefälle erzeugt. Die Einlaufbreite wird so groß gewählt, daß vor den Schützen noch der

grobe Rechen mit einer solchen Länge eingebaut werden
kann, daß kein Stau entsteht. Man wird daher vorteilhaft
diese Vorrichtung nahe an den trichterförmig sich ver-
breiternden Flügeln einbauen oder schräg stellen, so daß ihre
Länge eine größere wird. Es ist jedoch in letzterem Falle
darauf zu achten, daß die Rechenstäbe mit ihrer schmalen
Seite in der Richtung des Wasserlaufes eingebaut werden.
Die Projektierung des Rechens direkt vor den Schützenzügen
hat den Vorteil, daß ein eigener Rechensteg erspart wird und
die Bedienung erleichtert ist. Der durch einen Rechen er-
zeugte Stau kann durch Verbreiterung des normalen Gerinnes
um ca. $\frac{1}{3}$ unschädlich gemacht werden, was meist durch die
erwähnte Schrägstellung des Rechens möglich wird.

Es wurde also eine geringste Breite von 23,1 m für den
Einlauf gefunden. Trifft die Schützenanlage an die engste
Stelle, so sind diese 23,1 m noch zu wenig, da alsdann die
Pfeiler für die Befestigung der Schützen dem freien Wasser-
durchfluß hinderlich sind.

Bei 6 Schützen zu je 4,5 m Breite werden 5 Pfeiler mit
flußaufwärts spitz anlaufenden Vorköpfen erforderlich, wenn
nicht Eisenkonstruktion vorgesehen wird. Im ersteren Falle
müßte die Kanalbreite bei den Schützen ca. 28 m betragen,
wobei die Pfeiler mit 0,9 m Breite gedacht sind. Die Entfernung
zwischen den zurückbiegenden Flügeln am Kanaleinlaufe
würde dann 30—50 m werden. Bei Eisenkonstruktion für
den Bau der Schützenzüge mindert sich die Breite, ist jedoch so groß zu wählen, daß das freie Durchflußprofil für das
Wasser noch größer ist als 23,1 m, da seitliche Kontraktionen
eintreten.

Soll der Betonkanal in einen tieferen Erdkanal übergehen, so ist der bereits erwähnte Absturz hinter der
Schützenanlage herzustellen, der Kanal in Beton so weit
fortzuführen, bis das Wasser sich beruhigt und eine gleichmäßige Strömung angenommen hat, die das Erdreich nicht
mehr angreift. Der Erdkanal erhält 2 m Tiefe, 1½ malige
Böschung und soll die mittlere Wassergeschwindigkeit
0,75 m pro Sekunde betragen. Die Wassermenge von
24 cbm erfordert für diese Geschwindigkeit ein Quer-

profil von $\dfrac{24}{,75} = 32$ qm. Bei 2 m Tiefe wird die mittlere Breite des Trapezes 16 m, die untere oder Sohlenbreite des Kanales $16 - 3 = 13$ m, die Breite des Wasserspiegels 19 m. Es muß demnach der Betonkanal hinter dem Absturze eine geringere Breite erhalten, als die Sohle des Erdkanales mit 13 m, so daß das Profil des Betonkanales sich von 23,1 auf ca. 12 m verjüngt. Seine Tiefe ist für 2 m Wasserstand bemessen, die Seitenwände sind senkrecht, demnach wird:

$$U = 12{,}5 + 2 \times 2 = 16{,}5,$$
$$F = 12{,}5 \times 2 \quad = 25 \text{ qm}.$$

Um 24 cbm Wasser in 25 qm Querschnittsfläche zu fördern, ist eine Geschwindigkeit von 0,9 m pro Sekunde erforderlich.

Das hierzu nötige Gefälle ist für unverputzten Beton (Formel 2, S. 18):

$$h^0/_{00} = 0{,}19 \left(1 + 0{,}25 \times \frac{16{,}5}{25}\right) \frac{16{,}5}{25}\, 0{,}9^2 = 0{,}12.$$

Ist die Betonkanalstrecke 20 m lang, so wird das erforderliche Gefäll $= 0{,}0024$.

Die erste Strecke des Erdkanales ist auf ca. 10 m Länge rauh zu pflastern, da die Geschwindigkeit von 0,9 m noch etwas zu groß ist. Eine Pflasterung ist jedoch bei jedem Übergange vom Beton- zum Erdkanal vorzusehen.

Das Gefäll für den Erdkanal bestimmt sich wie folgt:

Die Länge der vom Wasser benetzten Böschungslinien $+$ der Sohlenbreite $= U$ ist bei 1½ maliger Böschung ($q = 33^0\ 41'$) nach der Formel:

$$U = b + \frac{2\,a}{\sin \delta} = 13{,}0 + \frac{4{,}00}{0{,}55436} = 20{,}2$$
$$F = \frac{13 + 20}{2} \times 2 = 33 \text{ qm}$$
$$\frac{U}{F} = \frac{20{,}2}{33{,}0} + 0{,}6424;$$

für Erdkanal nach Formel 4, S. 18, ist

$$h^0/_{00} = 0{,}28\,(1 + 1{,}25 \cdot 0{,}6424)\, 0{,}6424 \cdot 0{,}75^2,$$
$$h^0/_{00} = 0{,}18 \text{ oder aufgerundet } 0{,}2.$$

Für eine Kanallänge von 1200 m ergibt sich somit ein
Gefällsverlust von 24 cm.

Das erforderliche Gesamtgefälle für das aufgeführte Beispiel ist demnach:

$$0,02 \quad \text{Einlauf,}$$
$$+ 0,0024 \text{ hinter den Schützen,}$$
$$\underline{+ 0,240 \quad \text{Erdkanal}}$$
$$0,262 \text{ oder rund } 0,27 \text{ m.}$$

Das verbrauchte Gefälle wird also, wie berechnet, 0,27 m
für den Oberwasserkanal.

16. Unterwasserkanäle.

a) Allgemeines.

Der Unterwasserkanal wird gewöhnlich möglichst kurz
gehalten, da bei dessen Aushebung meist Wasserzudrang
und erhöhte Kosten zu gewärtigen sind. Ausnahmen sind
selbstverständlich da gegeben, wo die Zentrale in der Nähe
der Kanalmündung im Überschwemmungsgebiete liegen würde,
oder bereits vorhandene Terrainfurchen die Aushubarbeiten
verringern oder allzu hohe Dämme für den Oberwasserkanal
nötig würden.

Die Sohle des Unterwasserspiegels wird, um mittels
der Saugrohre der Turbinen das Gefälle auch beim niedrig-
sten Wasserstande des Flusses ausnutzen zu können, sehr
häufig horizontal gehalten. Dagegen ist darauf Bedacht zu
nehmen, daß bei Mittelwasser ein entsprechendes Gefälle
im Wasserspiegel vorhanden ist, welches dem Unterwasser raschen Abzug verleiht und vor Rückstau schützt.

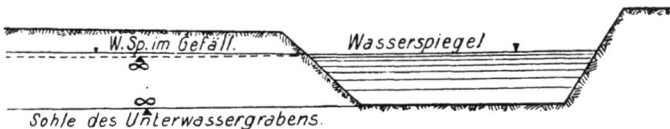

Fig. 5.

In obiger Skizze ist die Anordnung der horizontalen
Unterwasserkanalsohle ersichtlich gemacht. Die Erdarbeiten
werden etwas teurer, dagegen wird die Wassergeschwindig-

keit eine größere, da die Reibung an der Sohle nahezu in
Wegfall gelangt und das Gefälle in den Wasserspiegel gelegt
ist. Die Wassertiefe beim Auslaufe aus der Turbinenkammer
ist dementsprechend zu wählen.

b) Wassergeschwindigkeit in Unterwasserkanälen.

Die Wassergeschwindigkeit im Unterwasserkanale wird
größer gewählt als jene im Oberwasserkanale. Es bedürfen
daher die Unterwasserkanäle häufig einer Sohlen- und Böschungssicherung, weshalb sie bei großer Länge, wie erwähnt, teuer werden. Ihre Mündung in den Fluß ist stets
spitzwinklig anzuordnen, das dort entstehende Dreieck gegen
Wasserdurchbruch zu sichern.

Um eine natürliche Absenkung des Wasserspiegels vor
der Kanalmündung und dadurch erhöhtes Gefälle im Wasserspiegel zu erzeugen, wird der Kanal vor seinem Einlaufe
häufig allmählich verbreitert.

c) Querschnittsfläche.

Die Festsetzung des Kanalprofiles erfolgt in gleicher
Weise, wie bei der Berechnung des Oberwasserkanals gezeigt
wurde, wobei entweder eine Wassergeschwindigkeit v von
1,2 bis 1,5 m angenommen wird, oder ein Gefälle von 1
bis $2\,^0/_{00}$ für den Wasserspiegel, welches bei Mittelwasser
dann erzielt wird, wenn das Profil unter Zugrundelegung
des Reibungskoeffizienten des Materiales richtig berechnet
wurde. Es ist dabei vorteilhaft, die Wassertiefe nach Tabelle 3
für ein günstigstes Querprofil zu wählen, so daß sie meistens
größer wird als jene im Flusse, wodurch bei Hochwässern der
Rückstau etwas vermindert wird.

Bei Niederwasser im Flusse wird alsdann der Abfluß
beschleunigt, da ein bedeutendes Gefälle im Wasserspiegel
vorhanden ist.

Unter Berücksichtigung der erwähnten Gefälls- und
Geschwindigkeitsverhältnisse ist zu beachten, daß bei ungebundenem Materiale Böschungs- und Sohlensicherungen
vorzusehen sind (vgl. Tabelle 2, S. 14).

17. Wehranlagen.

Festlegung der Einbaustelle.

Im folgenden wird über die Anlage von Wehren das
Nötigste beigefügt. Es wurde bei Schilderung der Vorarbeiten, welche einem Projekte über eine Wasserkraftanlage
vorauszugehen haben, bereits erwähnt, daß an der Wehrstelle
ein Querprofil aufzunehmen ist, weiter oberhalb ein zweites
bzw. drittes und mehr, je nachdem der Stau sich weit oberhalb
des Flußbettes geltend macht.

Flüsse, deren kleinere Hochwässer bereits das Ufer überschreiten, eignen sich nur wenig zur Anlage von Stauwehren.
Es sind in solchen Fällen lange Hochwasserdämme erforderlich, welche das Gelände oberhalb des Wehres davor schützen
müssen, daß die bisher bei einem gewissen Pegelstande unterhalb
des Wehres hochwasserfrei gebliebenen Grundstücke nach Herstellung desselben bei gleicher Pegelhöhe nicht überflutet werden.

Es muß also darauf Bedacht genommen werden, daß
durch den Wehreinbau bei Hochwasser kein schädlicher
Stau entsteht.

Flüsse mit hohen Ufern sind zu Wehrbauten besonders
geeignet. Soll aber der Stau bei einer Wehranlage auf das
zulässige Minimum beschränkt bleiben, so wird vor allem
nötig, daß

a) das Wehr an einer möglichst breiten Stelle des
Flusses projektiert wird, so daß nach Einbau der Pfeiler
für die Schützen usw. das Durchflußprofil, wenn irgend möglich, nicht kleiner wird als eine oberhalb des Wehres gelegene
Flußstrecke mit gleichem Gefälle und gleichem Rauigkeits-
koeffizienten;

b) die Höhe der Wehrkrone so bemessen wird, daß bei
Mittelwasser und geschlossenen Schützen zum Einlaufkanale
keine Überflutung von Grundstücken stattfindet. Dabei ist
auch darauf Rücksicht zu nehmen, daß durch den Aufstau
seitlich mündende Zuflüsse und Quellen nicht so zurück-
gestaut werden, daß Sümpfe und Überflutungen entstehen,
bzw. bei kiesigem Untergrunde sog. Druckwasser in tief
liegenden Grundstücken zum Vorschein kommt;

c) daß bei Hochwasser die zufließende Wassermenge, wenn möglich mit der gleichen Geschwindigkeit, welche das Wasser früher hatte, zum völligen Abfluß gelangt. Es sei dabei bemerkt, daß seitens einzelner Behörden als wasserpolizeiliche Aufsichtsorgane über staatliche Flüsse noch die Anforderung gestellt wird, daß bei Hochwasser die Staudämme so weit auszudehnen sind, als Stau entsteht, wenn das Hochwasser gezwungen ist, über ein Wehr zu fließen, dessen Schützen **s ä m t l i c h g e s c h l o s s e n s i n d**, da die Möglichkeit gegeben ist, daß das Ziehen dieser Schützen übersehen wird, bei lokalen Wolkenbrüchen nicht rasch genug erfolgen kann, oder durch zufällige Naturereignisse unmöglich wird.

Allgemeine Bemerkungen zu Absatz 17.

Ist eine von Natur aus breite Flußstelle zum Wehreinbau nicht vorhanden, so muß diese durch seitliche Abgrabungen ober- und unterhalb des Wehres bzw. durch starke Verringerung der Böschungsneigung und Herstellung von Ufermauern künstlich derartig herbeigeführt werden, daß der Wasserlauf gegen das Wehr trichterförmig verbreitert und der Übergang unterhalb desselben zum Gelände ebenso hergestellt wird. Die Verbreiterung richtet sich nach der Zahl und Breite der eingebauten Pfeiler, so daß unter Berücksichtigung der seitlichen Kontraktion, welche das Wasser beim Durchflusse zwischen Pfeilern erleidet, der Wasserspiegel durch Stau nicht erhöht wird. Wird das gesamte Flußwasser, welches bei mittlerem Wasserstand vom Flusse fortgeführt wird, dem Kanale zugeleitet, so entsteht, falls für den Kanaleinlauf eine Wasserabführung gewählt wurde, die jener im Flusse entspricht, kein Stau.

Es wurde schon auf S. 6—7, Abs. 4, erwähnt, daß unter Umständen Kanalanlagen empfehlenswert sind, welche einen Teil mittlerer Hochwässer abzuführen vermögen. Es darf dabei nicht übersehen werden, daß

1. für ein weiteres Anschwellen der Flut im Kanale noch Raum vorhanden sein muß, um eine Überspülung der Ufer fernzuhalten, welche besonders dann gefährlich wird,

wenn das Wasser streckenweise zwischen Dämmen geführt wird, die dadurch leicht angefressen und zerstört werden, so daß große Schäden an Material und den angrenzenden Fluren zu gewärtigen sind;

2. mit einem starken Steigen des Kanalwassers auch eine erhebliche Vermehrung der Wassergeschwindigkeit eintritt, welche dazu führt, daß nicht standfestes Material in den Einschnitten angegriffen wird, so daß Böschungsrutschungen nahe liegen. Dämme werden zweifellos zerstört, wenn sie nicht eine entsprechende Sicherung erhalten. Es ist also meist nicht die vergrößerte Erdarbeit, welche solche Anlagen sehr wesentlich verteuert, sondern die kostspielige Sicherung der Kanäle. Nicht standfeste Böschungen in den Einschnitten sind zu pflastern, die Sohle muß häufig betoniert werden, da Faschinenbauten in beiden Kanalteilen infolge ihres Wachsens dem Wasserlaufe äußerst hinderlich werden. Die Dämme sind gegen den hohen Wasserdruck derartig zu sichern, daß, je nach ihrer Kronenbreite, in der Mitte ihrer Basis ein Lettenkern von 0,5—1 m Breite ca. 50 cm tief unter das Gelände eingebracht und gestampft wird, der sich über Wasserspiegelhöhe fortsetzt. Das angeschüttete Dammaterial ist sorgfältig besonders an der Innenseite zu stampfen und eine Pflasterung dort vorzusehen, die äußere Dammböschung ist mit genageltem Rasen zu versehen. Diese Arbeiten kosten meist schweres Geld und sind bei einer Kalkulation sorgsam in Rechnung zu ziehen, desgleichen die Erhöhung des Überfalles in der Wehranlage selbst auf Hochwasserhöhe. Gestalten sich diese Auslagen als lohnend, so ist allerdings ein weiterer Vorteil geboten, nämlich daß ein solcher Kanal bei exzessiven Hochwässern zugleich als Flutgraben dient, der oft eine erhebliche Menge Wassers schadlos zum Abfluß bringt, so daß sich der Stau, der sich bei derartigen Elementarereignissen durch die Wehranlage ergibt, nicht unbedeutend herabmindert.

Im allgemeinen unterscheidet man zwischen Grund- und Überfallwehren, welch letztere beweglich gestaltet werden. Unter ersteren versteht man unvollkommene Überfallwehre,

welche bei Mittelwasser noch von diesen überspült werden
und dazu dienen, einen Teil des Flußwassers einem Triebwerke zuzuführen oder für Kulturzwecke Verwendung zu
finden. Die Gestalt dieser Wehre ist von wesentlichem Einfluß
auf die Staubildung (s. Zeichnungen und Erläuterungen S. 47
bis 50). Daß sie überhaupt Stau verursachen, ist selbstredend.
Er mindert sich jedoch bei Eintritt von Hochwasser, und
zwar dadurch, daß dieses eine beträchtliche Flußstrecke
oberhalb des Wehres über das gestaute Wasser hinwegfließt,
wobei die Sohlenreibung entfällt, was eine größere Geschwindigkeit bedingt, so daß sich sein Anschwellen vermindert. Wird nun auch noch Hochwasser durch den Kanal
abgeführt, so kann in vielen Fällen die schädliche Wirkung
des Grundwehrstaues dadurch gänzlich behoben werden.
Wirken also diese beiden Faktoren zusammen, so entfallen
meist die sonst nötigen Staudämme oberhalb des Wehres und
ist auch dieser Umstand bei Kalkulationen zu berücksichtigen,
vorausgesetzt, daß die Uferhöhe solche Dämme nicht überhaupt
entbehrlich macht. Die Grundwehre würden demnach in
Rücksicht auf Hochwässer die empfehlenswerteste Wehrart
sein, wenn sie nicht den großen Nachteil hätten, daß nur ein
Teil des betreffenden Flußwassers zur Verfügung steht, die
Stauhöhe eine ganz minimale ist, so daß recht oft mangels
des nötigen Gefälles eine Wasserkraftanlage nicht mehr
bauwürdig wird und die Kanäle häufig sehr tief werden, so
daß fast einzig große Flüsse oder Ströme für Grundwehre in
Betracht gelangen.

Für Überfallwehre sind die Verhältnisse wesentlich anders
gestaltet. An sich dürfen diese bei geöffneten Schützen bei
Hochwasser keinen Stau erzeugen. Allein die Rücksicht
auf die in Frage kommenden anliegenden Grundbesitzer, welche
durch neue Wehranlagen keine Gefährdung ihres Besitzes
erleiden dürfen und von Amts wegen geschützt werden, macht
es nötig, daß alle Schutzmaßregeln in einer Weise getroffen
werden, daß die betreffenden Liegenschaften auch dann gesichert bleiben, falls die Schützen — sei es aus Unachtsamkeit,
sei es durch Elementarereignisse bei Hochwasser — geschlossen
bleiben. Die Oberkante der geschlossenen Schützen ist daher

für den Aufstau bei Hochfluten maßgebend und sind Vorkehrungen zu treffen, daß auch unter solchen Verhältnissen
kein Schaden entsteht. Dieser Zweck wird dadurch erreicht,
daß entweder oberhalb des Wehres, und zwar meist an der
dem Kanaleinlaufe entgegengesetzten Seite, lange Überfälle
eingebaut, oder daß diese am Kanalbeginne so hergestellt
werden, daß das Wasser u n t e r h a l b des Wehres in den
Fluß zurückfließen kann. Die Einlaßschützen zum Kanale
sind in letzterem Falle erst nach der Überfallstrecke zu errichten. Im ersteren fällt das durch den Überfall abgeführte
Wasser am Wehre selbst durch den Hochwasserablaß in den
Fluß zurück (siehe Zeichnung S. 49). Die in der Darstellung
angedeutete Schütze für den Hochwasserabfluß aus dem
Überfalle hat nur dann eine Berechtigung, wenn sie bei etwaigen
Reparaturen in der Sohle des Überfalles den Rückstau des
unterhalb des Wehres stehenden Wassers verhüten soll,
weshalb ihre Höhe nur sehr gering sein darf. Sie wird in den
meisten Fällen entbehrlich sein und nicht selten von den
Behörden beanstandet. Die Länge des Überfalles richtet
sich nach der Wassermenge der zu erwartenden größten
Hochfluten. Diese sind auf Grund der Querprofile, der betreffenden Höhenmarken und des Spiegelgefälles zu ermitteln,
wenn amtliche Angaben hierüber nicht erhältlich sind. Anweisung zur Berechnung s. S. 47, Abs. 23, für die Berechnung
der Überfälle s. S. 40, Abs. 18. Die Höhe der letzteren bemißt sich entweder auf jene von Mittelwasser oder bei Einleitung von Hochwasser in den Kanal auf mittleres Hochwasser.
In letzterem Falle ist darauf Bedacht zu nehmen, daß diese
mit einer bestimmten Höhe über den Überfall fließt, so daß
für die betreffenden Kanäle jenes Profil zu wählen ist, welches
einen schadlosen Aufstieg des Kanalwassers bis zu dieser Höhe
gestattet. Die gesamte Hochwassermenge, welche durch den
Kanal und den Überfall zum Abfluß gelangt, ist zu berechnen
und verbleibt alsdann jene Wassermenge, welche über die
geschlossenen Schützen fließt. Von dieser ist wiederum
die Überfallhöhe zu ermitteln und sind die Flußufer oberhalb
des Wehres auf jene Strecke mit Hochwasserschutzdämmen
zu versehen, welche sich auf Grund der Stauberechnung er-

gibt. Da Hochwasser, welches durch Überfälle auf Mittel-
wasserhöhe abgeleitet wird, selbstverständlich weniger hoch
anschwillt als jenes, bei welchem die Überfälle schon auf der
Höhe mittlerer Hochwässer liegen, ist es begreiflich, daß in
letzterem Falle die Schutzdämme länger und höher werden
müssen, falls nicht auch die größten Hochfluten innerhalb
der Ufer verlaufen, in welchem Falle Dämme ganz entfallen.
Wo also Dämme in Frage kommen, spielen diese wiederum
eine Rolle bei der Kalkulation, ob sich die Einleitung von
Hochwasser in Kanäle empfiehlt.

Eine Abhilfe gegen die großen Kosten, welche dadurch
erwachsen, daß jeder Stauberechnung die Annahme zugrunde
zu legen ist, daß die Schützen geschlossen sind, wenn Hochwasser eintritt, bieten jene Wehr- oder Stauanlagen, bei welchen
an Stelle der Schützen Tore erbaut werden, welche sich mittels
eines Schwimmers bei Eintritt einer gewissen Wasserhöhe
selbsttätig öffnen, wie ein solches von F r a s s i bei Linate,
Provinz Pavia, im Flusse Lambro eingebaut ist, das als Auf-
bau auf ein niedriges festes Grundwehr ausgebildet ist. Da
jedoch nicht anzunehmen ist, daß derartige Konstruktionen
in Deutschland als so sicher durch die Behörden anerkannt
werden, daß die jetzt bestehenden Vorsichtsmaßregeln durch
diese Wehrart in Wegfall gelangen können, soll hier nicht näher
auf die betreffende Konstruktion eingegangen werden. Für
Hochwasserabführung in den K a n ä l e n eignet sich jedoch
auch dieses Wehrsystem nicht, da das plötzliche Ablassen
des Staues hinter den Toren eine bedenkliche Überflutung
des Geländes unterhalb des Wehres im Gefolge hätte und die
Tore bei Hochwasser nicht geschlossen werden können, so
daß ihre selbsttätige Öffnung rationell nur dann erfolgen kann,
wenn diese stattfindet, sobald das Wasser seinen mittleren
Stand überschreitet, was natürlich eine Ableitung eines Teiles
der Hochflut in den Kanal unmöglich macht.

Wie schon aus dem bisher Gesagten hervorgeht, beziehen
sich diese Erläuterungen lediglich auf Flüsse mit entsprechend
hohen Ufern. Nur wenig in das Gelände eingegrabene eignen
sich, falls das Gefälle nicht sehr stark ist, fast niemals zur Ein-
bauung von Wehranlagen, da sie im Verhältnis zu der ent-

stehenden Kraft infolge endloser Dämme und gewaltiger
Grunderwerbungskosten viel zu teuer werden.

In gebirgigem Gelände und besonders im Vorgebirge der
Alpen, bildet sich bei dem dort vorhandenen reichlichen
Gefälle recht oft Gelegenheit zur Anlage großer Stauweiher
oder Seen, die ein rapides Anschwellen der Bäche und Flüsse
verhindern und dabei den großen Vorzug bieten, die zeitweise überschüssige Zuflußmenge aufspeichern zu können.
Sie bilden daher einen Regulator zum Ausgleiche der Kraft
und werden dadurch gebildet, daß die Wehrbauten zu Tal-
sperren oft von sehr beträchtlicher Höhe erweitert werden.
Derartige Bauten sollen jedoch in diesem Buche nicht erörtert
werden, da ihre Projektierung und Ausführung den Wirkungs-
kreis jener Herren weit überschreitet, denen dieses Werk als
Berater dienen soll. Das gleiche gilt von der Benutzung
großer Seen als Wasserreservoire, insoferne nicht lediglich ihr
Abfluß benutzt werden will. Genügt dieser, so sind derartige Wasserkraftanlagen äußerst vorteilhaft, und zwar insbesondere dann, wenn kein größeres Regengebiet zwischen
Seeabfluß und Wehranlage liegt. Es treten dann die oben
erwähnten Vorteile in erhöhtem Maße ein. Werden dagegen
durch Wasserstollen, Hangkanäle oder große Stauanlagen
Gewässer, welche bisher dem See nicht zuflossen, dorthin neu
eingeleitet, so daß dieser fast nur als Reservoir dient, so
können natürlich derartige Riesenprojekte ebenfalls hier keine
nähere Erörterung finden. Zu einem allgemeinen Überblick über solche Anlagen sei nur noch erwähnt, daß das
Wasser in solchen Fällen so tief aus dem See entnommen
werden muß, daß dieser eine Absenkung von 2—3 m, eventuell
auch noch mehr zu erleiden vermag. Die Gefahr von Ufer-
nachstürzen, falls der Gegendruck des Wassers aufhört,
und eine meist empfindliche Störung schöner landschaftlicher
Bilder, setzt jedoch auch solchen Projekten enge Grenzen, weshalb diese nur dann vorteilhaft sind, wenn zugleich ein
derartig großes Gefälle vorhanden ist, daß auf eine Absenkung
von 2—3 m verzichtet werden kann und die kolossalen Baukosten durch Entwicklung einer riesigen Kraft und ihre
rationelle Verwertung eingebracht werden können.

18. Stauberechnungen bei Wehranlagen.

a) Grundwehre.

Die Wassermenge Q, welche bei einer zu berechnenden Stauhöhe h über ein Grundwehr fließt, bestimmt sich nach der Formel

$$Q = \frac{2}{3} \cdot \mu_1 \, b \, h \, \sqrt{2gh} + \mu_2 \, b \, h \, \sqrt{2gh},$$

wobei vorausgesetzt ist, daß die Geschwindigkeit, mit welcher das Wasser vor dem Wehre ankommt, vernachlässigt werden kann, was praktisch betrachtet in den meisten Fällen zulässig ist. Kann das nicht geschehen, so ist die Formel anzuwenden:

$$Q \, {}^2/_3 \, \mu_1 \, b \, \sqrt{2gh} \, [(h + K)^{3/2} - K^{3/2}] + \mu_2 \, b \, a \, \sqrt{2g} \, \sqrt{h + K}.$$

In dieser Formel ist $\mu_1 = 0{,}57$, $\mu_2 = 0{,}62$, wobei jedoch μ_2 bis zu $0{,}82$ wächst, wenn das Grundwehr sich nur wenig über die Sohle erhebt.

$b =$ die Wehrbreite in Metern, h die Höhe des gestauten Wasserspiegels über der Krone eines Überfallwehres in Metern oder die Höhe des gestauten Wasserspiegels über dem ungestauten bei einem Grundwehr. a ist in letzterem Falle die Höhe des ursprünglichen Wasserspiegels über der Wehrkrone in Metern: K endlich $= \dfrac{v^2}{2g}$ und $g = 9{,}81$.

b) Überfallwehre.

Für das Überfallwehr wird, falls die Ankunftsgeschwindigkeit des Wassers vor dem Wehre nicht vernachlässigt werden kann, die Formel maßgebend:

$$Q = {}^2/_3 \, \mu_1 \, b \, \sqrt{2g} \, [(h + K)^{3/2} - K^{3/2}].$$

Bedingung für diese Formeln ist, daß schräge Flügelmauern vorhanden sind, somit eine seitliche Kontraktion nicht eintritt.

Nun ist zwar die Wassermenge Q in der Regel bekannt und, wenn das nicht der Fall sein sollte, auf Grund der erwähnten Messungsmethoden zu bestimmen. Es dienen daher diese Formeln indirekt zur Ermittlung der Stauhöhe h.

Soll diese aus den Gleichungen ermittelt werden, so ist $K = 0$ zu setzen und h zu berechnen. Alsdann berechnet man das zu diesem h gehörige K und aus h und K die Wassermenge Q. Diese wird größer sein als die gegebene bzw. bekannte solche. Durch Versuchsrechnen findet man ein kleineres h, welches mit einem bezüglichen K der Wassermenge Q entspricht.

Für Überfälle mit breiter wagrechter Krone wird die Wasserhöhe e über der Krone $= \frac{2}{3}(h + K)$ und die Wassermenge

$$Q = 0{,}35\, b \,\sqrt{2g}\,(h + K)^{3/2}.$$

Wird die Geschwindigkeit des Wassers vor der Ankunft beim Wehr vernachlässigt, so ist damit der Fall gegeben, daß sich für die Stauberechnung infolge der zu groß ausfallenden Stauhöhe eine größere Staulänge ergibt und die Staudämme höher und länger werden. Das Resultat wird daher für die Ausführung in finanzieller Hinsicht ungünstiger. Nachdem jedoch seitens der Behörden immer noch Sicherheit für anormale Katastrophenhochwässer verlangt wird, können erhöhte Anforderungen durch diese Stellen dadurch vermieden werden, daß man freiwillig die meist unbedeutenden Mehrarbeiten auf sich nimmt und darauf hinweist, daß ohnedies für die Wehranlage die ungünstigsten Annahmen gemacht wurden. Es wird also vorzuziehen sein, für ein Überfallwehr die Formel anzuwenden:

1) $Q = \frac{2}{3}\mu_1 b h \sqrt{2gh}$ und für ein Grundwehr

2) $Q = \frac{2}{3}\mu_1 b h \sqrt{2gh} + \mu_2 b a \sqrt{2gh}$.

Ist z. B. ein Überfallwehr 47 m breit und beträgt die Hochwassermenge maximal 280 cbm, so wird aus Formel 1) die Überfallhöhe über Schützenoberkante:

$$h \sqrt{h} = \frac{Q}{\frac{2}{3}\mu_1 \times b \times \sqrt{2g}} = \frac{280}{0{,}57 \times 47 + 4{,}43}$$

$$= \frac{280}{48{,}5} = 2{,}36,$$

$$1\tfrac{1}{2}\log h = \log 2{,}36$$

$$\log h = \log \frac{2{,}36}{1{,}5}$$

$$h = 1{,}77 \text{ Meter.}$$

19. Berechnung der durch einen Wehreinbau bei Hochwasser verursachten Stauweite.

Ist durch ein solches Überfallwehr, dessen Schützen bei einem Hochwasser von 280 cbm sekundlich nicht gezogen werden, ein Stau von 1,77 m Höhe hervorgerufen, so ist auch dessen Länge zu berechnen, um zu wissen, auf welche Strecke Ufereindämmungen stattzufinden haben. Die Formel hierzu ist $\dfrac{2\,h}{i}$, worin i das ermittelte Sohlengefäll des Flusses oberhalb des Wehres p r o   M e t e r ist. Hat z. B. ein Fluß auf 1000 m 2,5 m Gefälle, so ist $i = \dfrac{2,5}{1000} = 0{,}0025$, die Staulänge demnach $\dfrac{2 \cdot 1{,}77}{0{,}0025} = 1416$ m. In dieser Entfernung vom Wehr ist somit der Stau = Null. Während die Staulinie in der Natur eine Parabel bildet, wird dieselbe in der praktischen Ausführung als Horizontale angenommen. Demgemäß ist die Dammkronenhöhe im Längenprofil der beiden Ufer einzutragen, ebenso sind nach diesen Höhen die Dämme in den Querprofilen einzuzeichnen, deren Krone mindestens 30 cm über das höchste Hochwasser hinauszuragen hat. Die Kronenbreite beträgt je nach der Höhe derselben 1—3 m.

20. Überfälle bei den Wehranlagen.

In den allgemeinen Bemerkungen zu Absatz 17, S. 34 bis 39, wurde bereits ausführlich auf den Zweck und die Anordnung der Überfälle hingewiesen. Ihre Anordnung und Berechnung sei im nachstehenden erörtert:

Die Sohle des Überfalles erhält soviel Gefälle, als für das verwendete Material (Beton) tunlich ist, ohne daß eine Ausspülung erfolgt und sie wird meist mit einem leicht zu erneuernden Bohlenbelag gegen Beschädigung gesichert. Die über einen solchen Überfall, dessen Krone wagrecht mit etwas abgerundeter Kante hergestellt wird, fallende Wassermenge kann mittels der bereits erwähnten Formel für breite Überfallwehre berechnet werden:

$$Q = 0{,}35\, b \sqrt{2\,g}\, (h + K)^{3/2},$$

wobei die Überfallhöhe

$$e = {}^2/_3 (h + K) \text{ ist.}$$

Wird der Überfall mittels eines Winkeleisens und schräg abfallender Betonwand so hergestellt, daß er als Überfallwehr wirkt, so ist bei der Berechnung von h, welche vorausgehend durchgeführt wurde, die ganze Wehrbreite plus der Länge des Überfalles als b in die Formel einzusetzen.

21. Die verschiedenen Wehrarten und ihre Formen.

Im Handbuche der Ingenieurwissenschaft ist zur Bestimmung der Wassermenge, welche bei einem Grundwehre

Überfall in Wehrform.

a) Überfallwehr.

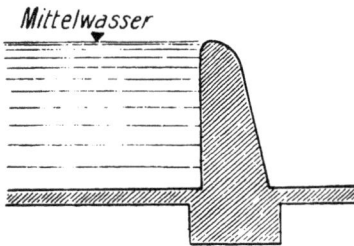

Fig. 6.

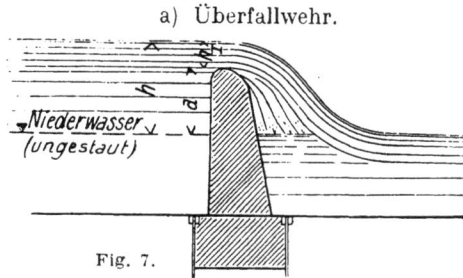

Fig. 7.

b) Grundwehr.

Grundwehr mit abgerundeter Überfallkante.

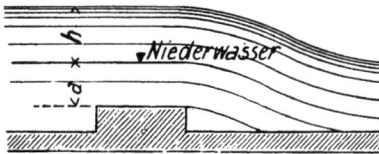

Fig. 8.

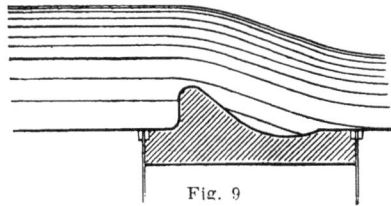

Fig. 9

über dasselbe abfließt, eine ebenfalls vorerwähnte, fast in allen Fällen anwendbare Formel angegeben.

Dieselbe lautet:

$$Q = {}^2/_3 \mu b \sqrt{2g} \left[(h_1 + k)^{3/2} - k^{3/2} \right]$$

worin $k = \dfrac{v^2}{2g}$, d. i. die Geschwindigkeitshöhe in einiger Entfernung oberhalb des Wehres ist.

Das letzte Glied vor der eckigen Klammer kann als geringfügig entfallen. Der Koeffizient μ ist von der Form des Wehrkörpers abhängig. Ist die Krone gut abgerundet und die seitliche Einschnürung durch Leitwände aufgehoben, so wird $\mu = 0{,}83$ oder $\tfrac{2}{3}\mu = 0{,}55$. Bei Wehren mit senkrechter Vorderfläche, ebener Krone mit scharfer Abflußkante (Winkel- oder U-Eisen) wird $\tfrac{2}{3}\mu = 0{,}45$, wenn Flügelwände vorhanden sind. Bei Überfällen mit geringer Breite o h n e Flügelwände wird $\tfrac{2}{3}\mu = 0{,}40$.

22. Berechnung der Wehrkronenhöhe, wenn eine bestimmte Stauhöhe vorgeschrieben oder von Natur aus bedingt ist.

Es wurde anfangs erwähnt, daß bei Wehranlagen eingehende Untersuchungen des Geländes oberhalb des Wehres nötig werden. Zeigt es sich dabei, daß bei einem bestimmten Stau die Flügeldämme ungewöhnlich hoch und lang würden, oder durch Überstauung von seitlichen Zuflüssen, Quellen usw. Unzukömmlichkeiten entstehen, oder wird seitens der Behörden nur eine bestimmte Stauhöhe als zulässig erklärt, so ist die Stauhöhe h bzw. h_{I} von selbst gegeben. Man wird also von der gestatteten solchen auszugehen haben und alsdann aus der verkürzten (Formel 1)

$$Q = 0{,}55\, b \,\sqrt{2g}\,(h + k)^{3/2}$$

bestimmen, welche Wassermenge bei höchstem Hochwasser über das Wehr abgeführt wird.

Während in dem vorausgehenden Beispiele für h eines Überfallwehres der Wert von 1,77 durch Auflösung der Formel gefunden wurde, wird einfacher meist umgekehrt verfahren und nach dem Gesagten h als bekannt vorausgesetzt und die Höhe der Wehrkrone unter dem Mittelwasser gesucht. Zu beachten ist, daß die Höhe der Wehrkrone das Wehr entweder als Überfallwehr oder als Grundwehr qualifiziert und für beide Wehrarten verschiedene Formeln anzuwenden sind.

Die Wehrkrone z. B. ragt um $a = h - h_{\mathrm{I}}$ über den ungestauten Wasserspiegel empor (Fig. a). Der Übergang vom Überfallwehr zum Grundwehr findet dann statt, wenn $h - h\,\mathrm{I} = 0$ wird. Da nun in den meisten Fällen die obenverzeichnete Formel 1 angewendet wird und in derselben K als unbedeutend vernachlässigt werden kann, so ergibt sich, daß bei einer Wehrbreite b und einer Stauhöhe h ein Überfallwehr entsteht, wenn Q kleiner wird als $0{,}55\,b\,h\,\sqrt{2gh}$ und ein Grundwehr, wenn Q größer wird als $0{,}55\,b\,h\,\sqrt{2gh}$ während bei $Q = 0{,}55\,b\,h\,\sqrt{2gh}$ die Wehrkrone in der Höhe des ungestauten Wasserspiegels liegt, also $h - h\,\mathrm{I} = 0$ ist.

In Anwendung der Formel 1 mit $K = 0$ gesetzt, erhält man für die Höhe der Wehrkrone über dem ungestauten Wasserspiegel die Formel:

$$a = h - h\,\mathrm{I} = h - \left(\frac{Q}{0{,}55\,b\,\sqrt{2g}}\right)^{3/2} \quad \text{(Formel 2)},$$

z. B.:

Ein Fluß, welcher bei Niederwasser 7,47 cbm Wasser abführt und 17 qm Querschnittsfläche bei 11,7 m Wasserspiegelbreite hat, soll durch ein festes Wehr von 14,6 m Breite angestaut werden. Es ist nur ein Stau von 73 cm zulässig. Dicht oberhalb des Stauwehres sollen 1,84 cbm auf eine Turbinenanlage geleitet werden, wie hoch ist die Wehrkrone anzulegen?

$$Q = 7{,}47 - 1{,}84 = 5{,}63 \text{ cbm} \quad b = 14{,}6 \text{ und } h = 0{,}73$$
$$Q \text{ wird } 0{,}55 \cdot 14{,}6 \cdot 4{,}43 \cdot 0{,}797 = \text{rund } 28 \text{ cbm},$$

demnach größer als $0{,}55 \cdot 14{,}6 \cdot 0{,}73\,\sqrt{2gh}$, weshalb ein Überfallwehr anzulegen ist.

Nach Formel 2 ist:

$$h\,\mathrm{I} = \left(\frac{5{,}63}{0{,}55 \cdot 14{,}6 \cdot 4{,}43}\right)^{3/2} = 0{,}292.$$

Die gesuchte Höhe des Wehrrückens über dem ungestauten Wasserspiegel ist daher:

$$a = 0{,}73 - 0{,}292 = 0{,}438 \text{ m}.$$

Ergibt sich ein Grundwehr, wenn Q größer wird als $0{,}55\,b\,h\,\sqrt{2gh}$, so ist die vereinfachte Formel anzuwenden:

$$Q = b\,\sqrt{2g\,(h + K)}\,\left[\tfrac{2}{3}\mu_1 h + \mu_2 \cdot a\right]$$

und $\quad a = \dfrac{Q}{\mu_2 \, b \, \sqrt{2\,g\,(h+K)}} - {}^2/_3 \dfrac{\mu_1}{\mu_2} \cdot h$ (Formel 3).

Die Werte von μ_1 und μ_2 bestimmen sich dabei wie folgt:

Ist die ganze Wehrkrone für den Überfall freigehalten und wie bei den Überfallwehren gut abgerundet, so wird μ_1 im Mittel 0,83 und $\mu_2 = 0,67$ (Fig. a). Ist jedoch das Wehr nach Fig. b, somit mit scharfen Kanten und breiter Überfallmauer geformt, so wird $\mu_1 = 0,83$ und $\mu_2 = 0,62$. (Siehe Skizze S. 43.)

Betrachtet man das Grundwehr als Unterbau eines beweglichen Schleusenwehres mit Grießständern und Setzpfosten, so wird $\mu_1 = \mu_2$ angenommen und dessen Wert $= 0,60$ bis 0,65.

Z. B.:

Ein Fluß soll durch ein festes Wehr um 0,8 m bei Mittelwasser angestaut werden.

Gegeben ist $Q = 60$ cbm $\quad b = 30$ m, ferner das Querprofil des gestauten Oberwassers $= 90$ qm.

Wie hoch ist die Wehrkrone zu legen?

Es ist $0,55\, b \cdot h \sqrt{2\,g\,h} = 0,55 \cdot 30 \cdot 0,80 \sqrt{19,62 \cdot 0,8}$ kleiner als 60 cbm. Daher wird das Wehr ein Grundwehr. Die Geschwindigkeit des ankommenden Wassers $= \dfrac{60}{90} = 0,67$ m

$K = \dfrac{0{,}67^2}{2 \cdot 9{,}81} =$ rund 0,023 m.

Nach Formel 3 wird

$$a = \frac{60}{0{,}67 \cdot 30 \sqrt{19{,}62 \cdot 0{,}823}} - 0{,}82 \cdot 0{,}8 = 0{,}088,$$

wobei Abrundung der Wehrkrone vorgesehen ist. Wird das Wehr als Unterbau eines Schleusenwehres Fig. b gedacht, so wird

$$a = \frac{60}{0{,}62 \cdot 30 \sqrt{19{,}62 \cdot 0{,}823}} - 0{,}89 \cdot 0{,}8 = 0{,}092.$$

Demnach wäre die Wehrkrone um 0,09 m unter Mittelwasser zu projektieren.

23. Stauwirkung der Grund- und Überfallwehre mit festem Unterbau und offenen Schützen bzw. entfernten Nadeln.

Es erübrigt nur noch, die Stauwirkung von Wehrbauten bei Hochwasser in Betracht zu ziehen.

a) Stauhöhe.

Ist für einen Wasserlauf durch Messung bei Hochwasser die Querschnittsfläche F z. B. mit 400 qm gefunden und sei die Breite $B = 80$ m und die Wassermenge $Q = 600$ cbm, so ist zu untersuchen, wie groß die Stauhöhe h und die Geschwindigkeit v wird, wenn die Tiefe a des Unterbaues unter dem ungestauten Wasserspiegel 5 m beträgt, die Wehrbreite = 60 m ist und z. B. bei einem Nadelwehre sämtliche Nadeln entfernt sind.

Die Formel hierfür ist:

$$h_1 = \frac{1}{2g}\left[\left(\frac{Q}{\mu\, b\, a}\right)^2 - \left(\frac{Q}{F}\right)^2\right]$$

oder $h_1 = \dfrac{1}{19,62}\left[\left(\dfrac{600}{0,90 \cdot 60 \cdot 5,0}\right)^2 - \left(\dfrac{600}{400}\right)^2\right] = 0,137,$

wobei $\mu = 0,9$ ist.

Setzt man den so gefundenen Wert von h in die Formel

$$h = \frac{1}{2g}\left[\left(\frac{Q}{\mu\, b\, (a+h)}\right)^2 - \left(\frac{Q}{F + B h}\right)^2\right]$$

ein, indem $h^{\mathrm{I}} = h$ ist, so ergibt sich:

$$h = \frac{1}{19,62}\left[\left(\frac{600}{0,9 \cdot 60 \cdot 5,137}\right)^2 - \left(\frac{600}{400 + 80 \cdot 0,137}\right)^2\right] = 0,13 \text{ m.}$$

b) Wassergeschwindigkeit.

Zur Berechnung der Geschwindigkeit v dient die Formel:

$$v = \frac{Q}{\mu\, b\, (a+h)} = \frac{600}{0,9 \cdot 60 \,(5,0 + 0,130)} = 2,166 \text{ m}$$

sekundlich.

24. Allgemeine praktische Winke über Wehre, Kanäle und Turbinenanlagen.

Es wurde in dem Vorausgegangenen bereits darauf aufmerksam gemacht, daß durch die Wahl günstigster Quer-

profile für die Kanalführung an Gefälle sowohl wie an Kosten
gespart werden kann und daher zu solchen stets gegriffen
werden muß, falls die Terrainverhältnisse es gestatten. Je
vorteilhafter das Profil für die Wasserbewegung gewählt
werden kann, um so geringer wird der Gefällsverlust und
um so größer der an der Turbine wirksame Nutzeffekt.
Aber nicht nur durch rationellste Ausnutzung des Gefälles
wird letzterer erzielt, sondern auch durch die Wahl der Geschwindigkeit, mit welcher das Wasser im Kanale geführt werden will, da große Geschwindigkeiten, wie gezeigt,
auch große Gefällsverluste bedingen. Man soll also, abgesehen von dem erwähnten Übelstande, daß zu rasch
fließendes Wasser die Kanäle, welche durch lockeres
Material geführt werden, angreift, keine zu große Wassergeschwindigkeit wählen und nur darauf Bedacht nehmen,
daß die erwähnte Gefahr des gänzlichen Einfrierens, sowie
ein Verwachsen des Kanales durch Wasserpflanzen vermieden bleibt. Eine Verschlammung der Kanäle ist n i c h t
in Rücksicht zu ziehen, da diese Wasserwege stets periodisch
gereinigt werden müssen, was bei schlammigen Ablagerungen
selbst während des Betriebes möglich ist. Aber nicht allein
eine rationelle Ausnutzung des Gefälles im Ober-.und Unterwasserkanale bedingt einen regelrechten und mit den Berechnungen übereinstimmenden Betrieb, sondern auch die
Anlage des Wehres und der Einlauf zur Turbine.

Es ist z. B. nicht angängig, das Wehr derart schräg
anzulegen, daß der Oberwasserkanal parallel zur Verlängerung
des so konstruierten Wehres und direkt an dieses anschließend geführt wird, da in solchen Fällen das gesamte
Eis, Treibholz usw. gegen den Kanalrechen getrieben wird
und diesen verlegt, so daß große Betriebsschwankungen
bzw. -Störungen eintreten. Verschlammungen und Ver-
kiesungen im Kanalanfange sind gleichfalls die Folge einer
derart verfehlten Anlage. Es empfiehlt sich daher, das
Wehr senkrecht zur Flußrichtung einzubauen, die Kanal-
abzweigung 15—25 m oberhalb des Wehres zu verlegen
und durch sog. Streichbalken und den Einbau eines groben
Rechens das Eis sowie Treibholz usw. von dem Kanale ab-

zuweisen. Daß die Sohle des Kanaleinlaufes höher zu liegen hat als die Flußsohle, um den Eintritt von Sand, Schlamm und Kies in den Kanal hintanzuhalten, wurde bereits klargelegt. Von sehr großem Werte als Mittel gegen letztere Übelstände sind die sog. Kiesschleusen zu betrachten, welche stets in das Wehr eingebaut werden sollen. Um die

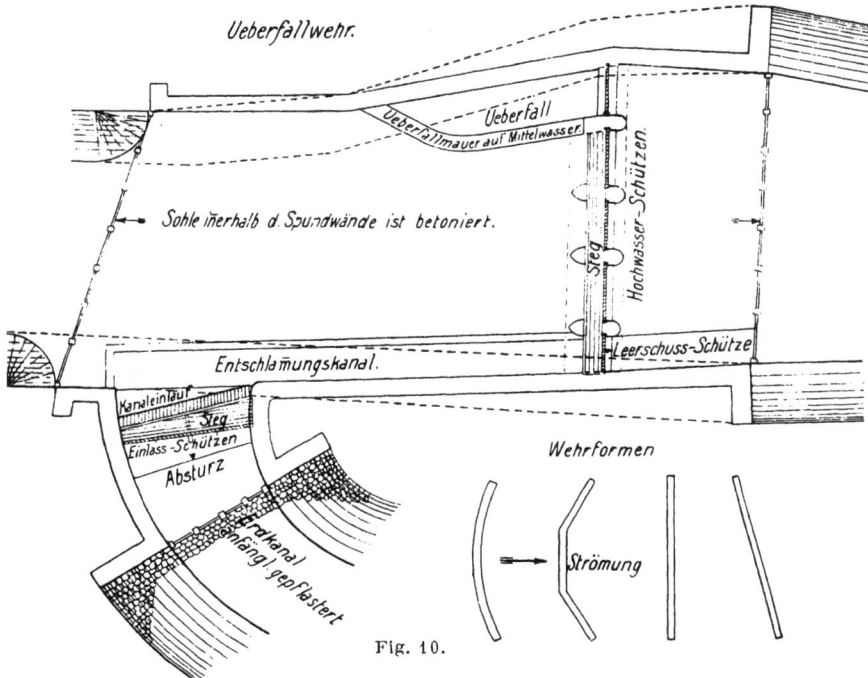

Fig. 10.

gesamten Ablagerungen vor dem Wehre durch diese Schützen abführen zu können, wird längs der Kanaleinlaufmauer ein tiefer als das Flußbett gelegener Schlammkanal erbaut, welcher sich bis zu der erwähnten Kiesschleuse fortsetzt und bei ihrem Ziehen entleert wird. In solchen Fällen ist eine Erhöhung der Kanaleinlaufsohle nicht unbedingt nötig.

Wird ein Erdkanal, wie es vielfach erforderlich ist, zwischen Dämmen geführt, so sind letztere mit ihrer Krone

ca. 30 cm über dem höchsten Hochwasserspiegel zu legen
und horizontal zu führen, damit der durch das Hochwasser
im Unterwasserkanale entstehende Rückstau durch die alsdann mögliche H e b u n g d e s O b e r w a s s e r k a n a l -
s p i e g e l s a u f H o c h w a s s e r h ö h e tunlichst. gemindert wird. Ebenso empfiehlt es sich, die Sohle des
Oberwasserkanales tiefer als nötig zu legen, damit bei Eisbildung an der Oberfläche des Wassers keine allzugroße
Querschnittsverkleinerung eintritt. Bei dieser Anordnung ist
auch die erwähnte Höherlegung des Turbineneinlaufes auf die
normale Kanalsohle zulässig. Ferner sei hier darauf hingewiesen, daß die Herstellung von Wehren in Flüssen, welche
mit Flößen befahren werden, den Einbau sog. Floßgassen
bedingt. Bei etwaigem Schiffsverkehr sind Schleusenkammern
zu erbauen. Auch darf nicht übersehen werden, daß in fisch-
reichen Gewässern von den staatlichen Behörden sowohl
als von Privaten oder Gemeinden die Anbringung sog. Fisch-
leitern verlangt wird, wenn sämtliches Mittelwasser dem
Kanale zugeführt wird. Von großem Vorteile in bezug auf
Turbinenregulierung sind noch die Überfälle an der Kraftstation selbst, welche gewissermaßen als Übereich dienen
und einen gleichmäßigen Gang der Turbinen bedingen.

Wird, wie oben schon erwähnt, darauf reflektiert, daß
bei Hochwasser dieses in den Oberwasserkanal in der Höhe
des im Flusse vorhandenen Wasserspiegels eintreten kann,
daß also sozusagen auch dem Kanale solches zugeführt wird,
so würde natürlich ein v o r der Turbinenanlage auf
M i t t e l wasser angelegter Überfall den angestrebten Zweck,
d. i. die Wirkung des im Unterwasserkanale eintretenden
Rückstaues zu mildern, vereiteln. In solchen Fällen ist dieser
Überfall so zu konstruieren, daß dessen Krone die Basis
zur Anbringung einer Schütze, oder von Setzpfosten bzw.
eines Nadelwehres bildet, so daß der nötige Aufstau mit geringer Mühe erfolgen kann.

Der Schlamm, welcher sich vor dem Rechen bei der
Turbinenanlage ansammelt, muß zeitweise entfernt werden
können und ist zu diesem Zwecke vor dem Rechen ein Schlammkanal anzubringen und in starkem Gefälle zur Putzschütze

zu führen, welche vorteilhaft im Überfalle eingebaut wird und zugleich als Leerschuß bei Entleerung des Kanales dient. Das diese Schütze durchströmende Wasser, Schlamm usw. wird durch einen parallel zu den Turbinenschächten geführten Kanal in den Unterwassergraben zurückleitet. Sohle und Seitenwände des letzteren sind an der Mündung dieses Kanales sowohl als beim Auslaufe aus den Turbinenkammern gegen Ausspülung durch kräftige Stein- oder Betonbauten, Pflasterungen usw. zu schützen. Wurde die Sohle des Kanals, wie erwähnt, tiefer als nötig angeordnet, so ergibt sich der Putzgraben von selbst und ist die Kanalsohle dort lediglich zu betonieren und mit starkem Gefälle gegen die Putzschütze für die Entschlammung zu versehen. Daß unter den Saugrohren der Turbinen, welch letztere bekanntlich den Zweck haben, das dort abströmende Wasser ebenso wie das der Turbine zuströmende als Betriebskraft nutzbar zu machen, eine Sohlenvertiefung vorzusehen ist, dürfte bekannt sein, da das in dieser stehende Wasser als natürlicher Puffer wirkt und dadurch die sonst unvermeidlichen Ausspülungen in der Sohle verhindert.

Bei Hochdruckturbinen ohne Saugrohr, welche nur an eine Druckrohrleitung angeschlossen werden, ist die Anlage für das Turbinenhaus eine sehr einfache, da ein Rückstau infolge der hohen Lage des Turbinenachsenmittels ausgeschlossen ist. Allerdings ist dabei ein nicht unbedeutender Gefällsverlust in Kauf zu nehmen, da diesen Turbinen die Saugrohre fehlen, so daß das Wasser, welches das Schaufelsystem passiert hat, ohne eine weitere Kraftäußerung zu vollziehen, in den Unterwasserkanal abstürzt. Ein bewährtes Modell ist die Schwamkrug-Turbine.

Für Anlagen mit Schachtturbinen ist zu beachten, daß hier Saugrohre vorhanden sind, also der Rückstau im Unterwasserkanal bei eintretendem Hochwasser einen Gefällsverlust und dadurch eine verminderte Arbeitsleistung bedingt. Da jedoch derartige Anlagen für Bäche vorgesehen werden, welche sehr erhebliches Gefälle besitzen, so daß die Hochwässer nicht sehr hoch anschwellen und sehr rasch wieder verlaufen, ist die verminderte Arbeitsleistung unbeträchtlich und von kurzer Dauer. Es empfiehlt sich daher, vor dem Einfall in den Schacht einen Überlauf und Leerschuß anzuordnen, wie derselbe bei jenen Turbinenanlagen vorgesehen ist, bei welchen Hochwasser nicht in den Kanal eingeleitet wird.

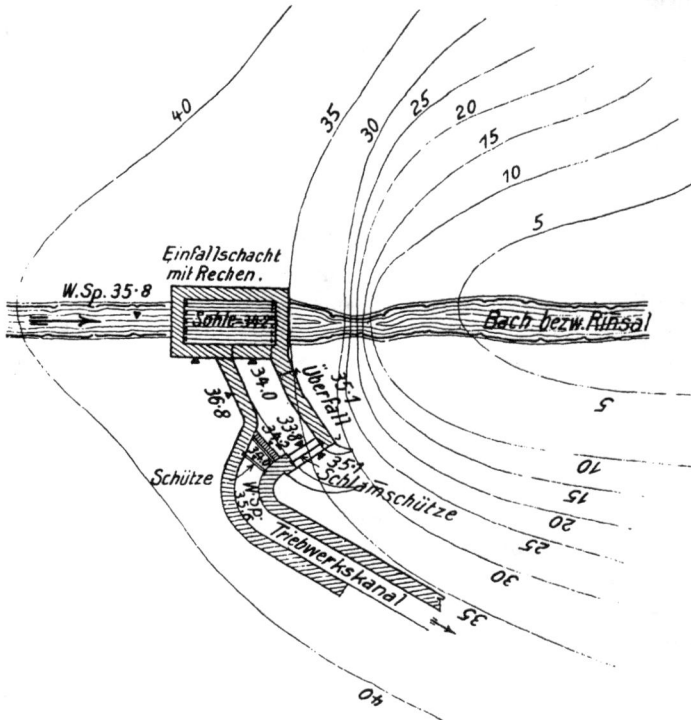

Fig. 11.

Schließlich sei hier noch einer besonderen Wehranlage Erwähnung getan, welche hauptsächlich bei Gebirgsbächen mit sehr starkem Gefälle vorteilhaft angewendet wird, d. i. die Wasserabfangung mittels eines in die Bachsohle über einem Einfallschachte erbauten, im Gefälle liegenden eisernen Rechens.

Wo die Bäche viel Geröll, Felsstücke usw. mitbringen, ist ein derartiges Wehr das Vorteilhafteste, da diese Körper

schadlos über den im Gefälle eingebauten Rechen hinweg-
gleiten und auf dem bisherigen Weg weitergeführt werden,
indem ein Stauwehr, vor welchem sich die Felsen und
Steine festsetzen würden, nicht vorhanden ist, und von
diesen daher auch nicht beschädigt oder zertrümmert werden kann. Man kann deshalb derartige Anlagen richtiger als
Wasserfang bezeichnen und haben sie den weiteren Vorteil, daß die Hochwasserverhältnisse nicht geändert werden.
Am besten erbaut man die Einfallschächte oberhalb eines
Wasserabsturzes, so daß Sand, kleine Kiesstücke usw.,
welche durch den Rechen in den Schacht hinabfallen,
wieder unterhalb des Absturzes in den Bach entleert
werden können, zu welchem Zwecke ein Kanal mit starkem
Sohlengefälle, häufig in Form eines Bogensegmentes, erbaut
werden muß, der an seinem Ende mit einer Schütze zu
versehen ist. Diese dient alsdann zugleich als Leerlauf.
Die Mauer des Kanales, welche an den Bach angrenzt, ist
auf eine bestimmte Strecke als Überfall zu erbauen, damit
das bei Hochwasser in den Schacht eintretende zu reichliche Wasser wieder in das tiefer liegende Gerinne zurückfließen kann. Die Abzweigung des Triebwassers mittels eines
Rohres, Kanales oder Stollens usw. erfolgt von diesem Kanale
aus und muß die Sohle des erforderlichen Gerinnes so hoch
angeordnet sein, daß aus dem Ableitungskanale vom Wasserfange weder Sand noch Steine usw. vom Triebwasser mitgerissen werden. Vor der Abzweigung des letzteren ist eine
Einlaßschütze und ein Feinrechen anzubringen. Derartige
Anlagen sind insbesondere im Hochgebirge sehr empfehlenswert. (Siehe Skizze.)

25. Gerinne.

a) Allgemeines.

Sehr häufig sind besonders in Gebirgsgegenden Wasserkraftanlagen mit verhältnismäßig wenig Wasser und hohem
Gefälle.

Die Konstruktion der Hochdruckturbinen gestattet nun-
mehr die Ausnutzung ungewöhnlich hoher Gefälle, zudem

als auch das Rohrleitungsmaterial so hergestellt werden kann,
daß es dem stärksten Drucke Widerstand leistet.

Ehe jedoch auf diese Wasserkraftanlagen näher eingegangen wird, sei noch einer Kanalgattung Erwähnung
getan, das sind H o l z - oder E i s e n g e r i n n e , durch
welche eine entsprechende Wassermenge ganz oder streckenweise einem Schachte zugeführt wird, in den sich das Wasser
ergießt, um eine oder mehrere Schachtturbinen in Bewegung zu setzen und damit Kraft zu erzeugen.

So kann z. B. zur Durchquerung einer Terrainfurche,
welche die Kanalachse kreuzt, oft mit Vorteil ein Gerinne
verwendet werden, welches die Mulde mittels eines Gerüstes
überschreitet. Wird letzteres für die praktische Ausführung
zu hoch, so muß eine Druckrohrleitung das Gerinne ersetzen,
wobei jedoch ein ziemlicher Gefällsverlust eintritt, wenn die
Rohre nicht sehr groß gewählt werden, was wiederum die
Anlage verteuert.

In sanft abfallendem Gelände bis zu Höhen von 5 m
können Gerüste zur Führung des Gerinnes überhaupt verwendet werden, wenn die seitliche Verschiebung eines Beton-
oder Erdkanales usw. an eine das Tal in der Längsrichtung
begrenzende Anhöhe untunlich ist.

Über die erwähnte Höhe hinaus verbietet sich die Ausnutzung der Wasserkraft mittels Gerinne und Schacht schon
deshalb, weil der letzterer als Druckschacht sehr stark beansprucht und deshalb teuer und unrationell wird.

b) B e s t i m m u n g   d e r   Q u e r s c h n i t t e   v o n
G e r i n n e n .

Die Berechnung eines Gerinnes erfolgt analog der Berechnung eines Betonkanales und entspricht das innen sauber
gehobelte Holzgerinne einem glatt verputzten Betonkanale
hinsichtlich des Reibungswiderstandes, während ein ungehobeltes Gerinne dem unverputzten Betonkanale gleichzu-
achten ist. Eisengerinne, welche halbkreisförmig oder parabolisch gewählt werden können, bedingen den geringsten
Gefällsverlust. Die Berechnung derartiger Kanäle ist bei den
Erdkanälen erwähnt und soll hier nicht mehr erörtert werden.

26. Rohrkanäle als Oberwasserkanalstrecke.

Ist die Führung eines derartigen Gerinnes ohne Gerüst,
also an einem dem Tal entlang sich hinziehenden Berghange
möglich, so kann an Stelle eines gemauerten Kanales, welcher
zweckmäßig abzudecken ist, um vor abfallendem Gestein,
Böschungsrutschungen und Eisbildung usw. gesichert zu sein,
das Wasser in einem kreisrund oder parabolisch geformten
Rohrkanale vorteilhaft bis zu einem Sammel- oder Einfallschachte geleitet werden. Von letzterem wird dasselbe auf
dem kürzesten Wege mittels einer dem Wasserzufluß entsprechend gewählten Druckrohrleitung zur Turbinenanlage
geführt. Vgl. Erläuterungen zu Tab. II 1 u. 2. S. 72—78,
und Kap. 29, S. 66—67.

27. Druckrohrleitungen.

a) Allgemeines.

Hinsichtlich der Wasserbewegung in Rohrleitungen ist
nachstehendes zu bemerken:

Ist das Rohr als Druckrohrleitung gefüllt, so erleidet
die Wasserbewegung in diesem, wie bei den Kanälen, einen
Widerstand, der als Druckhöhenverlust bezeichnet wird.
Derselbe hängt einerseits von dem Verhältnisse des Rohr-
querschnittes zur gewünschten Geschwindigkeit und Leitungslänge ab, anderseits von dem Widerstande, welchen
die Rohrwandungen dem Wasser beim Durchfließen der Rohre
entgegensetzen und von jener Kraft, welche erforderlich ist,
um dem Wasser beim Einfluß in die Leitung die erforderliche
Anfangsgeschwindigkeit zu erteilen.

b) Berechnung der Druckhöhen-
verluste.

Ist h_I die Druckhöhe, welche berechnet werden soll,
d der innere oder lichte Durchmesser der Rohre, l die Leitungslänge, λ der Röhrenwiderstand und ξ die Druckhöhe,
welche erforderlich ist, dem Wasser beim Eintritt in die Leitung die nötige Geschwindigkeit zu verleihen, endlich v die

effektive Geschwindigkeit des Wassers am Ende der Leitung, also an der Turbine, so ist

$$h_{\mathrm{I}} = \left(1 + \xi + \lambda \, \frac{l}{d}\right) \frac{v_2}{2\,g}.$$

Ist der Querschnitt nicht kreisförmig, sondern anderweitig gestaltet, so daß der Umfang $= U$ ist und die Quadratfläche F, so hat man statt $\lambda \cdot \dfrac{l}{d}$ zu setzen: $\lambda \, \dfrac{U}{4\,F} \, l$.

$$v = \frac{\sqrt{2\,g\,h}}{\sqrt{1 + \xi + \lambda \, \dfrac{l}{d}}}$$

und $Q = v \cdot \dfrac{d^2 \, \pi}{4} =$ Wassermenge für das ermittelte v oder, bei oben erwähnter Annahme, statt $\lambda \, \dfrac{l}{d}$ wieder $\lambda \, \dfrac{U}{4\,F} \, l$.

Nun ist nach:

$$\text{W e i ß b a c h} \quad \lambda = 0{,}01439 \;\; + \;\; \frac{0{,}00947}{\sqrt{v}}$$

$$\text{D a r c y} \qquad \lambda = 0{,}01989 \;\; + \;\; \frac{0{,}0005078}{d}$$

$$\text{F r a n k} \qquad \lambda = 0{,}010045 + \frac{0{,}0075478}{\sqrt{d\,1}}.$$

Letztere Erfahrungsformel gilt jedoch für inkrustierte Rohrleitungen, wobei $d\,1$ den durch Ansatz verengten Querschnitt bedeutet. Der Druckhöhenverlust wird in solchen Leitungen:

$$h_{\mathrm{I}} = \lambda \, \frac{l}{d} \, \frac{v^2}{2\,g}$$

und

$$\frac{h_{\mathrm{I}}}{l} = \frac{16\,\lambda}{\pi^2 \, 2\,g} \, \frac{Q^2}{d^5}.$$

Eine Formel, welche auf innerem Rostansatz als grundsätzliche Voraussetzung basiert, dürfte jedoch nicht in allen Fällen empfehlenswert sein, und zwar deshalb, weil 1. reines, von schädlichen festen Bestandteilen oder Lösungen sowie von überschüssiger Kohlensäure freies Wasser inneren Rostansatz überhaupt nicht hervorruft, was zahlreiche praktische

Erfahrungen beweisen, die sich auf 30 und noch mehr Jahre
zurückerstrecken;

2. ein leichter innerer Rostansatz, wie ebenfalls bei alten
Leitungen festgestellt wurde, unter gewissen Voraussetzungen,
welche im folgenden erörtert werden sollen, der Wasserbewegung in den Rohren nicht in dem Maße hinderlich ist, daß es
sich rechtfertigen läßt, wenn im voraus größere Rohre verwendet werden, welche unter Umständen gar nicht nötig
wären, so daß nutzlose große Mehrausgaben entstehen und

3. bei der eigentlichen Inkrustierung, welche mit Knollen-
bildung und beträchtlicher Querschnittsverengung verbunden
ist, auch größere Rohre bis zu einem Maße verengt werden,
daß sie zur Förderung des nötigen Wassers nicht mehr geeignet sind.

So ist dem Verfasser ein Fall in Neustadt a. S. in der
Praxis vorgekommen, bei welchem die Rohre schon nach
8 Jahren derartig inkrustiert waren, daß der Rohrquerschnitt
durch Inkrustation auf $\frac{1}{3}$ des ursprünglichen abgemindert
wurde. Das aus Basaltformation entspringende Quellwasser
enthielt neben Spuren von Eisen, Brom und Jod eine große
Menge freier Kohlensäure. Der nachträgliche Einbau von Putzkästen in 100 m Entfernung und die Säuberung der Rohre
mit Stahldrahtbürsten brachte für 5—6 Jahre Besserung,
schließlich mußte doch neues Quellwasser auf weite Entfernung
beigeleitet werden.

Wasser, welches salpetrige Säure, Chloride, Schwefel-
wasserstoff, ungebundene Kohlensäure usw. enthält, soll nur
für Wasserkraft- oder Nutzwasseranlagen verwendet werden,
für Trinkwasser nur dann, wenn die Möglichkeit besteht, die
schädlichen Bestandteile auszuscheiden.

Kann einwandfreies Wasser, welches Inkrustationen im
erwähnten Sinne nach genauer chemischer Untersuchung
und hinsichtlich seines Gehaltes an freier Kohlensäure nicht
besorgen läßt, benutzt werden, so genügt es, bei Wasserversorgungen als Abhilfe gegen leichten inneren Rostansatz bei
der Berechnung des nötiges Gefälles eine den Verhältnissen
angepaßte Überdruckhöhe vorzusehen, sowie den in diesem
Buche überall zum Ausdrucke gebrachten Grundsatze gemäß

die Rohre so zu wählen, daß stets nach der im Handel befindlichen nächst größeren Lichtweite gegriffen wird, wenn
die entsprechend nächst kleinere sich als zu knapp oder gar als
zu klein erweist.

Bei der nötigen Vorsicht hinsichtlich der Verwendung
vorhandenen Wassers und Einhaltung der vorausgehenden
Vorsichtsmaßregeln kann — insbesondere für Trinkwasser-
anlagen — auf die F r a n k sche Formel verzichtet werden,
da diese in solchen Fällen viel zu große Rohrlichtweiten
nötig macht, die unnütz verausgabtes Geld bedeuten. Anders
verhält es sich, wenn unreines Wasser für Wasserkraft- oder
Nutzwasseranlagen in Frage kommt. In solchen Fällen wird
der Druckhöhenverlust h_l vielfach nach dieser Formel zu
berechnen sein, wenn auch in den Vorbemerkungen zur Benutzung der Tabelle I 1 und 2 durch ein Beispiel nachgewiesen ist, daß die übliche Abstufung der Rohre von 5 zu 5 cm
in den meisten Fällen dazu führt, daß die Rohre ohnedies zu
groß ausfallen. Der Anforderung, daß es sich bei Bestimmung
der Rohre nicht darum handeln kann, zu wissen welche Wassermenge unter dem vorhandenen Gefälle neue Rohre liefern,
sondern wie die Leitung in späteren Jahren funktioniert,
wurde also auch in diesem Buche volle Rechnung getragen.

Die am häufigsten angewendete Formel zur Bestim-
mung des Druckhöhenverlustes h_l ist jene von W e i ß b a c h,
nach welcher auch die beiliegende Tab. I 1 und 2 berechnet ist.

ξ ist im Mittel 0,505, wird jedoch bei trichterförmig
geformter Abrundung des Rohreinlaufes auf 0,08 herabgemindert und kann demnach bei l ä n g e r e n Leitungen
der Koeffizient $1 + \xi$ außer Rechnung bleiben.

c) D r u c k h ö h e n v e r l u s t e   i n   K r ü m m e r n   usw.

Zu den erwähnten Widerständen, welche das Wasser
bei seiner Bewegung in Rohrleitungen erleidet, kommen noch
die Widerstände durch Bogenrohre oder Krümmer und ist ξ
für ein Knie von:

$$10^0 = 0,045 \qquad 45^0 = 0,981$$
$$20^0 = 0,139 \qquad 70^0 = 2,43.$$
$$30^0 = 0,363$$

Für jede Verengung ist

$$\xi = \left(\frac{A}{m\,A_1} - 1\right)^2$$

und für jede Erweiterung

$$\xi = \left(1 - \frac{A_1}{A}\right)^2$$

worin A_1 der kleinere und A der größere Querschnitt, während $m = 0{,}6$ bis $0{,}8$ ist.

d) B e s t i m m u n g d e r R o h r d u r c h m e s s e r f ü r D r u c k l e i t u n g e n.

Den Durchmesser einer Leitung, welche Q cbm pro Sekunde liefern soll, erhält man durch die Formel

$$d = 1{,}128 \sqrt{\frac{Q}{v^2}}$$

in Metern.

Diese Formel trägt jedoch dem Druckhöhenverluste keine Rechnung und kann nur benutzt werden, um eine beliebige Querschnittsfläche, in welcher eine bestimmte Wassermenge Q mit einer angenommenen Geschwindigkeit v fließt, in eine kreisförmige umzuwandeln. Zur angenäherten direkten Berechnung jenes Rohrdurchmessers, welcher den Reibungswiderständen Rechnung trägt, gibt D a r c y die Formel:

$$h = \frac{c \cdot l \cdot Q^2}{d^5}, \quad \text{daher } d = \sqrt[5]{\frac{c\,l\,Q^2}{h}},$$

worin $c = 0{,}001641 + \dfrac{0{,}000042}{d}$ und l die Leitungslänge, h das Gefäll resp. die Druckhöhe und Q die Wassermenge ist.

Es wurde bereits erwähnt, daß ξ als Widerstand beim Eintritt des Wassers in die Rohre unter der gemachten Voraussetzung eines trichterförmigen Einlaufes in eine längere Rohrleitung vernachlässigt wird.

Der gleiche Fall ist gegeben bei ξ, welches den Widerstand in Krümmern usw. bezeichnet. Die vorausgegangene Zusammenstellung zeigt jedoch sehr deutlich, daß starke

Krümmer, wenn irgend möglich, vermieden werden müssen,
sollen nicht große Gefällsverluste eintreten, so daß weit besser
in kurzer Entfernung zwei bis drei schwache Krümmer eingebaut werden. Der erhöhte Kostenpunkt kann dabei nur
dann in Frage kommen, wenn so reichliches Gefälle vorhanden
ist, daß auf einen Bruchteil desselben leicht verzichtet werden kann.

Man wird jedoch in der Praxis die Vernachlässigung
des Koeffizienten ξ dadurch ausgleichen, daß etwas größere
Rohre gewählt werden, was ohnedies fast immer notwendig
wird, wenn der gefundene Rohrdurchmesser a u f - statt a b -
gerundet wird.

Bei kleineren Gußrohren, welche nach den bestehenden
Normalien hergestellt werden, ist zudem die Wahl der Rohr-
durchmesser eine beschränkte, da nur bestimmte solche im
Handel sind und die Herstellung anderer Durchmesser die
Preise mehr verteuern würde als die Wahl des nächst
größeren Profiles.

Für Schmiedeeisenrohre, welche nach Angabe gefertigt
werden, empfiehlt es sich ebenfalls, den Durchmesser auf
5 cm aufzurunden, also z. B. nicht Rohre mit 0,62 m Lichtweite zu bestellen, sondern mit 0,65.

27 a. Über die Festsetzung der Rohrlichtweiten.

Die zu diesem Zwecke dienende Formel von Darcy Abs. 27,
S. 59, läßt erkennen, daß bei Einsetzung des genauen Wertes
von C das gesuchte d auch in diesem enthalten ist, so daß die
Gleichung nur durch Annäherungsrechnung lösbar ist, wenn
auf die Einsetzung des Wertes 0,000042 nicht verzichtet
werden will, was nicht immer rätlich ist. Sie zeigt ferner,
daß aus der zuerst angegebenen Gleichung für h sein Wert
vorerst ermittelt werden muß, und sie schließt endlich den
großen Nachteil in sich, daß dieses h unveränderlich fest-
stehen muß, soll die Lösung der Formel für d eine richtige
werden. Neben zeitraubenden und für manchen Techniker
schwierigen Berechnungen bietet also die Formel keine Wahl
unter den Rohren und Geschwindigkeiten bzw. Gefällsver-

lusten, obwohl es, wie später erörtert werden soll, aus wirt-
schaftlichen Gründen dringend nötig ist, eine entsprechende
Wahl treffen zu können.

Man ist daher schon seit langer Zeit auf Abhilfe bedacht
gewesen und hat Tabellen aufgestellt, welche jede Berechnung ersparen und sofort ersehen lassen, welche Rohrlichtweite für eine Reihe von Wassergeschwindigkeiten nötig ist
und welcher Gefällsverlust oder Röhrenwiderstand in jedem
einzelnen Falle entsteht, so daß die aus finanziellen Rücksichten
nötige Wahl der Rohrdurchmesser geboten ist.

Auch die beigefügten Tabellen 1 1 und 1 2 dienen diesem
Zwecke in bester Weise und sie wurden in dieser Neuauflage
vom Verfasser noch durch Einschaltung jener Rohre, welche
neu in den Handel eingeführt sind und insbesondere für
Teil II seines Buches in Betracht kommen, wesentlich erweitert, wie sie auch fast einzig unter den bestehenden derartigen Hilfsmitteln ausnahmslos alle Rohre von $\frac{1}{4}''$ aufwärts bis zu 300 mm Lichtweite umfaßt, während die größeren
Dimensionen auf Grund praktischer Erfahrungen ausgewählt
wurden.

Die nähere Anleitung, wie beide Tabellen zu benutzen
sind, wurde in den Vorbemerkungen zu diesen niedergelegt
und finden sich in diesem Buche direkt vor dem Tabellen-
anhange. Da letzterer für Wasserversorgungsanlagen in erster
Linie in Frage kommt, schien es angezeigt, die betreffenden
Erläuterungen nicht in Teil 1 zu verlegen, sondern sie am
Schlusse beider unterzubringen. Für Wasserkraftanlagen
soll daher nur das hervorgehoben werden, was nötig ist, um
ein Studium auch der Wasserversorgungsanlagen zu vermeiden,
wenn es an sich nicht als geboten erscheint. Die auf solche
Weise nötigen und auf das geringste Maß beschränkten Wiederholungen liegen im Interesse jener Herren, welche nicht auf
beiden Gebieten tätig sind.

Es ist also zunächst nötig, sich mit den Vorbemerkungen
zu Tabelle I 1 und 2 vertraut zu machen. Es wird alsdann
spielend leicht sein, mit Hilfe derselben die Aufgaben zu lösen,
welche an den Projektanten herantreten.

Für Turbinenanlagen, bei welchen ein größeres Gefälle wirksam wird, als bei Schachtturbinen, kommen lediglich Druckrohrleitungen in Betracht. Die Größe ihrer lichten Durchmesser ist von folgenden Gesichtspunkten aus zu bemessen:

1. Es soll die vorhandene Wasserkraft bis an die Grenze des Möglichen ausgenutzt werden, ohne daß ihr Ausbau in finanzieller Hinsicht Schwierigkeiten zu begegnen hätte.

2. Der Bau soll jene Summe nicht überschreiten, die dafür zur Verfügung steht, bzw. es soll die ausgebaute Pferdestärke den Betrag von M. 500 nicht überschreiten.

3. Es ist überreichliches Gefälle vorhanden, so daß an dem Durchmesser der Rohre gespart werden soll, d. h. es will nur der größte Teil der Kraft verwendet werden.

4. Es soll zunächst nur ein bestimmter Teil der zu erzielenden Wasserkraft zum Ausbau gelangen, der Rest soll später nutzbar gemacht werden.

ad 1. Es werden so große Rohre nötig, daß der Druckhöhenverlust auf das zulässige Minimum herabsinkt. Letzteres ist begrenzt und finden sich nähere Angaben hierüber unter Absatz 31, S. 67—68. Man sucht also unter einer Geschwindigkeit von 0,5—1 m in Tabelle I 1 eine Wassermenge, welche reichlich der dem Projekte zugrunde liegenden entspricht, und zwar bei jeder der zwischen 0,5—1 verzeichneten Kolonnen und verzeichnet die betreffenden Rohrdurchmesser, welche zu jeder der geeigneten Zahlen gehört und ermittelt sofort in Tabelle I 2 den sich dabei ergebenden Druckhöhenverlust. Man vergleicht die erhaltenen Resultate. Die vorhandene Wassermenge sei z. B. 400 Sek./l, das Gefälle betrage 180 m.

Unter $v = 0,5$ m fließen durch 1000 mm-Rohre 392,7 Liter,
der Gefällsverlust ist 0,0354 %,

» $v = 0,6$ » fließen durch 1000 mm-Rohre 471,24 Liter,
der Gefällsverlust ist 0,0488 %,

» $v = 0,7$ » fließen durch 900 mm-Rohre 445,32 Liter,
der Gefällsverlust ist 0,0714 %.

Ein weiteres Suchen oder Vergleichen ist überflüssig, da die Wassermenge bei $v = 0,5$ zu klein ausfällt, während bei $v = 0,7$ der Gefällsverlust pro 100 m bereits so groß wird, daß die gestellte Bedingung nicht mehr erfüllt ist. Es sind also 1000 mm-Rohre bei $v = 0,6$ zu wählen, wobei der Überschuß an Wasserförderung von rund 71 l pro Sekunde als Sicherheit gegen inneren Rostansatz und die dadurch bedingte kleine Verringerung von v dient.

Ist die Leitung 1400 m lang, so wird der Gefällsverlust $14 \times 0,049 = 0,686$ oder rund 0,7 m. An Gefälle werden wirksam $180 - 0,7 = 179,3$ m. Die Leistung der Turbine zu 75% angenommen, ergibt sich eine Pferdestärke von $PS = \dfrac{400 \cdot 179,3 \cdot 0,75}{0,75 \cdot 100}$ oder kürzer $\dfrac{400 \cdot 179,3}{100} = 717,2$ PS. Bei Turbinen mit 82% Nutzeffekt sind $PS = \dfrac{400 \cdot 179,3 \cdot 0,82}{0,75 \cdot 100}$ $= 784,1$ PS. Zu überschlägigen Berechnungen wird jedoch stets der Effekt der Turbine mit 75% angenommen, so daß Gefälle mal Wassermenge geteilt durch hundert direkt die zu erwartende Pferdestärke angibt.

ad 2. Es soll hier die gleiche Voraussetzung angenommen werden, also gleiches Gefälle und gleiche Wassermenge. Der Wasserfang, also die Wehranlage, das Wasserschloß, das Turbinenhaus mit zwei Turbinen und der Unterwassergraben, ferner die Sicherung der Rohre gegen Ausbiegungen und Wanderung, Kompensationsstücke, Turbinenregulatoren, Grab- und Sprengarbeit sowie Überdecken der Rohre und ihre Isolierung bei der Einführung in das Turbinenhaus sollen zusammen auf Grund des Kostenvoranschlages mit M. 250 000 angenommen werden. Rohre mit 1000 mm Lichtweite kosten (nach willkürlicher Annahme, der Preis ist jederzeit zu ermitteln) fertig verlegt pro lfd. m M. 130, in Summa für 1400 m M. 182 000. Der gesamte Kostenbetrag würde daher 250 000 + 182 000 = M. 432 000 ergeben. Die Pferdekräfte sind rund mit 720 anzunehmen. 432 000 : 784 = M. 551 pro PS. Die Leitung wird also zu teuer, und zwar um M. 51 pro PS. Es ist zu untersuchen, ob die sonstige bauliche Anlage nicht verbilligt werden kann und man wird finden, daß bei kleineren

Rohren die Erd- und Sprengarbeit sehr erheblich abnimmt,
ebenso der Transport und das Verlegen der Rohre, desgl.
die Verankerungskosten für die Rohre, die Größe des Turbinen-
hauses und jene der Turbinen usw. Die Einsparungen werden
mit M. 10 000 angenommen. Es ist demnach das Baukapital
ohne Rohrleitung auf M. 240 000 zu erniedrigen. Letztere
kann durch die Annahme einer Geschwindigkeit von 1,5 m
pro Sekunde auf einen lichten Durchmesser von 600 mm
herabgemindert werden. Die dabei geförderte Wassermenge
ist 424 l sekundlich. Der Röhrenwiderstand wird dabei auf
100 m = 0,423 m und auf 1400 = 5,92 m. Der Gefällsüber-
schuß ist daher 180 — 6 (rot) = 174 und die Pferdekraft
$\dfrac{174 \cdot 400}{100}$ = 696 PS. Bei 82% Nutzeffekt der Turbine ergeben sich rund 761 PS. Nun kann der Betrag für den lfd. m
Rohrleitung mit M. 70 angenommen werden, demnach für
M. 1400 auf M. 98 000. Die Gesamtbaukosten betragen daher
240 000 + 98 000 = 338 000 : 761 = rund M. 444. Die gestellte
Bedingung, daß die ausgeübte Pferdekraft den Betrag von
M. 500 nicht überschreiten darf, ist demnach im günstigen
Sinne erfüllt. Eine Gegenüberstellung der sub 1 und 2 berechneten Resultate ergibt, daß es nicht rätlich ist, im allgemeinen den Gefällsverlust auf ein Minimum herabzudrücken
und sehr große Rohre zu verwenden, weiters daß dieses Vorgehen sich nicht nur aus technischen, sondern insbesondere
auch aus finanziellen Gründen fast immer verbietet, da in
den Beispielen nachgewiesen ist, daß der Gewinn von ca. 23 PS
mit einem Mehraufwande von 551 — 444 = M. 107 pro PS
bezahlt werden müßte. Die Wahl der 1000 mm-Rohre im
Beispiele zu 1 wäre daher nur zu rechtfertigen, wenn tatsächlich diese 23 PS nicht entbehrt werden können, da sie die
Anlage unter den gegebenen Voraussetzungen um M. 94 000
verteuern würde.

ad 3. Es soll auch hier das gleiche Gefälle und die näm-
liche Wassermenge beibehalten werden wie im vorausgegangenen.

Die Kosten für die eigentlichen Bauarbeiten bleiben
unverändert, da eine wesentliche Abminderung infolge einer

etwas kleineren Rohrdimension nicht eintreten kann. Über
eine Wassergeschwindigkeit von 2,5 m soll beim Turbinenbetrieb nicht hinausgegangen werden. Rohre mit 450 mm
Lichtweite würden 397,61 Sek./l liefern, wenn die erwähnte
Höchstgeschwindigkeit gewählt wird. In Rücksicht auf den
zukünftigen verlangsamten Wasserlauf ist es jedoch nicht
rätlich, sich mit dieser Wassermenge zu begnügen, jedenfalls
dürfte sie erst dann dem Projekte zugrunde gelegt werden,
wenn die Bauherrschaft sich mit einer künftigen kleineren
Abnahme der Wasserkraft einverstanden erklärt, bzw. wenn die
zu gewinnende Kraft auch dann noch den Bedarf erheblich
überschreitet. Wie die aufgestellte Bedingung lautet, wird
der Erbauer auf größere Rohre verzichten und daher sollen
solche mit 450 mm in Berechnung gezogen werden. Der
Gefällsverlust ist pro % = 1,443 auf 1400 m = 20,2 m. Die
dabei entstehende Kraft ist $\dfrac{397,61 \cdot 159,8 \cdot 0,82}{100 \cdot 0,75} = 680$ PS
als höchste Anfangsleistung der Turbinen.

Ist der Bedarf an Kraft lediglich 600 PS, so ist jedes
Risiko ausgeschlossen. Da 450 mm-Rohre sich einschließlich Transport, Verlegung und Abdichtung auf ca. M. 40 pro
lfd. m stellen werden, betragen die Gesamtkosten 240 000 +
56 000 = 296 000. Diese durch 680 geteilt, ergibt M. 435
pro PS. Die Einsparung ist daher sehr gering und späterhin
wird sich die Anlage noch dadurch verteuern, daß die gewonnenen 680 PS vermutlich auf 630 herabsinken werden, wenn
sich die Wassergeschwindigkeit verlangsamt oder schon von
Anbeginn an teurer stellt, wenn Turbinen mit dem hohen
Nutzeffekte von 82% unter den gegebenen Verhältnissen sich
nicht konstruieren lassen. In diesem Falle würde die Kraftleistung an sich schon auf 635 herabsinken, so daß die Annahme, künftig nur 630 PS zur Verfügung zu haben, der
Wirklichkeit sehr nahe kommen wird. Die ausgebaute PS
würde sich in diesem Falle nahezu auf M. 470 belaufen. Trotz
sinkenden Anlagekapitales verteuert sich also die ausgebaute
Pferdekraft ganz erheblich und eine solche Anlage könnte
nur dann empfohlen werden, wenn keine Aussicht besteht,
daß jemals ein erhöhter Kraftbedarf eintreten kann.

ad 4. Die Rohrbestimmung erfolgt in gleicher Weise, wie sie im vorhergehenden geschildert wurde, die näheren Erwägungen sind im folgenden Absatze niedergelegt.

28. Projektierung von Hochdruckanlagen, bei welchen das vorhandene Wasser nicht vollständig verwertet werden will.

Häufig kommt es vor, daß eine vorhandene Wassermenge deshalb nicht ganz ausgenutzt werden will, weil vorerst für die ganze entstehende Kraft keine Verwendung vorhanden ist und der volle Ausbau ein zu hohes Anlagekapital bedingen würde. Man hilft sich in diesem Falle dadurch, daß zunächst nur eine dem erforderlichen Kraftbedarf entsprechende Rohrleitung für einen bestimmten Teil der Wassermenge in Benutzung genommen, die Wehranlage und der sonstige Bau jedoch so hergestellt wird, daß späterhin eigentliche Bauarbeiten nicht mehr nötig sind, die Legung eines zweiten Rohrstranges jedoch, sowie die Aufstellung einer zweiten Turbine jederzeit ohne wesentliche Mehrkosten möglich ist.

Vorteilhaft sind solche Anlagen vom finanziellen Standpunkte aus niemals, da erstens zwei getrennte Rohrleitungen teurer sind als eine einzige größere und der Druckhöhenverlust mit der Abnahme der Durchmesser zunimmt, so daß die Querschnittsfläche beider Leitungen zusammen größer ausfällt als jene für eine einzige Leitung, vorausgesetzt, daß sich die Geschwindigkeit des Wassers gleich bleiben und kein erhöhter Druckverlust eintreten soll. Vom Betriebsstandpunkte aus bieten jedoch zwei getrennte Leitungen eine erhöhte Sicherheit, falls Rohrbrüche usw. sich ereignen. Die Anlage der Wehre erfolgt bei Druckrohrleitungen analog den für diese aufgestellten Grundsätzen.

29. Führung von Kanälen vom Wasserfange bis zum Beginne der Druckrohrleitung.

Ist es möglich, das Wasser vom Wehre ab eine Strecke weit in geringem Gefälle am Gelände fortzuführen, so wird an Stelle von Rohrleitungen vorteilhaft ein Kanal erbaut,

da dieser billiger wird und einen geringeren Gefällsverlust
verursacht. Wo das nicht zulässig ist, können für die erste
Strecke leichte Eisen- oder Zementrohre verwendet werden,
wenn keine Steinschläge usw. zu befürchten sind. Die Druckrohrleitung beginnt in solchen Fällen bei einem Schachte
(Wasserschloß), in welchen die erste Kanal- oder Rohrstrecke
eingeführt wird und der so anzuordnen ist, daß eine Entschlammung vor sich gehen kann; ebenso ist dort ein Leerlauf anzubringen und je ein Absperrventil für die Druck-
und Schlammleitung vorzusehen.

30. Druckrohrleitung vom Wasserfange an beginnend.

Muß die Druckrohrleitung direkt beim Wehre beginnen,
so ist das Wasserschloß dort zu erbauen. Zur Verhütung des
Eindringens von Fremdkörpern in die Leitung bzw. Turbine
sind Rechen anzubringen, und zwar meist ein gröberer zur
Abhaltung von Treibholz, Eis usw. und ein feinerer im Schachte
selbst.

31. Allgemeine Bemerkungen über die Wahl der Rohr-
durchmesser und der Geschwindigkeit des Wassers.

Aus den für Bestimmung der Rohrlichtweiten gegebenen
Beispielen ergibt sich, daß bei der unendlich großen Wahl
von Geschwindigkeiten auch die Größe des lichten Durch-
messers beliebig gewählt werden kann. Es ist jedoch praktisch
nur ein geringer Bruchteil der Resultate verwendbar, da
einerseits das Wasser einer bestimmten Geschwindigkeit bedarf, um, wie erwähnt, die Ablagerung von Sinkstoffen in
den Röhren zu vermeiden, so daß die Geschwindigkeit in
der Regel nicht unter 0,3 m pro Sekunde herabsinken darf,
anderseits zu große Geschwindigkeiten — abgesehen von
dem entstehenden Druckhöhenverluste — eine zweckmäßige
Turbinenkonstruktion unmöglich machen. Die Maximalge-
schwindigkeit soll daher erfahrungsgemäß im äußersten
Falle 2,5 m pro Sekunde nicht überschreiten; zudem als bei
allzugroßer Geschwindigkeit starke Stöße in der Leitung
aufzutreten pflegen, wenn z. B. der Regulator der Turbine

5*

infolge momentanen, geringeren Kraftverbrauches den Wasser-
zutritt rasch vermindert. Die Druckregulatoren, welche seit
einiger Zeit an dem tiefsten Punkte der Rohrleitung eingebaut werden, mildern zwar die Stöße in der Leitung, bei
etwa eintretenden Rohrbrüchen jedoch muß bei gewählter
großer Wassergeschwindigkeit ein selbsttätiger Rohrabschluß
vorhanden sein, der bei vermindertem Drucke den Wasserzufluß zur Leitung schließt. Trotz aller Schutzvorrichtungen
ist jedoch bei derartiger Anordnung immer noch eine Gefahr
für die Betriebssicherheit vorhanden und man wird nur bei
zwingender Notwendigkeit zu sehr großer Wassergeschwindigkeit greifen. Ist eine recht kleine solche gewählt, so ist,
wie bereits erwähnt, bei unseren klimatischen Verhältnissen
die Gefahr des Einfrierens vorhanden. Es muß daher in
solchen Fällen die Rohrleitung eine Deckung erhalten, welche
die Frostwirkung aufhebt. Ist das nicht durchwegs möglich,
so müssen die Rohre an exponierten Stellen isoliert werden,
was gewöhnlich sehr teuer ist und häufig nicht den erforderlichen Schutz gewährt.

Die Einfrierungsgefahr besteht insbesondere da, wo nachts
der Turbinenbetrieb eingestellt ist und z. B. in dieser Zeit
in einem Sammelweiher das zufließende Wasser aufgespeichert werden muß, um tagsüber eine erhöhte, gewöhnlich
doppelt so große Wassermenge zur Verfügung zu haben.
Kann das gesamte oder wenigstens ein Teil des der Turbinenanlage zugeführten Wassers nachts über durch den Leerlaufschieber abfließen, so ist auch bei kleiner Geschwindigkeit
die Einfrierungsgefahr sehr gering. Um zu vermeiden, daß
bei strenger Kälte das Öffnen des Leerlaufschiebers vergessen
wird, kann der Absperrschieber zwangsläufig so mit dem
Leerlaufschieber verbunden werden, daß der letztere sich
öffnet, wenn ersterer geschlossen wird. Diese Anordnung
hat noch den Vorzug, daß hierbei Rückschläge in der Leitung
ausgeschlossen sind.

32. Stollen als Kanalstrecke sowie Heberleitungen.

Sollte, was bisweilen nötig wird, die Druckrohrleitung
infolge eines vorgelagerten Höhenrückens nur bis zu diesem

geführt werden können und ist daher auch die Anlage eines
Kanales bis zum Beginne der Druckrohrleitung unmöglich,
so wird es nötig, den Bergrücken mittels eines Wasser-
stollens zu durchfahren und den Schacht an seinem Ende
zu erbauen.

Für kleinere Rohrleitungen, welche nur einen Teil des
zufließenden Wassers beanspruchen, genügt bisweilen die
Anlage einer Heberleitung, welche über den Bergrücken gelegt wird. Grundbedingung ist dabei, daß diese Leitung
keine Luft saugen darf, und daß infolgedessen der Wasserstand im Bache sich niemals so absenkt, daß das Saugrohr
nahezu wasserfrei wird und insbesondere der Scheitelpunkt
der Heberleitung die zulässige Höhe nicht überschreitet.
Die Inbetriebsetzung einer solchen Heberleitung erfolgt häufig
in der Weise, daß am Anfange des Saugrohres eine Rückschlagklappe angebracht wird, welche bis zur Füllung des
Rohres ein Zurückströmen des Wassers zum Bache hindert,
während die Füllung dadurch erfolgt, daß der Schieber vor
der Turbine geschlossen und am höchsten Punkte der Leitung
durch ein luftdicht verschließbares T-Stück nur so viel Wasser
in die geschlossene Leitung eingebracht wird, daß dabei
die Luft durch die Öffnung des T-Stückes noch abzu-
strömen vermag. Ist die Leitung vollständig gefüllt, so wird
das T-Stück verschlossen und der Schieber vor der Turbine
geöffnet, wobei die längere Wassersäule die kürzere nachzieht,
indem die Rückschlagklappe sich von selbst öffnet. Am
höchsten Punkte der Leitung ist eine selbsttätige Entlüftung
vorzusehen. Derartige Anlagen sind jedoch sehr selten und
bedingen bei etwaigen Rohrreparaturen stets den umständ-
lichen Vorgang des Füllens, der allerdings erleichtert werden
kann, wenn das Wasser mittels einer Luftpumpe angesaugt
wird, deren Inbetriebsetzung jedoch eines der Länge der
Leitung und der Wassermenge entsprechenden Kraftauf-
wandes bedarf. (Vgl. auch Heberleitung, Teil II: Wasserversorgungsanlagen S. 147—150.) Ist ein Stollen nötig, so ist
dessen Profil und Gefälle wie bei einem Kanal zu berechnen,
jedoch darauf Bedacht zu nehmen, daß derselbe in vielen
Fällen mittels eines Steges begehbar sein muß, die vom Wasser

benetzten Flächen werden behufs Minderung an Gefällsverlust vorteilhaft verputzt.

33. Sicherung der Rohrleitungen gegen Wanderung.

Es ist klar, daß eine längere Rohrleitung in starkem
Gefälle eine Wanderung der Rohre bedingen würde, wenn
nicht Vorsorge getroffen ist, daß die Rohre durch Ver-
ankerungen und durch Einbau von Betonklötzen in Ruhe verbleiben.

Insbesondere sind an jenen Stellen, wo Krümmer in
starkem Gefälle in die Leitung eingebaut sind, diese gegen
Verschiebung zu sichern, was wiederum die Herstellung von
Betonklötzen bedingt. Der Hauptrohrschub findet beim
Übergange von einem starken Gefälle in die Horizontale
— also meist vor der Zentrale — statt und hier sind die
kräftigsten Sicherungen anzubringen. Schmiedeeiserne Rohre
erhalten zu diesem Zwecke starke Wanderwinkel angenietet,
welche in die Mauer selbst einzubetten sind, und ist die Stärke
der letzteren so zu bemessen, daß sie dem Schube den erforderlichen Widerstand bietet.

34. Rohrmaterial und Dichtung der Rohre.

Während schmiedeeiserne Rohre durchwegs mit Muffen
zum Verschrauben oder mit Flanschen, zwischen welchen
das Dichtungsmaterial eingebracht wird, versehen sind, besitzen gußeiserne Rohre entweder Flanschen analog jenen
der schmiedeeisernen Rohre oder Muffen, welche gewöhnlich
mit Blei abgedichtet werden.

Die Flanschenverbindung ist stets eine vollständig unbewegliche und bei ihr liegt die Gefahr eines Abspringens
der Flanschen oder eines Rohrbruches näher als bei Muffen-
verbindung mittels Verbleiung, die auch sanfte Biegungen
ohne Krümmer zuläßt und so der Wasserbewegung dien-
licher ist als die Flanschenverbindung, welche bei jeder Ab-
weichung aus der horizontalen oder vertikalen Richtung
eines Krümmers bedarf. Dagegen erfordert bei sehr hohem
Drucke die Abdichtung der Muffen mit Blei eine ganz be-

sondere Sorgfalt, da sonst die Dichtungen herausgerissen
oder doch beschädigt werden.

In solchen Fällen werden bisweilen Muffen mit eingegossenen Rillen oder konische Muffen verwendet, während
das Rohrende oder der Rohrzopf Rippen oder eine Wulst
erhält. Beim Ausgießen füllen sich die Zwischenräume zwischen Rille und Rippe mit Blei und dieses kann nicht
leicht herausgeschleudert werden, während eine vollständige
Dichtung durch festes und regelrechtes Verstemmen des
eingegossenen Bleies erzielt wird. Die Hanfstricke, welche
ein Durchlaufen des Bleies in das Rohrinnere verhindern
müssen, liegen dabei hinter den Rillen und auf das sog. Verstricken ist besondere Sorgfalt zu verwenden. Bei konischen
Muffen verhindert die vergrößerte Bleistärke nahe am Rohr-
ansatze ein Heraustreiben des Bleies weshalb letztere Dichtungs-
art die gebräuchlichere ist. Gußeisen besitzt bekanntlich eine
sehr geringe Ausdehnungsfähigkeit und bedarf daher eine
mit Blei abgedichtete Muffenrohrleitung keiner Kompen-
sationsvorrichtung, da minimale Verschiebungen in den Blei-
dichtungen ungefährlich sind. Dichtungen mit gußeisernen
Flanschenrohren können durch Einbringen von zylindrischen
Gummi- oder Bleiringen an Stelle flacher Dichtungsringe
gegen Bruch bei großen Temperaturschwankungen gesichert
werden. Nachdem jedoch Rohre über 40 cm l. W. aus Gußeisen sehr schwer ausfallen, so daß die Verlegung derselben
Schwierigkeiten bietet, verwendet man für solche Rohrlichtweiten, welche vorgenanntes Maß überschreiten, vorteilhaft
schmiedeeiserne Rohre, deren Wandung mit zunehmendem
Drucke für einzelne Druckzonen meist von Atmosphäre zu
Atmosphäre zu verstärken ist. Als Material wählt man Stahl
oder bestes Flußeisen, oder Siemens-Martins Flußstahl,
entweder genietet oder geschweißt bzw. überlappt.

Nachdem jedoch diese Rohre bei großen Temperaturschwankungen sich merklich ausdehnen oder zusammen-
ziehen, wird, falls nicht eine Reihe von Krümmern die
Längsverschiebungen unschädlich macht, der Einbau von
Kompensationsstücken erforderlich. Durch Überdeckung
der Rohre können sehr große Temperaturschwankungen ge-

mildert werden, insbesondere, wenn in der Leitung Quellwasser fließt, dessen Temperatur im Winter meist nicht unter
$+ 4^0$ C herabsinkt.

35. Kompensationsstücke.

Für Einbringung von Kompensationsstücken, welche
aus Kupferblech, zumeist in Form von Krümmern hergestellt werden und sehr teuer sind, kann keine bestimmte
Norm angegeben werden. Sie richtet sich nach den klimatischen Verhältnissen und, wie angedeutet, nach der Gesamt-
anordnung der Leitung, da auch schmiedeeiserne Krümmer
eine gewisse Streckung oder Zusammenpressung ertragen.

36. Erläuterung zu Tabelle II 1 und 2 Rohrkanäle mit eiförmigem und kreisrundem Profile.

Für Zuleitungskanäle zum Wasserschlosse werden, wie
erwähnt, bisweilen Zementrohre in kreisrunder oder Eiform
angewendet, letztere vorteilhaft dann, wenn der Durchmesser
der zylindrischen Rohre größer als 0,5 m werden müßte.

In der Tabelle II 1 und 2 ist das reguläre allgemein
übliche Profil für eiförmige Kanäle skizziert.

In diesem wird die Quadratfläche $F = 0,51\,h^2$, der
benetzte Umfang $U = 2,64\,h$ und $\dfrac{F}{U} = 0,1932\,h$. Im allgemeinen kann letztere Zahl auf 0,193 abgerundet werden.

$$\frac{U}{F} = \frac{1}{0,1932} : h.$$

Man berechnet das Profil für vollständige Füllung.

Für dieses Profil wird der erforderliche Querschnitt oder

a) die lichte Höhe $h = 1,27 \sqrt[3]{Q\ \sqrt[6]{\dfrac{h + 0,7}{1000\,i}}}$

b) die Geschwindigkeit $v = 0,96\,h\ \sqrt{\dfrac{1000\,i}{h + 0,7}}$.

In der Formel a) bedeutet h die lichte Höhe des Ei-
profiles; i das gewählte Gefälle pro Meter, das vorteilhaft
einer Minimalgeschwindigkeit von 0,6—0,75 m pro Sekunde
entspricht.

Man wird also zuerst die Formel b) auflösen, in welcher h wiederum die lichte Höhe bezeichnet ($h = 3\,r$), wobei h durch Versuchsrechnung aus $F = 0{,}51\,h^2$ bestimmt wird, indem die Formel a) ebenfalls nur durch Annäherungsrechnung zu lösen ist. Da ohnedies eine aufgerundete lichte Höhe gewählt wird, ist der Wert bald ermittelt. Zur Erleichterung der Rohrbestimmung ist im nachstehenden e i n e Tabelle II 1 und 2 aufgestellt, welche bei verschiedenen gebräuchlichen Höhen h den Querschnitt verzeichnet und damit auch bei Zugrundelegung der zu wählenden Geschwindigkeit das Wasserquantum, so daß analog der Rohrdurchmesserbestimmung mittels der Tabelle I 1 und 2 sofort der für die vorhandene Wassermenge nötige Querschnitt und damit auch die lichte Höhe gefunden werden kann. Eine Geschwindigkeit über 1,2 m wird für die Wasserführung meist deshalb nicht gewählt, weil die Rohrdichtungen diese nicht vertragen.

Wird ein Kanal ohne solche in Anwendung gebracht, z. B. bei durchgehender Mauerung oder Betonage, so kann v entsprechend größer gewählt werden.

Die gleiche Geschwindigkeit, wie beim voll laufenden Querschnitte $F = 0{,}51\,h^2$ tritt bei kreisförmigen Rohren schon bei einem Wasserquerschnitte von $0{,}5\,F$ und beim eiförmigen von $0{,}53\,F$ ein. Bei einer Füllhöhe von $0{,}91\,d$ — Kreisform — bzw. $0{,}94\,h$ — Eiform — zeigt sich die größte Abflußfähigkeit und diese ist um 8% bzw. um 6% größer als bei ganzer Füllung.

Die bei einem bestimmten Gefälle eintretende Geschwindigkeit v ergibt sich aus nachstehendem:

Bezeichnet:

F den lichten Querschnitt in Quadratmetern,

U dessen Umfang in Metern,

$r = \dfrac{F}{U}$ den hydraulischen Radius,

l die in Betracht kommende Leitungslänge in Metern,

v die sekundliche Durchflußgeschwindigkeit in Metern,

g die Beschleunigung durch die Schwere $= 9{,}81$ m in Sek.^{2},

$Q = F \cdot v$ die durchfließende Wassermenge in Sek./cbm,

w die Reibungshöhe, d. h. die zu Verlust gehende Druckhöhe.

$i = w : l$ das sog. Reibungsgefäll der Rohrachse,

den Koeffizienten der Reibungshöhe, d. h. das Verhältnis der Reibungshöhe zur Geschwindigkeitshöhe 1 qm Rohrumfangsfläche, 1 qm Rohrquerschnitt und 1 lfd. m Rohrlänge, so wird:

$$w = \left(c\,\frac{v^2}{2g}\right)\frac{U}{F}\,l = \varrho\,\frac{l\,v^2}{r\,2g}\quad \text{und}\quad i = \frac{w}{l}\,\frac{\varrho\,v^2}{r\,2g}$$

$$v = \frac{\sqrt{2g}}{\varrho}\,r\cdot i = \frac{\sqrt{2g}}{\varrho}\,\sqrt{r\,i}\quad \text{und}\quad \frac{\sqrt{2g}}{\varrho} = c$$

gesetzt, $v = c\,\sqrt{r\,i}$, oder da $r = R$, $v = c\,\sqrt{R\,i}$

(vgl. S. 19—23, Abschn. 11 mit Tabelle 4)

und i oder $h\,^0/_{00} = 0{,}15\left(1 + 0{,}03\,\frac{U}{F}\right)\frac{U}{F}\,v^2$.

(Siehe S. 18, Abs. 10, Formel 1.)

(Der Koeffizient $\frac{U}{F}$ ist für die entsprechenden Geschwindigkeiten und Profilshöhen in der Tabelle II 2 enthalten.)

Aus der zuletzt aufgeführten Formel kann auf sehr einfache Weise das in jedem Falle nötige Gefälle eines solchen Kanales berechnet werden und liegt diese Formel der Gefällsberechnung der Tabelle II 2 zugrunde.

Letztere macht daher für gewöhnlich jede weitere Gefällsberechnung unnötig.

Falls in außerordentlich seltenen Fällen, also insbesondere dann, wenn an Gefälle sehr gespart, oder umgekehrt aus finanziellen Gründen ein kleines Profil gewählt werden muß, für welches alsdann eine höhere Geschwindigkeit nötig wird, als 1,2 m pro Sekunde, mit welcher die Tabelle II 1 und 2 abschließt, so bietet die erwähnte Tabelle II 2 die Möglichkeit, mittels einer einmaligen, einfachen Multiplikation das für jede beliebige andere Geschwindigkeit erforderliche Gefälle zu berechnen. Es wurde zu diesem Behufe die Formel $h\,^0/_{00} = 0{,}15\left(1 + 0{,}03\,\frac{U}{F}\right)$

$\dfrac{U}{F}\,v^2$ für sämtliche Normalprofile berechnet, und zwar unter Weglassung der Endmultiplikation mit v^2. Das Resultat dieser Berechnungen ist in Tabelle II 2 in Kolonne 3 vorgetragen. $(h^0/_{00} = v^2 \cdot \ldots)$ Das betr. Zahlenresultat wird demnach lediglich mit der zum Quadrat erhobenen neu gewählten Geschwindigkeit v, demnach mit v^2 multipliziert. Wie unter solchen Verhältnissen zu verfahren ist, soll im nachstehenden durch Beispiele erläutert werden.

Beispiel.

Es sollen ca. 150 l Wasser durch einen eiförmigen Kanal sekundlich abgeführt werden , und zwar auf eine Länge von 750 m. Das dieser Wassermenge entsprechende Profil ist $h = 0,8$ m und $F = 0,3264$, welches bei $v = 0,5$ m 163,2 l Wasser fördert. Der Gefällverbrauch ist 0,290 m pro 1000 m. Für 750 m = 0,22. Zur Verfügung seien jedoch nur 0,15 m. Es ist demnach ein größeres Profil zu wählen, ebenso eine Geschwindigkeit, welche einen kleineren Gefällsbedarf verursacht.

Unter $v = 0,3$ wird wegen Ablagerung von Sand usw. nicht herabgegangen werden können.

Die Querschnittsfläche für $h = 1$ ist in der Tabelle mit 0,51 angegeben. Mit $v = 0,3$ multipliziert wird die Wassermenge 153 l pro Sekunde, also eine entsprechende.

Für dieses v wird das nötige Gefälle nach der Formel $h\ ^0/_{00}\ 0,15\ \left(1 + 0,03\,\dfrac{U}{F}\right)\dfrac{U}{F}\,v^2$ bzw. nach Tabelle II 2, Kol. 3, $0,897 \times 0,3^2 = 0,897 \times 0,09 =$ rund 81 mm, somit weniger als erforderlich wäre. Wählt man $v = 0,4$, so ist $v^2 = 0,16$ und $h^0/_{00} = 0,897 \times 0,16 = 0,1435$ und für 750 m = 108 mm.

Demnach ist in beiden Fällen die Aufgabe im günstigsten Sinne gelöst und wird es davon abhängen, ob bisweilen ein größerer Wasserzulauf erfolgt und ob dieser durch die Rohrleitung, welche sich dem Kanal anschließt, auch abgeführt werden kann oder nicht, da bei $v = 0,4$ bereits 204 l sekundlich zum Abfluß gelangen können. Auch ist zu beachten, ob die Leitungsführung ziemlich geradlinig ist, also starke

Krümmungen in derselben nicht vorkommen. Ist letzteres
der Fall, so muß auf den minimalen Gefällsgewinn verzichtet
und das Gefälle von 108 mm vorgesehen werden.

Um an Kosten für die Rohrleitung zu sparen, kann,
wie schon erwähnt, eine größere Geschwindigkeit als $v = 1,2$ m,
also demnach eine kleinere Rohrleitung dann angewendet
werden, wenn der Kanal durch eine kontinuierliche Betonage
oder Mauerung hergestellt wird und reichliches Gefälle zur Verfügung steht.

Soll z. B. eine Wassermenge von 2 cbm oder 2000 l
durch ein normales, in fortlaufende Betonage erbautes Eiprofil
von $h = 1,5$ m geführt werden, dessen Querschnittsfläche
$F = 1,1475$ qm ist, so genügt ein $v = 1,2$ m nicht mehr
und ist das entsprechende größere v zu ermitteln. Die Geschwindigkeit wird alsdann $\dfrac{2,000}{1,1475} = 1,742$ oder rund 1,75 m.

Nach Tabelle II 2 ist $h^0/_{00}$ für $h = 1,5$ m $= 0,571$
$\cdot 1,75^2 = 0,571 \cdot 3,063 = 1,749$. Ist die Leitung nicht
1000 m lang, sondern z. B. 850, so wird der Gefällsverbrauch
1,49 m. Der Gebrauch der Tabelle führt also auch hier zu
der denkbar einfachsten Berechnung.

Sollte in ungewöhnlichen seltenen Fällen ein größeres
Profil als jenes mit $h = 1,5$ m nötig werden, so wird man
durch Versuchsrechnungen unter Benutzung der in der Tabelle II 1 und 2 angegebenen Behelfe noch weit rascher zu
einem Resultate gelangen, als durch Auflösung der Formeln a)
und b) zur direkten Berechnung von h bzw. v.

Die Tabelle II 2 zeigt, daß einerseits mit zunehmender
Größe von h oder F der Gefällsbedarf stetig um ein Geringes
sinkt und bei erhöhter Geschwindigkeit steigt.

Sind also z. B. für die Kanalführung auf 1000 m Länge
ca. 60 cm Gefälle verfügbar, so darf v keinesfalls größer
werden als 1 m, da bei $h = 1,5$ m der Gefällsverlust für
$v = 1$ bereits 0,571 m pro Mille ist.

Sollen nun ca. 4000 l Wasser ein Profil von h_x durchfließen mit $v = 1$, so muß die Quadratfläche ca. 4 qm
groß sein.

Nun ist $F = 0,51\,h^2$. Würde versuchsweise h mit $3\,\mathrm{m}$ angenommen, so ist $h^2 = 9$ und $9 \cdot 0,51 = 4,59$ qm. Das Profil ist daher etwas zu groß. Wählt man die Höhe mit $2,8\,\mathrm{m}$, so ist $h^2 = 0,784$ und $0,51 \cdot 0,784 = 3,998$ qm oder rund 4 qm.

$$U = 2,64 \cdot h = 2,64 \cdot 2,8 = 7,392$$

$F = 3,998$ und $\dfrac{U}{F} = \dfrac{7,392}{3,998} = \mathrm{rund}\,1,85$. Wird $v = 1$ gesetzt, so ist $h\,^0/_{00}\ 0,15\,(1 + 0,03 \cdot 1,85)\,1,85 \cdot 1^2 = 0,633 \cdot 1 = 0,633\,\mathrm{m}$.

Es könnte demnach die Aufgabe als gelöst betrachtet werden, wenn der erforderliche geringe Mehrbedarf an Gefälle von 33 mm zulässig erscheint, was ja fast immer der Fall sein wird. Andernfalls wäre das Resultat von 0,633 statt mit $v^2 = 1^2$ mit $v^2 = 0,95$ zu multiplizieren, so daß der Gesamtverbrauch an Gefälle rund 0,57 würde. Man sieht jedoch an dem gewählten Beispiele sofort, daß derartige ungeheuerliche Kanalprofile praktisch niemals zur Ausführung gelangen können und demnach eine Erweiterung der Tabelle über $h = 1,5\,\mathrm{m}$ hinaus überflüssig wäre, da in solchen Fällen ein offener Kanal oder ein größeres Gerinne aus Holz, Eisen oder Beton usw. weit billiger zu stehen käme. Läßt sich eine Steigerung der Durchflußmenge in einem Eiprofile lediglich durch Erhöhung der Geschwindigkeit erzielen, was ja, wie erwähnt, unter der Voraussetzung eines kontinuierlichen Kanals denkbar ist, so erhöht sich lediglich der Gefällsverlust und muß im allgemeinen ein Projekt als unrationell bezeichnet werden, welches wegen einiger Zentimeter Gefällsgewinn gewaltige Mehrkosten verursacht. So läßt sich bei $h = 1,5\,\mathrm{m}$ durch die Wahl der Geschwindigkeit $v = 2,5\,\mathrm{m}$ die Wassermenge Q, welche bei $v = 1,2\,\mathrm{m}$ 1377 l beträgt, auf $2,5 \cdot 1,1475 = 2869$ l steigern, wobei sich der Gefällsverlust $h\,^0/_{00}$ auf $0,571 \cdot 2,5^2 = 3,75\,\mathrm{m}$ erhöht, während er bei $v = 1,2\,\mathrm{m}$ 0,822 beträgt. Insofern es sich um kurze Entfernungen handelt, z. B. bei Durchleitung von Wasser durch einen Bahndamm von vielleicht 40 m Basis, würde das erforderliche Gefälle nur 0,15 m betragen. Dabei ist noch zu berücksichtigen, daß die eigentliche Wasserförderung sich um

6% erhöht, da der höchste Wasserdurchfluß bei einem
Eiprofile, wie erwähnt, bei 0,94 h erfolgt.

Es würde also in dem vorstehenden Beispiele die
Wassermenge Q nicht 2869 l, sondern 3041 l betragen. Für
Kanalisierungen werden Eiprofile über das Maß von $h = 1,5$
nur selten gewählt und als Maximum für solche kann eine
lichte Höhe von 2 m gelten. Nähere Erörterungen hierüber
gehören jedoch in das Gebiet der Kanalisationstechnik.

37. Unterwasserkanäle für kleinere Wassermengen.

Ist z. B. bei Hochdruckturbinen mit starkem Gefälle
nur eine geringe Menge von Unterwasser abzuführen, so
wird entweder ein rechteckiger Kanal, der insbesondere im
Turbinenhause überwölbt und außerhalb desselben meist
abgedeckt wird, oder auch eine Rohrleitung gewählt und
zwar meist aus Zementrohren in Eiform oder kreisrund.
Die erforderlichen Berechnungen sind die gleichen, wie sie
im vorausgegangenen geschildert wurden.

37 a. Über die Abschätzung von Wasserkräften.

Wird seitens industrieller Unternehmungen oder Gemeinden beabsichtigt, eine Wasserkraftanlage ins Leben zu
rufen, so sind zwei Wege gangbar und zwar entweder der
Kauf einer bestehenden oder die Ausnutzung eines Wasserlaufes, der bisher zu diesem Zwecke nicht beansprucht war.

Im ersteren Falle ist wiederum eine zweifache Möglichkeit vorhanden, indem einerseits eine vollständig ausgebaute,
also rationell hergestellte Kraftstation zum Kaufe ins Auge
gefaßt werden, anderseits ein Objekt in Betracht kommen
kann, welches einen umfassenden Umbau bzw. Neubau erfordert, da insbesondere die Erbauer alter Triebwerke stets
nur so viel Kraft auszunutzen bestrebt waren, als es für ihre
Zwecke erforderlich war und dabei mit den einfachsten Mitteln
zu arbeiten pflegten. Soll ein solches Werk — es handelt
sich dabei in den meisten Fällen um Mahl-, Sägemühlen,
Schleifereien usw. — zum vorteilhaften Ausbau gelangen,

so muß selbstredend die bisher ausgenutzte Wasserkraft
erworben werden, meistens sogar das ganze Anwesen. Es wird
also in letzterem Falle der Ausbau im voraus mit einem Kapitale
belastet, das ihn nicht selten über Gebühr verteuert, so daß
es fraglich wird, ob sich die Errichtung einer solchen Wasserkraft überhaupt noch lohnt. Während beim Ankaufe einer
rationell gebauten bestehenden Anlage die Abschätzung
sehr einfach ist, da ihr Wert buchmäßig nachgewiesen
werden muß, ist sie bei letzterer Voraussetzung eine recht
schwierige und die gleichen Verhältnisse treten auch dann ein,
wenn ein bisher unausgenutzter Wasserlauf in Frage kommt
und es nötig wird, eine oberhalb oder unterhalb gelegene
Wasserkraft erwerben zu müssen, um die erforderliche Arbeitskraft gewinnen zu können. In recht vielen Fällen liegen
dann die Verhältnisse noch schwieriger als in den vorausgehend
erwähnten, da es bei weitem leichter ist, ein verkäufliches
Anwesen zu erwerben, als ein solches, dessen Besitzer keinen
Anlaß hat, auf Verkauf bedacht zu sein. Geradezu ungeheuerliche Überforderungen sind alsdann an der Tagesord-
nung, die meist dazu führen, daß ein derartiges Projekt unterlassen werden muß, besonders wenn der Ausbau nicht ein
Vielfaches der bisher vorhandenen Kraft ergibt. Die günstigsten Resultate können fast jedesmal dann erzielt werden,
wenn keine vorhandene Anlage in Betracht zu ziehen ist.
In solchen Fällen wird eine Abschätzung nur dann eintreten,
wenn ihr Besitzer selbst ein Interesse daran hat, zu wissen,
wie groß der Handelswert seines Werkes ist.

Eine verlässige Handhabe bietet nun zu allen derartigen
Schätzungen der Dampfbetrieb. Die Technik ist so weit auf
diesem Gebiete vorgeschritten, daß unter Umständen besser
zu letzterem gegriffen wird, als zu einer zu teueren Wasserkraftanlage. Wenn also bekannt ist, wie hoch sich unter
normalen Verhältnissen eine Pferdekraft pro Jahr stellen
darf, um der Konkurrenz mit der Wasserkraft die Spitze
bieten zu können, so ist es nicht schwierig abzuschätzen,
ob letztere noch als bauwürdig zu erachten ist und welchen
Wert sie besitzt. Für einen allgemeinen Überblick genügt es.
in folgender Weise zu kalkulieren:

Eine Wasserkraft zu 300 PS kostete beispielsweise Mark
200 000 einschließlich der Anlage von zwei Turbinen, deren
eine als Reserve zu dienen hat.

Der Zins hieraus zu 5 % beträgt	M. 10 000
der Betrieb kostet	» 2 000
die Unterhaltung	» 900
	Sa. M. 12 900

für 300 PS pro Jahr und für 1 PS = M. 43.

Eine Dampfanlage erfordert an Aufwand

für Gebäude, d. i. Maschinen- und Kesselhaus, Kohlen- schuppen, Schornstein usw..	M. 15 000
für zwei Maschinen und zwei Kessel, zu 300 PS u. z. je ein Paar als Reserve . . .	» 35 000
	Sa. M. 50 000

Verzinsung zu 5%	M. 2 500
Heizer und Maschinist . . .	» 3 000
Schmiermaterial, Unterhaltung und Reparaturen	» 300
Feuerung pro Stunde und PS 2 Pf. und für 300 Ar- beitstage zu je 10 Stunden.	» 18 000
	Sa. M. 23 800

pro PS daher rund M. 79.

Angesichts dieses Resultates, das aus Erfahrungen zu-
sammengestellt wurde, war es dem Verfasser sehr interessant,
von einflußreicher Seite in Bayern die Behauptung aufstellen
zu hören, daß der Jahresaufwand für eine Pferdestärke pro Jahr
mit M. 30 bereits so hoch sei, daß eine Wasserkraftanlage mit
dem Dampfbetrieb nicht mehr zu konkurrieren vermöge. Sie
mag richtig sein, wenn eine Dampfanlage seit mehr als 15 bis
20 Jahren besteht, der Inventarwert so völlig zur Abschreibung
gebracht wurde, wenn der Kohlenbezug unter ungewöhn-

lich günstigen Verhältnissen vor sich geht, also bei Verwendung
billiger und doch vorzüglicher Kohle, bei Gleisanschluß an
die Bahn und Vorhandensein der besten und teuersten Maschi-
nen- und Kesselanlagen, aber in dieser Allgemeinheit ausge-
sprochen, war diese Äußerung eine irreführende, denn es handelt
sich nicht allein um alte längst bestehende Werke, sondern
auch um die Hebung und Gründung neuer industrieller Anlagen, die alle Anschaffungen verzinsen und amortisieren
müssen und auch sonst nicht immer mit günstigen Verhältnissen rechnen können. Es wurde in diesem Buche die Behauptung aufgestellt, daß eine ausgebaute Pferdestärke mit
M. 300 noch als billig, eine solche mit M. 1000 nur noch unter
anderweitigen günstigen Verhältnissen als rentabel bezeichnet werden kann.

In letzterem Falle beträgt der Zins bereits M. 50,
wozu noch die allerdings nicht sehr wesentlichen Betriebskosten zu rechnen sind, welche natürlich im Verhältnisse
abnehmen, je größer die gewonnene Pferdestärke wird. In
der vorausgegangenen Gegenüberstellung käme die ausgebaute
PS auf ca. M. 700 und das Verhältnis zum Dampfbetrieb zeigt,
daß sie doch noch Vorteile für den Turbinenbetrieb aufweist,
die finanziell schwer in die Wage fallen. Nun möchte der
Einwand erhoben werden, daß neben Turbinenbetrieb noch
eine Dampfreserve nötig ist. Beim Vorhandensein zweier
Turbinen, deren eine als Reserve dient, läßt sich diese Forde-
rung nicht ohne weiteres aufrechterhalten, da es zahlreiche
Wasserkraftanlagen gibt, die eisfrei sind und stets eine solche
Wassermenge liefern, daß der volle Betrieb zu jeder Zeit
aufrechterhalten werden kann. Ich denke dabei an jene
Anlagen, welche vom Rückstauwasser oder Hochwasser
unbeeinflußt bleiben. Aber selbst wenn man diese Anforderung gelten lassen will, so würde sich lediglich das Anlagekapital von M. 200 000, wie es in der Gegenüberstellung
angenommen wurde, um M. 17 500 erhöhen und vielleicht
eine 28 tägige Arbeitsperiode mit Dampf vorzusehen sein,
denn eine sehr schwankende Zuflußmenge und öfterer Rückstau auf längere Zeit müßten eine Wasserkraftanlage im
voraus als unlohnend gestalten. Die Ausgaben würden sich

dabei von M. 43 pro Jahr und PS auf M. 55 steigern gegenüber den berechneten M. 79 bei dauerndem Dampfbetrieb.

Man ersieht hieraus, daß mit derartigen allgemeinen
Äußerungen und mit ungenauen Berechnungen bzw. Gegen-
überstellungen nichts bezweckt ist, sondern unwissentlich
Sonderinteressen verfolgt werden, die schweren Schaden herbeizuführen vermögen.

Maßgebend außer den aufgeführten trockenen Zahlen-
reihen sind noch, wie hier ausdrücklich gesagt sei, die lokalen
Verhältnisse, der Zweck der Anlage, der Bezug der Rohpro-
dukte, die Verkehrsverhältnisse, Zu- und Abfuhrwege, die
ortsüblichen Arbeitslöhne und in erster Linie eine rationelle
Durchführung des Wasserkraftprojektes unter Berücksichtigung der Kosten für die ausgebaute Pferdestärke und der Möglichkeit eines weiteren Ausbaues, falls für die insgesamt erhält-
liche Kraft kein sofortiger entsprechender Absatz vorhanden ist.
In letzterem Falle werden grobe Fehler begangen, indem man
nicht berücksichtigt, daß mit der zunehmenden Zahl der
Pferdekräfte die Anlagekosten in kaum glaublicher Weise
abnehmen. Man sollte sich daher immer die Möglichkeit offen
halten, im Laufe der Zeit die ganze vorhandene Kraft gewinnen
zu können, ohne daß nennenswerte Umbauten entstehen.
Die dadurch anfänglich eintretende Verteuerung der Baukosten
zahlt sich später mit Zins und Zinseszinsen reichlich zurück.
Das sei insbesondere staatlichen Unternehmungen ans Herz
gelegt. Wenn also eine Schätzung erforderlich wird, kann
man sich dadurch vor finanziellen Schädigungen bewahren,
daß man bei alten Anlagen die vorhandene Pferdestärke
im Jahresbetrieb nicht höher als auf M. 30 taxiert, diese
Zahl mit jener der vorhandenen PS multipliziert und die
sich ergebende Summe zu einem Zinsfuße von 5% kapitali-
siert. Voraussetzung ist dabei, daß alle Verhältnisse so gelagert sind, daß sie den günstigsten Betrieb ermöglichen.
Damit allein ist jedoch noch keineswegs eine richtige Schätzung
ermöglicht. Es ist weiters zu erwägen, daß in allen Fällen,
in welchen es sich nicht um Erzeugung elektrischen Stromes
handelt, die erwähnten Zufahrtswege und die Entfernung von
der Bahn, die Wohnungsverhältnisse für die Arbeiter usw.

einen sehr erheblichen Einfluß auf die Rentabilität einer industriellen Anlage ausüben, der oft nur dadurch in seiner schädlichen Wirkung abgeschwächt werden kann, daß man die Wasserkraft sofort in elektrische umwandelt und diese dorthin leitet, wo die Errichtung einer Fabrikanlage unter den günstigsten Voraussetzungen möglich ist. Dabei steigern sich selbstredend die Anlagekosten so wesentlich, daß oft tatsächlich Dampfbetrieb vorteilhafter wird. Es muß also bei einer Schätzung die Beschaffenheit der örtlichen Verhältnisse reiflichst erwogen werden und es ist nötigenfalls genau zu prüfen, ob die in Elektrizität umgesetzte Kraft einer Wasserkraftanlage die Mehrkosten noch verträgt.

Es kann als sicher angenommen werden, daß letzteres der Fall ist, wenn es sich um gigantische und rationell vorbereitete und ausgebaute Anlagen handelt, und für die gewonnene Kraft in absehbarer Zeit Verwendung vorhanden ist. Ob gerade Staatsbauten dazu führen, die Baukosten in den mäßigsten Schranken zu halten, ist allerdings eine Frage, welche hier nicht erörtert werden will, dagegen kann es sich der Staat leisten, für den Anfang auf eine Rente aus derartigen Anlagen zu verzichten, die ihm bei zunehmendem Absatz von Kraft in Gestalt von Elektrizität niemals entgehen kann.

In ungünstig gelegenen Orten darf daher die Schätzung einer Pferdestärke zu M. 30 nicht angewendet werden, sondern ein wesentlich kleinerer Betrag, welcher den lokalen Verhältnissen Rechnung trägt, wobei das zu erstellende Projekt nicht nur die reinen Baukosten für die Wasserkraftanlage, sondern auch jene für Verbesserung oder Herstellung der Wege, Gleiseanschlüsse, Industriebahnen oder elektrische Kraftübertragungen umfassen muß.

37 b. Über oberschlächtige Wasserräder und Turbinenanlagen.

1. Bei einem Gefälle von 6—10 m, eventuell noch etwas darüber, kommen häufig oberschlächtige Wasserräder dann zur Anwendung, wenn Rückstau im Unterwassergraben nicht zu befürchten ist, also das Rad mit den unteren Schaufeln nicht mit Wasser in Berührung tritt, eine geringe Antriebs-

geschwindigkeit nötig ist und Vereisungen nicht eintreten
können, also warmes Quellwasser zur Verwendung gelangt.

Zwischen 3—5 m ist der Wirkungsgrad nur 50—60%,
bei größeren Dimensionen steigt er auf 70—80%, erreicht also
jenen der meisten Turbinen. Die Räder sind stets Füllräder,
bei welchen das Wasser im Scheitel zugeleitet wird. Das
Einlaufgerinne, welches mit einer Schütze und Leerlauf zu
versehen ist, wird vorteilhaft in Gestalt jener Parabel geformt,
welche einen tangentialen Einfall des Wassers in die Füllbe-
hälter gestattet. Große, gut konstruierte oberschlächtige
Räder stellen sich jedoch teuerer als Turbinen. Es erfolgt
daher ihr Einbau nur unter den oben angegebenen Voraussetzungen und wenn Turbinenanlagen Schwierigkeiten bieten.

2. Turbinen nennt man Räder mit stetig gekrümmten
Schaufeln, welche vom Wasser mit gleichmäßiger oder be-
schleunigter relativer Geschwindigkeit durchflossen werden,
so daß sie nicht zur relativen Ruhe gelangen.

Es gibt Turbinen mit feststehenden Leitschaufeln, welche
dem Wasser die Richtung zur tangentialen Beaufschlagung
geben. Soll dasselbe in alle Zellen des Laufrades gleichzeitig
eingeleitet werden, so gestalten sich die Leitschaufeln zu
einem Ringe, bzw. sie bilden das Leitrad. Werden die einzelnen Leitschaufeln beweglich gemacht, so daß der Zufluß je
nach Belieben geregelt werden kann, so entsteht eine Re-
gulierturbine.

Wirkt das Wasser nur durch seine lebendige Kraft auf die
Turbine, so entsteht die Aktions- oder Druckturbine. Übt
es nach seinem Austritte aus derselben durch saugende Wirkung noch den gleichen weiteren Krafteffekt aus, so nennt man
diese Art Reaktions- oder Überdruckturbinen. Weiters
unterscheidet man zwischen Turbinen, bei welchen das Wasser
das Schaufelsystem in radialer Richtung durchfließt, wobei
die Achse horizontal liegt und von denen die gebräuchlichste
die Francisturbine ist und solche, bei denen das Wasser in der
Richtung der senkrecht stehenden Achse die wagrecht einge-
baute Turbine durchfließt (Jouval- oder Henschel-Turbine).
Neben den genannten Systemen existiert noch eine Reihe
weiterer, deren Erörterung hier zu weit führen würde.

Radialturbinen empfehlen sich dann, wenn die Druckverhältnisse eine Erhebung des Wassers über den Fußboden des Maschinenhauses gestatten, was nur im Anschluß an Druckleitungen möglich ist. Sie müssen daher, um starke Kraftverluste hintanzuhalten, als Reaktionsturbine ausgebildet sein, bei denen das aus dem Schaufelrade austretende Wasser mittels eines Saugrohres oder Saugkanales zu weiterer Arbeitsleistung infolge Saugwirkung gezwungen ist, wobei weder eine Kraftminderung noch ein Gefällsverlust eintritt.

Diese Anlagen haben den Vorteil, daß die Achse der Turbine direkt mit der Hauptantriebswelle gekuppelt werden kann, so daß konische Getriebe, welche die senkrechte Drehung der Turbinenachse in eine wagrechte umwandeln, in Wegfall gelangen können.

Weiters dienen ähnliche Konstruktionen, jedoch ohne Saugarbeit, zum Betriebe von Wasserkräften, welche unter hohem Drucke arbeiten. Ein kleiner Gefällsverlust ist dabei unvermeidlich. Ein bewährtes System stellt, wie schon erwähnt, die Schwamkrugturbine dar.

Wo es sich um Ausnutzung des durch Oberwasserkanäle zugeführten Wassers handelt, kommt die Jouval- oder Henschelturbine zur Verwendung, und zwar wo die Gefällsverhältnisse es gestatten, wiederum als Reaktionsturbine ausgebildet. An Stelle 90 grädiger Bogenrohre, welche die Saugwirkung ausüben, kommen vielfach Schläuche aus Beton in gleicher Krümmung zur Anwendung. Sie haben den Vorzug fast unbegrenzter Dauerhaftigkeit gegenüber Eisenrohren und vermeiden Fibrationen, welche dadurch vermieden werden müssen, daß man die Rohre ebenfalls in Beton bettet. Es würde daher lediglich das Rohr als Ersatz einer Schalung dienen, wozu es zu teuer ist.

Schachtturbinen erhalten je nach den lokalen Verhältnissen vorteilhaft radialen Wasserdurchfluß, also Francisturbinen.

Es kann an dieser Stelle natürlich nur ein Überblick über das Allernötigste geboten werden. Angesichts der stets zunehmenden Neuerungen und Verbesserungen wird es immer rätlich sein, auf Grund von Angaben über Wassermenge,

Gefälle und Rohrlichtweiten Offerte bewährter Firmen mit
Zeichnungen, welche bereitwilligst zur Verfügung gestellt
werden, einzuholen, die Wahl zu treffen und dann erst an die
Zeichnung der Kraftstation heranzutreten.

Für elektrischen Betrieb, welcher die Einhaltung einer
bestimmten Tourenzahl erfordert, wurden Regulatoren konstruiert, welche durch selbsttätige Einstellung der beweglichen
Leitschaufeln jeder billigen Anforderung gerecht werden. Einen
vorzüglichen Regulator liefert die Firma Voit in Heiden-
heim a. B. Bei anderen Betrieben genügt meist eine Regulierung
der Leitschaufeln durch eine einfache mit der Hand zu be-
dienende Vorrichtung, so z. B. auch beim Pumpenbetrieb.
Die Leistung der einzelnen Turbinenarbeiten muß stets garan-
tiert und auf Verlangen durch Abbremsen der Betriebswelle
nachgewiesen werden, vorausgesetzt, daß es möglich ist,
die jeweilig zufließende Wassermenge genau festzusetzen.

38. Schlußbemerkungen zu Teil I Wasserkraftanlagen.

Berechnung zu erwartender Tagwässer für
die Regengebiete.

Um größere Wasserkraftanlagen durchführen zu können,
ist es häufig nötig, Flußkorrektionen vorzunehmen, deren
Durchführung stets in einer Weise verlangt wird, daß die
korrigierte Strecke sich in den Rahmen einer künftig herzustellenden Regulierung des gesamten Wasserlaufes dieses
Flusses einpassen läßt.

Verursacht derselbe z. B. gefährliche Überschwemmungen,
so wird man über kurz oder lang in die Lage versetzt werden, diesen Übelstand auf das geringste Maß einzu-
schränken. Es sind daher Teilkorrektionen in diesem Sinne
durchzuführen, damit ein späterer nochmaliger Umbau erspart wird.

Um nun zu wissen, wie groß die zu erwartende Hochwassermenge ist, wurden in Wien ausgedehnte Beobachtungen
gemacht und verzeichnet und dabei von dem Grundsatze
ausgegangen, daß Katastrophenhochwässer, welche vielleicht
ein- oder zweimal innerhalb eines Menschenalters beobachtet
werden, nicht in Berechnung zu ziehen sind.

Nachdem die in Niederösterreich gegebenen Verhältnisse auch für Deutschland, und zwar insbesondere für Süddeutschland — ausnahmlich der Hochgebirgsgegenden — angewendet werden können, empfiehlt es sich, die dort gemachten Erfahrungen hier bekannt zu geben.

Das Stadtbauamt in Wien rechnet seit Jahren und zwar mit bewährtem Erfolge für seine Kanäle mit einer Stundenniederschlagsmenge von 20 mm. Dieses Wasserquantum wird wohl nur in äußerst seltenen Fällen überschritten. Bei kleinen Gebieten bis zu 1 qkm fließen von diesem Stundenniederschlage je nach der Beschaffenheit des Bodens und der vorausgegangenen trockenen oder nassen Witterung 50—70% ab. Für das in Deutschland bzw. Niederösterreich vorliegende ebene und hügelförmige Gelände darf bis zu 1 qkm Niederschlagsgebiet ein Prozentsatz von 0,5 angenommen werden. Dieser Abflußkoeffizient nimmt wesentlich ab, wenn die Gebietsgröße wächst. Eine von L a u t e r - b u r g aufgestellte Formel, welche sich auf 10 qkm Gebietsfläche erstreckt, gibt ziemlich zuverlässige Anhaltspunkte, um die erwähnte Abnahme der Stundenniederschläge bei zunehmender Gebietsfläche zu ermitteln und lautet sie für den Reduktionskoeffizienten $\varrho = \dfrac{32}{31 + F}$, wobei F das Niederschlagsgebiet in qkm bedeutet.

Die sekundliche Hochwasserabflußmenge Q berechnet sich demnach:

$$Q = \frac{0{,}02 \cdot 1\,000\,000}{3600}\, F \cdot 0{,}5\,\varrho$$

oder

$$Q = \frac{88{,}89 \cdot F}{31 + F}.$$

Tabelle 5.

Bei einer Gebietsgröße bis zu	1 qkm mit	3 cbm
» » » » »	2 » »	6 »
» » » » »	3 » »	8 »
» » » ⁎ »	4 » »	10 »
» » » » »	5 » »	12 ⁎

Bei einer Gebietsgröße bis zu   6 qkm mit 14 cbm
»   »   »   »   » 7 »   » 16 »
»   »   »   »   » 8 »   » 18 »
»   »   »   »   » 9 »   » 20 »
»   »   »   »   » 10 »   » 21 »

Liegen keine zuverlässigen Beobachtungen über die Wasserabflußmenge in Gebieten von mehr als 10 qkm vor, so dienen zur Ermittlung der Normal- und Hochwassermengen von Flüssen und Bächen mit regulären Abflußverhältnissen die Formeln von I s z k o w s k i:

$$Q_0 = 0{,}2\, y \cdot Q_m,$$
$$Q_1 = 0{,}4\, y \cdot Q_m,$$
$$Q_2 = 0{,}7\, y \cdot Q_m,$$
$$Q_3 = C_h \cdot m \cdot h \cdot F.$$

Hierin bezeichnet $Q_m = 0{,}0317\, C \cdot m \cdot h \cdot F$ das theoretische Mittel aller während eines Normaljahres zutreffenden Wassermengen,

Q_0 die absolut geringste Wassermenge,

Q_1 die gewöhnliche Niederwassermenge,

Q_2 das mittlere Normalwasser während der größten Zeit des Jahres,

Q_3 das höchste bekannte Hochwasser,

⎫
⎬ pro Sekunde in cbm
⎭

F ist die Fläche des Regengebietes für den Fluß in qkm,

h die mittlere jährliche Regenhöhe in Metern,

C_h ist der mittlere Jahresabflußkoeffizient.

Der Koeffizient y ist variabel, und zwar:

1. Nach der Bodenbeschaffenheit und Vegetationsart:

   a) für mittlere Bodengattungen und normale Vegetation ist $y = 1$ und steigt bis 1,5, wenn die Wasserläufe durch Seen oder Teiche reguliert sind;

   b) für durchlassende Bodenarten je nach dem Grade der Durchlässigkeit und im entgegengesetzten Sinne mit der Stärke der Vegetation, d. i. bei mehr durchlassenden Bodenarten mit schwächerer Vegetation und bei weniger durchlassenden Bodenarten mit stärkerer Vegetation ergeben sich die bezüglichen $y = 0{,}4$ bis 0,8, im Mittel 0,6;

Tabelle 6.

Lfd. Nr.	Terrainkategorien in topographischer Bezeichnung	C_m	C_λ für den variablen Terrainzustand nach unten verzeichneten Kategorien			
			Kategorie I	Kategorie II	Kategorie III	Kategorie IV
1	Moräste und Tiefland . .	0,2	0,017	0,030	—	—
2	Niederung und flache Hochebene	0,25	0,025	0,040	—	—
3	Teils Niederungen, teils Hügelland	0,30	0,030	0,055	—	—
4	Nicht steiles Hügelland . .	0,35	0,035	0,070	0,125	—
5	Teils Mittelgebirge, teils Hügelland oder steiles Hügelland allein, z. B. Ardennen, Eifel, Westerwald	0,40	0,040	0,082	0,155	0,400
6	Odenwald und Ausläufer größerer Gebirge im Mittel	0,45	0,045	0,100	0,190	0,450
7	Bodenerhebungen, wie Harzgebirge, Thüringer Wald, Röhn, Frankenwald, Fichtelgebirge, Erzgebirge, Lausitzergebirge, Wienerwald etc. im Mittel . . .	0,50	0,050	0,120	0,225	0,500
8	Bodenerhebungen, wie Schwarzwald, Vogesen, Riesengebirge, Sudeten .	0,55	0,055	0,140	0,290	0,550
9	Hochgebirge, je nach Steilheit	0,60	0,060	0,160	0,360	0,600
		0,65	0,070	0,185	0,460	0,700
		0,70	0,080	0,210	0,600	0,800

Unter Kategorie I ist zu verstehen:

Stark durchlassender Boden oder gemischte mittlere Bodenarten mit üppiger Vegetation und Ackerland;

Kategorie II betrifft mittlere am häufigsten vorkommende Verhältnisse;

Kategorie III undurchlassende Bodengattungen mit normaler Vegetation in steilerem Hügelland und Gebirge;

Kategorie IV sehr undurchlassender mit keiner Vegetation bedeckter Felsen oder gefrorener bzw. mit Schnee bedeckter Boden.

c) für undurchlassende Bodenarten, und zwar im
   Flachlande ist $y = 1$ bis 1,5, im Hügellande mit der
   Abnahme der Vegetation sich verringernd auf 0,8
   bis 0,5, im Gebirge analog dem obigen 0,6 bis 0,3.
   Bei kleineren Bächen in kahlem undurchlässigem
   Gebirge sinkt y auf Q herab.

2. Nach der Größe des Niederschlagsgebietes.
   Bei Gebieten bis zu 200 qkm ist das unter 1. bestimmte
   y bei guter Vegetation im Quellengebiete um ca. 25%
   zu vergrößern. Für Gebiete von 200—20 000 qkm
   ist y unverändert zu belassen.

3. Nach der Regenverteilung.
   Je gleichmäßiger die Regenverteilung ist, desto größer
   wird y, so zwar, daß dasselbe in jenen Gegenden,
   welche vom Meeresklima beeinflußt werden, um
   50% steigt.

Bezeichnet C_m den normalen mittleren Jahresabfluß-
koeffizienten zugleich als Charakteristikum der relativen
Bodenerhebung und ist C_h der Abflußkoeffizient für Hochwasser, so sind aus der Tabelle 6 auf S. 89 die Werte der
betr. Koeffizienten zu entnehmen.

Tabelle 7.
Der Koeffizient m.

F	m	F	m	F	m	F	m
10	9,5	200	6,87	500	5,90	1200	4,52
50	7,95	250	6,70	600	5,60	1400	4,32
100	7,40	300	6,55	800	5,12	1600	4,15
150	7,10	400	6,22	1000	4,70	1800	3,96

Die aus der Formel für die Bestimmung der Hochwasserabflußmenge berechneten Werte ergeben bei kleinen Nieder-
schlagsgebieten meist zu kleine Wassermengen für Wolken-
brüche und andauernden ungewöhnlichen Landregen.

Es ist daher nachstehendes zu beachten:

a) Bezüglich der mittleren Jahresregenmenge: bei
kleinen Gebieten, und zwar in der Ebene, bis $F = 100$ qkm

und im Hügel- und Gebirgslande bis $F =$ ca. 300 qkm ist
h entweder auf Grund der Hochwasseraufzeichnungen, falls
es größer oder mindestens gleich 1 m ist, in die Höchstwasser-
mengeformel einzuführen.

Tabelle 8.

Laufende Nummer	Fluß	Flußstelle, für welche die berechnete Abflußmenge gilt	Größe des Niederschlagsgebietes in qkm	Sekundliche Hochwasserabflußmenge in cbm		Spezifische sekundliche Hochwasserabflußmenge
				bei außerordentlichen Hochwässern	für Gebiete unter 300 qkm bei exzessiven Wolkenbrüchen	
1	Ybbsfluß . . .	bei Amstetten	1085	1127	—	1,04
2	Kampfluß . .	» Hadersdorf	1720	595	—	0,35
3	Lainsitzfluß . .	an der Landesgrenze bei Schwarzbach	840	311	—	0,37
4	Schmidabach .	b. Hippersdorf	390	135	—	0,35
5	Göllersbach . .	» Stockerau	446	86	—	0,19
6	Pulkaubach . .	» Wulzeshofen	500	115	—	0,23
7	Zayabach . . .	» Drösing	590	114	—	0,19
8	Donaugraben .	» Langenzersdorf	70	45	—	0,64
9	Strögener Taffa	» Frauenhofen	576	57	—	0,99
10	Perschlingbach	» Atzenbrugg	266	165	415	0,62
11	Gr.-Tullenbach	» Tulln	250	170	—	0,68
12	Kl.- »	» »	92	80	—	0,87
13	Zöbernbach . .	» Kirchschlag	98	—	196	2,00

b) Bezüglich des Abflußkoeffizienten C:

α) bei kleinen, von Grundwasser durchnäßten Gebieten ist mit Ausnahme ganz außerordentlich
durchlassender Bodenarten bis zu 100 qkm Gebietsgröße an Stelle der Kategorie I die Kategorie II zu wählen;

β) bei kleinen Gebieten und größeren Bodenerhe-
bungen ist bis zu einer Gebietsgröße von 150 qkm
die Kategorie II durch Kategorie III und von
da an bis zu 1000 qkm Gebietsgröße durch eine
Kombination der Kategorien II und III zu ersetzen;

γ) bei kleinen, bedeutendes Gefälle aufweisenden Gebieten bis zu 50 qkm wird an Stelle der Kategorie III die Kategorie IV und von da ab bis zu
300 qkm eine Kombination zwischen den Kategorien III und IV gesetzt.

Tabelle 8 auf Seite 91 gibt ein klares Bild über die
Hochwassermengen, welche bei der Normalprofilbestimmung
für Flußkorrektionen dem Stadtbauamte in Wien als Norm
dienten.

II. Teil.
Wasserversorgungsanlagen.

(Die Wasserversorgung größerer Städte scheidet, entsprechend dem Zwecke dieses Buches, aus dem Bereiche meiner Erörterungen aus).

Die Art der Versorgung von Ortschaften mit Nutz- oder Trinkwasser ist und war von jeher recht mannigfach. So das Schöpfen aus vorhandenen Quellen, welche zu diesem Zwecke in einfache hölzerne oder gemauerte Brunnenstuben eingeleitet wurden, wobei diese oft ihre Fassung darstellten. Bei tieferem Wasserstande dienten früher als Hebevorrichtung Kübel, welche mittels Seilen um Rundhölzer oder Haspeln abgelassen und gehoben wurden. Eine andere Methode bestand darin, daß lange schlanke Baumstämme an ihrem stärkeren Ende seitlich beschlagen und dort zwischen zwei Pfosten drehbar gemacht und derartig ausbalanciert wurden, daß das hierzu verwendete aus Stein hergestellte Gewicht den längeren Hebelarm hoch und über der Mitte des Brunnens hielt, so daß eine dortselbst beweglich angebrachte, schwache Stange, welche an ihrem Ende einen Eimer trägt, zur Herausförderung von Wasser verwendet wurde bzw. wird, da z. B. derartige Anordnungen heute noch ein Wahrzeichen für die ländlichen Bezirke der Tiefebene Ungarns bilden. Schöpfräder, welche nahe den Ufern von Bächen und Flüssen in diese eingebaut wurden, dienen gegenwärtig noch Kulturzwecken und stellen die ersten Versuche dar, das Wasser zu heben und so einem höher gelegenen Gelände mittels Rinnen oder Hangkanälen zuführen zu können. Stauwerke erfüllen den gleichen Zweck und stammen schon aus frühesten Zeiten. Der Aquädukt, welcher

von den alten Römern zur Wasserversorgung Roms erbaut
wurde, zeigt weiters eine erstaunliche Höhe technischer Vollendung und meisterhafter Ausführung. Holzdeicheln dienten
schon seit langer Zeit zur Fortleitung von Trinkwasser, und
ihre Abdichtung wurde derart bewerkstelligt, daß sie dem
Druck von 1—2 Atmosphären, in einigen Fällen auch darüber,
Widerstand leisteten. In manchen Wasserversorgungsanlagen
sind sie heute noch vertreten, wenn sie auch auf dem Aussterbe-
etat stehen, da sie mit der beispiellosen Entwicklung der Eisen-
industrie und der mit ihr Hand in Hand gehenden Herstellung
von Schmiedeeisen, Mannesmann- und Gußrohren, die jedem
nötigen Druck zu genügen vermögen, sowie bei der steigenden
Verteuerung des Holzes nicht mehr konkurrenzfähig sind,
von anderen unlieben Nebenerscheinungen, z. B. Verstopfungen
durch Wasserpflanzen, Undichtheiten usw., abgesehen. Auch
die bisher noch vielfach verwendeten Bleirohre, welche die
Möglichkeit boten, als gute Druckleitungen zu dienen, treten
in den Hintergrund; für Leitungen mit größerem Durchmesser
im Freien fanden sie nur selten eine Benutzung. Eine leicht
herzustellende, billige Druckrohrleitung ließ sich erst seit der
Verwendung der erwähnten Eisenrohre bewerkstelligen. Seit
dieser Zeit haben die Wasserversorgungsanlagen einen fast
unglaublichen Aufschwung genommen, und es sind in erster
Linie Hochquellenleitungen, welche meist als billigste und
beste Wasserversorgung gewaltige Verbreitung gefunden haben.

39. Hochquellenleitungen und Allgemeines über die Wasser-beschaffung.

Wo die gegebenen natürlichen Verhältnisse es gestatten,
das Wasser, welches für die zu versorgenden Orte nötig ist,
ohne künstliche Hebung beizuleiten, kommen sog. Hochquellenleitungen in erster Linie in Betracht. Bei diesen wird
das Wasser regelrecht gefaßt, in einem Schachte gesammelt
und von diesem aus direkt mittels einer Druckrohrleitung
dem betreffenden Orte zugeführt, oder es wird zuerst in ein
Hochreservoir eingeleitet, von welchem es in die Druckrohrleitungen abströmt. Eine derartige Anlage bedingt
jedoch unter allen Umständen, daß die Quellen, welche für

die Wasserversorgung in Betracht kommen, eine hinreichende
Schüttung haben und so hoch gelegen sind, daß das Wasser
an seinem Bestimmungsorte noch unter jenem Drucke zum
Auslauf gelangt, der erforderlich ist, um in Brandfällen das
Feuer noch wirksam bekämpfen zu können, ferner damit
auch in den höher gelegenen Straßen noch genügend Wasser
in den obersten Stockwerken zur Verfügung steht. Wo solche
Verhältnisse gegeben sind und die Entfernung der Quellen
von der betreffenden Ortschaft nicht zu groß wird, ist eine
Hochquellenleitung zweifellos die günstigste Wasserversorgungs-
art, da das zutage tretende Quellwasser meist rein, frisch
und kohlensäurehaltig, daher zum Genusse vorzüglich geeignet ist und keine Betriebskosten für mechanische Wasserförderung erwachsen. Allein nur wenige Städte sind von
der Natur so begünstigt, daß eine derartige Leitung ins Auge
gefaßt werden kann, häufig auch dann nicht, wenn die Leitungslänge sehr bedeutend wird.

Wenn sehr große Städte es zu unternehmen vermögen,
das nötige Wasser mit dem erforderlichen Hochdrucke auf
gewaltige Entfernungen in Rohren beizuleiten, so hat ein
solches Vorgehen seine Berechtigung in dem Umstande, daß
alsdann auch ein Massenabsatz dieses notwendigsten aller
Bedarfsartikel stattfindet und bei größtem Umsatz schon ein
geringer Wasserzins die an sich sehr kostspielige Anlage rentabel macht. Für kleinere Städte wird eine sehr lange Leitung
zu teuer, da das Wasser in dem ärmsten Haushalte so nötig
und oft noch nötiger ist, als in den bestsituierten Kreisen
und ein hoher Wasserzins vom nationalökonomischen als
hygienischen Standpunkt aus zu verwerfen ist. Es muß
als ein verfehltes Prinzip bezeichnet werden, wenn einzelne
Gemeinden aus einer Wasserversorgungsanlage eine tunlichst
große Rente zu gewinnen suchen, da der scheinbar errungene
Vorteil durch erhöhte Armenlasten und Mehraufwand für die
Verpflegung unbemittelter Kranker usw. reichlich absorbiert
wird.

Es ist daher bei jeder Wasserversorgungsanlage ihre
Ausführungsweise genau zu prüfen und sind dabei die entstehenden Kosten reiflichst in Erwägung zu ziehen.

Zu bedenken ist ferner bei Hochquellenleitungen, daß bei zunehmender Bevölkerungszahl das betreffende Quellwasser oft in kurzer Zeit unzureichend wird und neuer Zufluß meist nicht mehr gewonnen werden kann. Aus dem Gesagten geht daher, wie erwähnt, hervor, daß nicht nur ein sehr erhebliches Gefälle, sondern auch eine reichliche Wassermenge zur Verfügung stehen muß, soll mit Vorteil eine derartige Leitung erbaut werden. Ebenso darf vom finanziellen Standpunkte aus die Leitungslänge nicht zu groß ausfallen, wenn die betreffenden Ortschaften nicht mit dem Absatze sehr bedeutender Wassermengen rechnen können.

Solche Bedenken kommen in Wegfall, wenn kleinere Orte höher gelegene Quellen einleiten und als öffentliche Brunnen zum Auslauf für allgemeine Benutzung bringen. In derartigen Fällen genügt eine geringere Wassermenge und ein kleines Gefälle, falls die Ortschaft nicht auf einem stark ansteigenden Gelände erbaut ist. Diese Wasserversorgungsanlagen haben jedoch nur ganz untergeordnete Bedeutung, da sie weder die erforderliche Bequemlichkeit noch genügenden Schutz gegen Feuersgefahr bieten. Da aber fast an jedem Orte in zivilisierten Staaten organisierte Feuerwehren existieren und deshalb stets eine Feuerspritze zur Hand ist, hilft man sich in Gemeinden mit solch primitiver Wasserversorgung gegen Feuersgefahr dadurch, daß das Abwasser der laufenden Brunnen in ein oder mehrere große wasserdichte, unter dem Terrain erbaute Becken eingeleitet und aufgespeichert wird und erst das überlaufende Wasser zum Abfluß gelangt. Diese Becken dienen dazu, die Feuerspritzen mit dem nötigen Wasser zu versehen, indem die Saugschläuche dort eingehängt werden. Daß aber auch bei so einfachen Wasserversorgungen fachmännisch verfahren werden muß, wird bei der Beschreibung einzelner charakteristischer Anlagen ersichtlich werden.

Es wurde bereits erwähnt, daß die Entscheidung darüber, ob Hochquellenleitung oder künstliche Wasserhebung zu wählen sei, meist auf finanziellen Erwägungen beruht und daher genaue Kalkulationen vorauszugehen haben, vorausgesetzt, daß für beide Fälle das nötige Wasser vorhanden

ist. Eine Ausnahme machen, wie erwähnt, nur sehr große
Städte oder Badeorte, welch letztere vielfach auf den Bezug
von Quellwasser angewiesen sind, da der größte Teil des
Publikums noch heute auf dem völlig unbegründeten Standpunkte steht, daß Grundwasser, welches in geringer Tiefe
erschlossen wird, etwas anderes sei als Quellwasser, das keine
Gelegenheit fand, zutage zu treten. Häufig tritt der Fall
ein, daß sich in der Nähe von Städten starke Quellen finden,
welche jedoch zu tief liegen, um direkt als Hochquellenleitung dienen zu können. In solchen Fällen empfiehlt es
sich, diese künstlich zu heben und auf Beileitung sehr ent-
legener Quellen zu verzichten, insbesondere, wenn zur Hebung der ersteren eine billige Wasserkraft zur Verfügung
steht. Die neuesten Fortschritte der Technik, hauptsächlich
auf dem Gebiete des Maschinenwesens, geben jedoch die
Möglichkeit, auch eine Wasserhebung mittels Motoren- oder
Dampfbetriebes oder Elektromotoren so billig zu gestalten,
daß die Verzinsung des Baukapitals e i n s c h l i e ß l i c h der
Betriebskosten häufig einen geringeren Betrag erfordert als
die Verzinsung der Baukosten für eine sehr lange Hochquellenleitung.

40. Grundwasser.

a) Allgemeines.

Sind zutage tretende Quellen überhaupt nicht vorhanden,
so kann das nötige Wasser meist durch Aufschließung der
Grundwasserströme gewonnen werden.

Man hat gefunden, daß sich unter der Erdoberfläche
mehrere Grundwasserzonen befinden. Die oberste liegt in
jener Tiefe, in welcher unsere Pumpbrunnen gewöhnlich
abgeteuft werden, also meist 2—7 m unter der Erdoberfläche.
Dieses Grundwasser ist lediglich Quellwasser, welches sich in
kiesigen, sandigen oder sonst durchlässigen Schichten bewegt und keine Gelegenheit findet, in allgemein sichtbarer
Weise zutage zu treten. Der zweite Grundwasserstrom findet
sich in dem zerklüfteten Gesteine, das sich bei den Bodensenkungen und -Erhebungen in der tertiären Periode vorfindet
und meist die Unterlage des Diluviums bildet. Die Tieflage

dieses Stromes ist wesentlich verschieden und schwankt
zwischen 30—50 m. Der unterste Grundwasserstrom wird
erst in sehr großen Tiefen erschlossen und bleibt für Wasserversorgungen meist außer Betracht, da das Wasser in solcher
Tiefe häufig zu warm und vielfach zu reich an mineralischen
Bestandteilen ist, um es als Trinkwasser und zu den meisten
gewerblichen Zwecken verwenden zu können. Auch erfordert
seine künstliche Hebung große Kosten.

b) Artesische Brunnen.

Daß in der ersten und zweiten Grundwasserschichte sehr
oft sog. artesische Brunnen erschlossen werden, ist bekannt.
Ihre Entstehung erklärt sich dadurch, daß das Wasser dieser
Ströme nicht in konstanter Neigung fließt, sondern stellen-
weise in dem gelockerten Gesteine usw. auch wieder empor-
zusteigen gezwungen ist, so daß die Wasserbewegung den
Gesetzen für Heberleitung folgt. Wird der Brunnen an einer
tiefen Stelle des letzteren erbohrt, so steigt Wasser aufwärts,
und zwar nicht selten unter Erhebung über das Gelände hinaus.
Sind diese Brunnen sehr tief, so sind sie nicht ganz zu-
verlässig, da sie oftmals infolge von Erdbeben, welche an
der Oberfläche der Erde nicht mehr fühlbar sind, Abfluß
in die Tiefe finden und ausbleiben oder stark verunreinigt
werden. Für die Praxis kommen artesische Brunnen häufig
in Betracht. Da jedoch ihre Wassermenge bei zunehmendem
Auftrieb abnimmt, eignen sie sich fast niemals zur Benutzung als H o c h quellenleitung, jedoch bieten sie die
Annehmlichkeit, daß das Wasser von oberirdisch aufgestellten
Pumpen direkt angesaugt werden kann.

Dagegen gewähren solche Brunnen die Möglichkeit, kleinere
Orte oder einzelne Anwesen mit Trinkwasser zu versorgen,
wenn der Auftrieb so hoch ist, daß das Einleiten des Wassers
im Erdgeschosse und in die Stallungen durchgeführt werden
kann. Sehr kräftige Brunnen mit großer Wasserschüttung
dienen vielfach zum Betriebe von Wassermotoren, kleinen
Turbinen oder oberschlächtiger Wasserräder. Für Wässerungs-
anlagen zu landwirtschaftlichem Betriebe sind sie von größter
Wichtigkeit.

c) Die Ausnutzung von Grundwasserströmen.

Ein innerhalb der normalen Saugtiefe erschlossener, er-
giebiger und reiner Grundwasserstrom läßt sich jederzeit vorteilhaft zu Wasserversorgungsanlagen verwenden. Selbst wenn
eine Hochquellenleitung in Konkurrenz tritt, ergibt nicht selten
eine gründliche Kalkulation, daß eine künstliche Hebung von
Grundwasser, insbesondere beim Vorhandensein einer billigen
Wasserkraft einschließlich der Betriebsauslagen oftmals erheblich weniger Kosten verursacht, als eine sehr lange Hochquellenleitung. Bei solchen Erwägungen sind die Ausgaben für
den Betrieb zu kapitalisieren und jenem Kapital zuzuschlagen,
welches bei Herstellung einer Pumpstation zu verausgaben ist.
Eine Gegenüberstellung der beiderseitigen Bausummen ergibt
alsdann das gesuchte Resultat. Die zweite Grundwasserströ-
mung kann, falls ein artesischer Auftrieb fehlt, nur dann zur
Verwendung gelangen, wenn sie rein, nicht zu warm ist und
die erhöhten Kosten für künstliche Hebung des Wassers keine
Rolle spielen. Hierüber wird noch Näheres mitgeteilt werden
(siehe S. 120—122).

41. Flußwasser für Wasserversorgungsanlagen.

Vielfach wird in neuerer Zeit als letztes Hilfsmittel das
Wasser der Bäche, Flüsse und Ströme, auch Seen usw. zu
Wasserversorgungsanlagen nutzbar gemacht. Es bedarf selbstredend der Filtration, im Sommer einer künstlichen Küh-
lung und ebensolcher Zuführung von Kohlensäure. Da derartiges Wasser meist in der Nähe größerer Städte vorhanden
ist, und zwar in reichlichster Menge, sind solche Anlagen im
Bau verhältnismäßig billig und vertragen daher sehr wohl
die Kosten für die nachträgliche Wasserverbesserung. Immerhin ist die Streitfrage, ob gesundheitsschädliche Bakterien in
filtriertem Wasser erhalten bleiben, nicht definitiv gelöst
und es wird beim Auftreten von Epidemien der Sicherheit
halber meist auf den Siedepunkt erhitzt, dann künstlich gekühlt
und mit Kohlensäure versehen. Der Mangel an Kalkgehalt
läßt es trotz allem als minderwertig erscheinen, so daß meist
nur in zwingenden Notfällen zu solchen Anlagen gegriffen wird.

42. Versorgung von Städten mit gesonderten Trink- und Nutzwasserleitungen.

Ist neben Nutzwasser gutes Trinkwasser gleichzeitig vorhanden, jedoch in ungenügender Menge, so wird es in solchen Fällen gesondert zugeführt und den Bewohnern zugänglich gemacht, und zwar meist in Gestalt laufender Brunnen mit geringfügiger Auslaufmenge oder unter Wassermesserkontrolle und Erhebung eines erhöhten Wasserzinses. Bei dem erwähnten Ausbruch einer Epidemie wird jedoch auch dieser Ausweg nur geringe Sicherheit gegen ihre Verbreitung bieten, da Unvorsichtigkeit, Leichtsinn und Böswilligkeit meist eine verhängnisvolle Rolle spielen. Daß auch bei Verwendung von Flußwasser für die Wasserversorgung künstliche Hebung nötig ist, bedarf keiner weiteren Erörterung. Während bei Hochquellenleitungen nur zutage tretendes Quellwasser oder solches, welches nur in geringer Tiefe unter der Erdoberfläche fließt, in Betracht kommt, findet bei künstlicher Wasserhebung eine Benutzung von tiefliegenden Quellen, von Grundwasser der ersten und zweiten Schichte, sowie von See-, Bach- oder Flußwasser statt.

43. Bestimmung der erforderlichen Wassermengen.

Ehe die Art einer Wasserversorgungsanlage festgelegt werden kann, ist es nötig zu wissen, wie groß der tägliche Wasserbedarf der betreffenden Ortschaft ist. Die bisher aufgestellten statistischen Nachweise geben hinreichende Anhaltspunkte über den unter gewissen Verhältnissen erforderlichen Wasserbedarf. Kleinere Orte, z. B. Dörfer ohne nennenswerte Industrie und ohne bedeutende Viehzucht, erfordern pro Kopf der Bevölkerung einen Wasserbedarf von 40—80 l. Ein Stück Großvieh bedarf ca. 50 l Wasser, Kleinvieh, als Schweine, Schafe, Kälber usw., 15 l. Der Mehrbedarf an Wasser in Orten mit lebhafter Viehzucht erhöht sich demnach von 40 l pro Kopf auf jene Zahl, welche durch den vorhandenen Viehstand bedingt ist. Im allgemeinen genügt für solche Orte eine Annahme von 80 l auf den Kopf der Bevölkerung. Kleinere Städte mit Ökonomiebetrieb und geringer Industrie verbrauchen 60—120 l pro Kopf. Städte bis zu 10 000 Ein-

wohnern mit gut entwickelter Industrie und Gewerbe sind
mit 150 l pro Kopf zu berechnen, große Städte mit 150—200 l.
Bei letzteren ist für kommunale Zwecke noch ein Zuschlag
von ca. 30% zum Tagesbedarf zu machen.

In allen Fällen ist dem Wachstume größerer Städte
Rechnung zu tragen und die Anlage dementsprechend zu
projektieren. Vgl. nähere Angaben S. 215—218.

44. Projektierung von Hochquellenleitungen.

Soll z. B. eine Stadt mit 4000 Einwohnern und gut-
entwickelter Industrie mit Wasser versorgt werden und sind
in der Nähe, sowie in einer entsprechenden Höhe über dem
höchsten Hause der Stadt, Quellen vorhanden, welche reichlich Wasser liefern, so ist vor allem der tägliche Wasserbedarf festzusetzen. Die Stadt hat seit Jahrzehnten an Bevölkerung zugenommen, und ein weiteres Anwachsen ist daher
zu gewärtigen. Pro Kopf der Bevölkerung kann eine Wassermenge von 150 l angenommen werden. Es treffen somit
pro Tag 600 000 l oder 600 cbm.

Nun ist die Schüttung der Quellen zu messen, ebenso
die Höhenlage derselben über dem Hauptplatze und dem
höchsten Punkte der Stadt genau zu bestimmen. Die Quellen-
messung erfolgt zweckmäßig mittels Einschaltung von Wassermessern innerhalb einer bestimmten Zeit, und zwar tunlichst
im Monat Oktober oder November bzw. im Winter bei strenger
Kälte, zu welchen Zeiten die Quellen die geringste Wassermenge besitzen. Ist ein Wassermesser nicht zur Verfügung, so
wird das Wasser mittels eines Rohres in ein geeichtes Gefäß
eingeleitet und an der Hand des Sekundenzeigers einer Uhr beobachtet, welche Zeit erforderlich ist, um das Gefäß von einem
bekannten Inhalte bei horizontaler Aufstellung bis zu der Eich-
marke oder bis zum Überlaufen zu füllen. Ist die Wassermenge der einzelnen Quellen ermittelt, so werden die gewonnenen Resultate addiert. Es ergibt sich alsdann die gesamte
Schüttungsmenge. Beträgt dieselbe beispielsweise 420 l pro
Minute oder 7 Sek./l, so ist der tägliche Zulauf rund 605 cbm.
Der Wasserbedarf kann also zunächst gedeckt werden. Nachdem
das Gefälle zur Stadt von der am tiefsten liegenden Quelle

erfolgten Messung mit dem Nivellierinstrument noch 54,3 m
ergeben hat, ist auch die Höhenlage der Quellen eine entsprechende, dagegen ist einem ferneren Wachstum der Stadt
nur insofern Rechnung getragen als geeignete entlegenere
Quellen zu haben sind. Bei Feuersbrünsten wird der
normale Wasserverbrauch erheblich überschritten werden,
so daß die Quellenschüttung unzulänglich wird. Es muß also
Abhilfe getroffen werden und bietet die Möglichkeit hierzu die
Erbauung eines Hochreservoirs als Ausgleich der Verbrauchs-
schwankungen.

45. Zweck der Hochreservoire oder Hochbehälter.

Es ist nachgewiesen, daß nicht nur in den einzelnen
Jahreszeiten, Monaten und Tagen, sondern auch in gewissen
Stunden große Differenzen im Wasserbezuge auftreten, und
zwar wird der höchste Wasserverbrauch 1,3—1,6 des Tagesbedarfes, also im angenommenen Beispiele $7 \cdot 1,3 = 9,1$
bzw. $7 \cdot 1,6 = 11,2$ Sek./l, während der Mindestverbrauch
auf 0,6—0,9 tagsüber und auf 0,3 während der Nacht herabsinkt. Es ist klar, daß durch die Aufspeicherung des Wassers,
welches insbesondere nachtsüber unbenutzt am Quellensammler abfließt, der erhöhte Tagesbedarf reichlich ausgeglichen werden kann, wenn dieser Überfluß in einem entsprechend großen Hochreservoire angesammelt wird. Als
Mindestgröße eines solchen läßt sich ein Füllraum für ein Drittel
des Tagesbedarfs annehmen, in Anbetracht der Bevölkerungs-
zunahme empfiehlt es sich aber, $2/3$ des Tagesbedarfes als
Reserve zu wählen, demnach $2/3 \cdot 600 = 400$ cbm.

Während der höchste Wasserbedarf sich auf die Zeit von
morgens 6—8 Uhr, dann von 10—1 Uhr mittags und 6—8 Uhr
abends, also auf 7 Stunden beschränkt, und der normale
Verbrauch auf 8 Stunden, ist der geringste von abends 8 Uhr
bis morgens 5 Uhr mit 9 Stunden anzunehmen. Daraus ist
ersichtlich, daß bei höchster Entnahme, d. i. dem Durchschnitt
zwischen $1,6 + 1,3 = 1,45\%$ des Tagesbedarfes benötigt werden, und zwar 7 Stunden lang:

Der stündliche Verbrauch aus 400 cbm ist 25, der Zufluß in 7 Stunden daher 175 cbm. Der Maximalverbrauch

bei 1,45 des Zulaufes = 7,25 · 1,45 = 254 cbm, der Verbrauch aus dem Vorrat daher 254 — 175 = 79 cbm. In der
Nacht während des Minimalverbrauches von 0,3 laufen in
9 Stunden zu: 9 · 25 = 225 cbm; verbraucht werden 68 cbm.
Der Überschuß ist daher 225 — 68 = 157 cbm. Es bleibt somit
ein Mehrzulauf von 157 — 79 = 78 cbm als Reserve.

Bei normalem Wasserkonsum ist weder ein Überschuß
noch ein Mehrverbrauch vorhanden, da die erforderliche
Wassermenge stets zufließt, der berechnete Überschuß von
78,0 cbm ist daher nicht nur vollständig ausreichend, sondern
er gestattet noch zeitweise größere Wasserentnahmen, z. B. in
Brandfällen und es ist, von letzterem Falle abgesehen, morgens
das Reservoir stets gefüllt. Es ist in vorstehender Aufstellung
der Umstand, daß auch tagsüber ein Minderkonsum von 0,6—0,9
oder durchschnittlich von 0,75 des Normalverbrauches stattfindet, nicht in Betracht gezogen worden, weil es sich empfiehlt,
die Verbrauchsmenge des Wassers tunlichst hoch zu bemessen,
um für die Zukunft gesichert zu sein und weil eine Aus-
scheidung zwischen normalem und geringem Konsum tagsüber
für einzelne Stunden nicht wohl möglich wird, indem der
Wechsel meist ein sprungweiser und zufälliger ist. Aus der
aufgestellten Berechnung ergibt sich jedoch weiter, daß die
grundsätzliche Festlegung der Größe eines Hochreservoires im
gegebenen Falle mit 400 cbm anscheinend zu hoch gegriffen
ist. In Wirklichkeit ist das nicht der Fall, da jedes Hochreservoir periodisch gereinigt werden muß und daher zwei
Kammern für je die gleiche Füllungsmenge zu enthalten hat.
Vor der Reinigung steht immer nur je eine Kammer in
Benutzung, während die zweite für abnorme Wasserentnahme,
z. B. in Brandfällen, als stets gefüllt verfügbar sein soll.
Es ist jedoch, von dem erwähnten Falle abgesehen, Regel,
daß beide Kammern zu gleicher Zeit in Betrieb sind. Siehe
auch S. 137—144.

Im angenommenen Beispiele ist also die Wassermenge
und das Gefälle genügend. Der Wasserverbrauch kann durch
Einbau von Wassermessern in jede Wasserabnahmestelle
auf das zulässige Minimum beschränkt werden. Das Gefälle
ist mit 54,3 m Höhe angenommen und die Entfernung

bis zum Verteilungsnetz beträgt 4,3 km. Da das Gefälle
nicht allzugroß ist, in der Stadt ein Druck von mindestens
4,5 Atm. in Rücksicht auf die Höhenlage des Terrains und
der Gebäude nötig ist und eine künftige Vergrößerung der
Wasserentnahme nur durch Verkleinerung der Druckhöhe
möglich sein soll, dürfen die Rohre nicht zu klein gewählt
werden bzw. darf die Geschwindigkeit des Wassers nicht zu
groß sein.

Es wurde bereits bemerkt, daß die zeitweise Wasserentnahme sich um die nahezu doppelte Wassermenge steigert
gegenüber jener, welche dem Tagesdurchschnitte entspricht.
Man wird daher zweckmäßig die Zuleitung für ca. 15 Sek./l
bemessen, und zwar mit einer Geschwindigkeit $v = 0,5$ m.
Die Rohre erhalten demnach auf Grund der Tab. I 1 und 2
200 mm Lichtweite, der Druckhöhenverlust wird 0,164 pro
100 m und für 4,3 km = 7,05 m.

(Vgl. Vorbemerkungen zu den Tab. I 1 und I 2, welche diesen direkt vorausgehen und folgendes.)

46. Die Bestimmung der Wasserbewegung in Wasser- leitungsrohren.

Über die zu wählende Wassergeschwindigkeit v sei folgendes bemerkt. Im vorausgehenden Beispiele wurde $v = 0,5$ m.
pro Sek. angenommen. Ein v über dieses Maß hinaus ist zwar
zulässig, da Geschwindigkeiten bis zu 1 m noch vollständig
normal sind, und bei $v = 1$ würden erheblich kleinere Rohre
und damit geringere Kosten erzielt werden. Allein die Grenze
zieht der Druckhöhenverlust, der das vorhandene Gefälle nicht
in einer Weise verringern darf, die Anlaß dazu böte, daß die
erforderliche Wassermenge da nicht mehr zum Abfluß gelangt,
wo sie noch nötig ist. Bei sehr reichlichem Gefälle hätte die
Wahl $v = 1$ und ein Rohrdurchmesser von 150 mm ein durchaus entsprechendes Resultat ergeben. Bei Zuleitungen zum
Hochbehälter vom Sammelschachte ab kann auch $v = 1$ noch
wesentlich überschritten werden, wenn ein ungehinderter Abfluß in ersteren geboten ist, da Stöße in solchen Leitungen
nicht zu erwarten sind, vorausgesetzt wiederum, daß das vorhandene Gefälle kein Hindernis bietet.

Ein v unter 0,3 m pro Sek. erfordert selbstverständlich sehr große, teuere Rohre und besteht dabei die Gefahr, daß sie durch Ablagerung von Sand und kalkhaltigen Niederschlägen zuwachsen. Liegen die Rohre nicht absolut frostfrei, oder ist das Deckungsmaterial steinig und luftdurchlässig, so besteht weiters der Nachteil, daß das Wasser unter solcher Geschwindigkeit in den Rohren einfriert.

Für die Wahl von v sind also einerseits das Gefälle, anderseits der Kostenpunkt und die eben erwähnten Nachteile einer zu langsamen Wasserbewegung maßgebend.

Da alle Gefällsverluste in Tab. I 2 für die betreffenden Geschwindigkeiten und die dazu gehörigen Rohrlichtweiten sofort ersichtlich sind, also in jedem einzelnen Falle geprüft zu werden vermögen, ob die Rohre und das gewählte v sich in richtigem Verhältnisse zum vorhandenen Gefälle befinden, ist es spielend leicht gemacht, vermöge des gebotenen Hilfsmittels ohne nennenswerte Rechnungen ein richtiges Resultat zu erhalten.

Nur dann, wenn z. B. beim Zusammenflusse mehrerer Quellen in einen bestehenden Sammelschacht eine neue einzuleiten ist, die infolge ihrer Höhenlage nur ein minimales Gefälle erhalten kann, ist es rätlich, zu kleinen Geschwindigkeiten zu greifen, und ist alsdann besondere Vorsicht nötig. Die neue Quellfassung muß einen sicheren Sandfang in Gestalt eines Überfalles erhalten, die Rohre sind mindestens 1,5 m mit lockerem Material zu überdecken, wobei dieses sorgfältig zu stampfen ist, im Notfalle sind von 50 zu 50 m Putzkästen in die Leitung einzubauen. Am tiefsten Punkte ist ohnedies eine Entschlammung vorzusehen oder, wenn das Gelände sich dazu eignet, eine solche auch ohne diese Voraussetzung einzubauen. Die betreffende Rohrstrecke muß genau in die Visur gelegt werden, darf also keine vertikalen Biegungen aufweisen.

Um nach dieser Abschweifung wieder auf das zur Wasserversorgung einer Stadt aufgeführte Beispiel zurückzukommen, bei welchem sich auf Grund der Tab. I 2 ein Druckhöhenverlust von 0,164 pro 100 m, und für den speziellen Fall ein solcher von 7,05 m ergab, sei weiters berechnet, daß von dem Gesamt-

gefälle mit 54,3 m diese abzuziehen sind, so daß im Rohrnetze an dem Punkte, woselbst die Verteilung beginnt, eine
Druckhöhe von 47,25 m besteht.

Von hier aus geht der Strang durch die Hauptstraße
nach dem Marktplatze und je ein weiterer rechts und links
in die Parallelstraßen zu dieser Hauptstraße. Der mittlere
Strang erhält 150 mm Lichtweite und fördert bei $v = 0,5$ m
8,83 Sek./l, die beiden Seitenstränge erhalten Rohre mit
125 mm innerem Durchmesser und fördern einzeln 6,14 l
und zusammen 12,28 l.

Bis zum Rathause, woselbst der Druck noch mindestens
4,5 Atm. betragen soll, sind vom Ende des Zuleitungsstranges
noch 900 m. Der Druckhöhenverlust für diese Strecke wird
bei 100 m 0,22 m bei 900 m rund 2,0 m; es verbleibt daher
an der erwähnten Stelle eine wirkende Gefällshöhe von
$47,25 - 2 = 45,25$ oder rund 4,5 Atm., wie es verlangt wurde.

Ist auf die gezeigte Weise festgelegt, daß die Benutzung
der vorhandenen Hochquellen tunlich ist, so kann erst zur
Ausarbeitung des Projektes selbst geschritten werden. Der
übliche Ausbau des Rohrnetzes nebst den erforderlichen
Leitungsbestandteilen wird später geschildert werden.

47. Wasserfassungen.

a) Allgemeines.

Sollen vorhandene Quellen, gleichviel ob sie zu einer
Hochquellenleitung dienen oder künstlich gehoben werden,
für Wasserversorgungsanlagen Verwendung finden, so müssen
sie zuerst regelrecht gefaßt werden. Die Quellenfassung
bezweckt eine dauernde Sicherung des betreffenden Quellenlaufes und einen verlässigen Schutz gegen das Eindringen von
Tagwasser und gegen Verunreinigungen. Es ist selbstverständlich, daß jedes Wasser, welches zu Trink- und Nutz-
zwecken dienen soll, vorher chemisch auf seine Reinheit
untersucht werden muß, und hat ein solches Vorgehen zu erfolgen, ehe an die Verwendbarkeit desselben zu Wasserversorgungsanlagen gedacht werden kann.

Ist es frei von organischen Bestandteilen und weist
dasselbe nur unbedeutende Spuren von Chloriden auf, so

ist noch zu prüfen, wieviel anorganische Bestandteile in demselben enthalten sind, und für diese kommt in erster Linie der Kalkgehalt in Frage. Allgemein besitzt Wasser mit n Teilen Kalk auf 100 000 Teile Wasser den Härtegrad n. Für industrielle Zwecke empfiehlt sich ein Härtegrad bis zu 16 und für Trinkwasser bis zu 25°. Für Trink- u n d Nutzwasserleitungen sind jedoch mehr als 18 Härtegrade zu beanstanden, d. h. das betreffende Wasser wird zwar der Gesundheit nicht nachteilig, jedoch ist es zu den meisten gewerblichen Zwecken ungeeignet, es ist, wie man zu sagen pflegt, zu hart. Hat demnach die Analyse ergeben, daß das Wasser zu allen Zwecken verwendbar und insbesondere frei von organischen Stoffen ist, so muß darauf Bedacht genommen werden, daß es nach der Fassung in diesem Zustande erhalten bleibt. Entspringt eine Quelle im eigentlichen Flachlande und fließt diese nicht so tief oder unter solchen Verhältnissen unter der Erde, daß ein Durchsickern von Düngstoffen usw. nicht völlig ausgeschlossen erscheint, so ist sie wiederholt auf ihre Reinheit zu untersuchen, insbesondere nach Regenwetter und nach vorher erfolgter Düngung der Felder und Wiesen. Man setzt sich sonst der Gefahr aus, späterhin sehr unliebe Erfahrungen zu machen. Die geringste Wahrscheinlichkeit hinsichtlich der Verunreinigung bieten Quellen, welche am Fuße eines Hanges entspringen, dessen Rücken ein ausgedehntes Hochplateau als Regengebiet besitzt. Hier tritt das Tagwasser selten in direkte Verbindung mit den Quellen, welche alsdann in beträchtlicher Tiefe fließen, und sollte das der Fall sein, so wird es infolge des Durchsickerns durch mächtige natürliche Filter gereinigt. Häufig wird auf weite Strecken oberhalb des mutmaßlichen Quellenlaufes eine Waldkultur angepflanzt, bei welcher eine Düngung entfällt.

Ein solches Vorgehen ist insbesondere dann zu empfehlen, wenn die Quelle nicht direkt am Höhenrücken selbst entspringt, sondern in größerer Entfernung von demselben. Die Strecke von der Quelle bis zum Bergfuße wäre in entsprechender Breite zu bewalden, ev. ist zu untersuchen, ob diese Quelle nicht direkt am Hange erschlossen werden kann, was häufig, wenn auch in größerer Tiefe, gelingt. In vielen

Fällen ist auch der Quellenlauf bzw. oberste Grundwasserstrom durch eine darüber gelagerte, wasserundurchlässige
Schichte vor Verunreinigung geschützt.

Daß an abfallenden Geländen mehrere Quellen zutage
treten, ist oftmals zu beobachten. In solchen Fällen sind
die einzelnen Wasseradern für sich zu fassen und bei der
untersten in einen Quellensammler zu leiten.

Sehr oft treten die Quellen nicht als regelrechter Abfluß
zutage, sondern sie zeigen ihre Anwesenheit durch Versump-
fung des an den Berg sich anschließenden Geländes an. In
diesem Falle ist auf die Breite der ganzen versumpften Strecke
direkt am Fuße des Berges die Wasserfassung vorzunehmen.

b) Die Art der Quellfassung: α) in festem
Gestein.

Entspringt die Quelle einem Felsen, so gestaltet sich
ihre Fassung sehr einfach. Es werden alle lockeren Bestandteile vor dem Quellenausflusse sorgfältig entfernt, insbesondere
Erde, Pflanzen, einzelne nicht kompakte Steine, dann wird
eine Vertiefung von 1—3 qm Grundfläche je nach der Mächtigkeit der Quellenschüttung ausgehoben; wenn möglich ohne
Felssprengungen. Die Sohle des Aushubes wird betoniert,
ebenso eine Sperrmauer, welche höher ist als der Quellen-
ursprung, so daß die Flügel an den Felsen, woselbst die Quelle
entspringt, anschließen. Ihr Wasser wird inzwischen durch eine
Rohrleitung von der Baustelle abgehalten. Auf den Sohlen-
beton werden bis über den Quellenauslauf innerhalb der Sperrmauern und dem Felsen grobe, gewaschene Kieselsteine oder
Felsstücke eingelegt, zwischen welchen das Wasser zu zirku-
lieren vermag. Anschließend an diese Quellfassung wird unter
Benutzung der Sperrmauer ein Schacht erbaut, dessen Sohle
erheblich tiefer liegt als jene der Fassung, so daß die Vertiefung
als Sandfang dient. Der Auslauf des Wassers erfolgt durch ein
Rohr, welches mittels eines Absperrventiles verschließbar
ist. Letzteres hat einen verzinnten Kupferseiher zu erhalten.
Das Rohr wird in den Schacht einbetoniert oder eingemauert
und der Auslauf ist so tief zu legen, daß das abströmende
Wasser keine Luft mehr anzusaugen vermag. Der fertig ge-

mauerte Schacht, welcher mit einer Überlaufvorrichtung in
der Höhe des Quellenursprunges versehen werden muß, wird
wasserdicht mittels eiserner Vierung abgedeckt und verschlossen. Die Verbindung zwischen Fassung und Schacht
stellen Einströmungsschlitze her, die im Beton oder dem Mauerwerk ausgespart werden. Sind alle diese Arbeiten beendet, so
wird die provisorische Wasserableitung entfernt und das
Wasser in den Fassungsschacht geleitet. Auf den erwähnten
groben Kies oder die Steinstücke wird feinerer, ebenfalls ge-
waschener Kies oder Schotter bis über die Höhe des Quellen-
ausflusses aufgefüllt, oberhalb der feineren Kieslage erfolgt
eine Betonage von 10—20 cm Dicke mit Mörtelüberzug bzw.
Glattputz und oberhalb des letzteren ein ca. 30 cm hoher

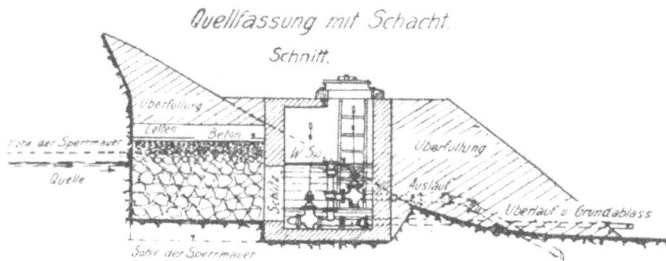

Fig. 12.

Lettenschlag. Das Ganze einschließlich des Schachtes wird
alsdann bis auf dessen Oberkante mit lockerem Material
überfüllt, um einer Erwärmung des Wassers vorzubeugen,
und begrünt. Häufig tritt an Stelle des Fassungsschachtes
ein kleines Häuschen, welches über dem Wasserbecken erbaut
wird. Eine derartig ausgeführte Fassungsanlage ist absolut
sicher gegen Verunreinigung des Wassers. Zur Entfernung
von Sand, welcher sich bisweilen am Boden des Schachtes
ansammelt, ist meist noch eine Schlammleitung in letzterem
einzubauen, welche vorteilhaft direkt mit der Überlaufleitung
verbunden wird. Dieser Zweck wird dadurch sehr einfach
erreicht, daß nach dem Entleerungsschieber ein nach oben ge-
richtetes T-Stück eingebaut wird, in welches ein Rohr bis auf
Überlaufhöhe eingesetzt ist, woselbst ein Überlaufseiher an-

zubringen ist. An das erwähnte T-Stück schließt sich die Ent-
leerungs- oder Schlammteilung an. Wird der Schlammschieber
geöffnet, so tritt die Überaichleitung außer Wirksamkeit
und fließt das Wasser und Sand usw. ab. Eine Überstauung
der Quellen ist gefährlich und daher zu vermeiden. Siehe
Skizze!

β) in Kiesschichten auf Lettenuntergrund.

Entspringt eine Quelle aus einem Kiesbecken, so ist
ihre Fassung nur dann leicht, wenn der Kies in geringer
Mächtigkeit über jenem undurchlässigen Materiale lagert,
welches das Wasser veranlaßt, zutage zu treten und es besteht meist aus wasserundurchlässigem Letten oder einem ähn-
lichen Materiale, z. B. Tonmergel usw. Man hat in solchen
Fällen das Wasser gegen seinen Ursprung zu verfolgen, das
lockere Material zu entfernen und so tief zu graben, bis die
wasserundurchlässige Schicht erreicht ist. Steigt letztere in
der Richtung des Quellenursprunges an, so fällt die Umklam-
merung des Wassers mittels Sperrmauern, welche auf dem
undurchlässigen Materiale fundiert sind, nicht schwer. Es
sind die gegen den Quellenlauf sich zurückbiegenden Flügel
nur so weit zu verlängern, bis die Oberfläche der Mauer höher
als der ursprüngliche Wasserspiegel der Quelle liegt, so daß
diese keine Gelegenheit findet, seitlich zu entweichen. Ist
die Kiesschicht mächtig und das Ansteigen des wasserundurchlässigen Untergrundes nur unbedeutend, so ist die Fassung
meist schwierig und bei größter Vorsicht häufig noch riskant.
Bei tiefem Aushub verfallen sehr leicht die Quellen, suchen
neuen Abfluß und gehen verloren oder sind erst in erheblicher
Tiefe unterhalb wieder zu finden, so daß neben der vergeb-
lichen Fassungsarbeit noch bedeutende Gefällsverluste entstehen. Man wird daher durch Bohrversuche zuerst die Unter-
grundsverhältnisse sorgsamst feststellen und insbesondere acht
darauf geben, ob sich nicht zwischen eingelagerten Letten-
zungen durchlässige Sandschichten befinden, die zu Trug-
schlüssen hinsichtlich der Tiefe der Fundationen für die Sperrmauern führen. Ergeben sich sehr ungünstige Resultate,
so ist es rätlich, genutete Spundwände bis zu jener Stelle

einzurammen, woselbst die Bohrversuche die größte Tiefe
des undurchlässigen Untergrundes erkennen ließen, diese
Spundwand im Anschlusse an die Flügel vor der Quelle fortzusetzen und zu schließen, und so ein Auslaufen des Materiales
wie auch ein Verfallen des Wassers zu verhindern. Bei derartiger Fassung ist nach dem Einrammen der Spundwände
lediglich der Humus und das unreine Material zu entfernen,
die Quelle selbst zunächst in der früheren Höhe ohne jeden
Stau von der Baustelle abzuleiten und dann erst mit der Aus-
grabung jener Stelle zu beginnen, woselbst der Schacht einzubauen ist. Zeigen sich die Spundwände an dieser Stelle wasser-
durchlässig, so sind sie mit Holz oder Moos abzudichten, ev. ist
eine zweite Spundwand zu schlagen und der Zwischenraum
derselben mit Letten auszustampfen. Kommt vom Boden
Wasser, so sind die Spundwände noch tiefer zu schlagen.
Ist der an die Spundwand anbetonierte Schacht, welcher in
der Höhe des Quellenlaufes ebenfalls Einströmungsschlitze
erhalten muß, fertiggestellt und verputzt, so wird hinter diesen
Schlitzen und der Spundwand der Kies sorgfältig ausgeschäu-
felt, an dessen Stelle sofort grober Kies in gewaschenem
Zustande eingebracht, und zwar auf die Höhe der betreffenden
Schlitze, die in solchen Fällen sehr niedrig und dafür breiter
zu halten sind, worauf die Spundwand hinter denselben durch-
brochen, d. i. ausgestemmt oder ausgesägt wird. Über den
Wasserspiegel hinausragende Spunddielen müssen auf dessen
Höhe abgesägt werden. Der übrige Teil der Quellenfassung ist
dann der gleiche, wie er vorher geschildert wurde. Auf die eingelegte grobe Kiesschicht wird kleinerer Kies eingebracht,
dann folgt die Betonage mit glattem Verputz, endlich Lettenschlag und zuletzt die Überfüllung mit lockerem Material.
Derartige ungewöhnliche Fassungen sind bei entsprechender
Vorsicht als vollständig genügend zu bezeichnen, da eine
Veränderung des Wasserlaufes in späteren Jahren ebensowenig zu befürchten ist, als bei dem natürlichen Auslaufe
der Quellen, indem in kurzer Zeit ein stabiler Zustand eintritt,
der ein Gleichbleiben des Wasserlaufes bedingt. Als Material
für die Spunddielen empfiehlt sich Eichenholz, das im Wasser
niemals verfault.

γ) Q u e l l f a s s u n g i n S c h w i m m s a n d.

Nicht selten kann beobachtet werden, daß Quellen über
äußerst feinkörnigen, jedoch mit lehmhaltigen Bindemitteln
durchsetztem Sand zum Auslaufe gelangen. Die Mächtigkeit
dieses Materiales beträgt in der Tiefe oft 1—4 m und erstreckt
sich in horizontaler Richtung oft auf gewaltige Entfernungen.
Wird der von Wasser überspülte Sand beim Aushube in Bewegung gesetzt, so wird er vollständig breiartig — er schwimmt
— und gibt dabei das betreffende Bindemittel, welches in
Wasser löslich ist, an dieses ab.

Unter solchen Umständen ist natürlich ein Aushub für die
Sperrmauern unmöglich, da das gesamte derartige Material
in dem oft sehr ausgedehnten Quellgebiete in Bewegung geraten müßte und Tausende von Kubikmetern zu fördern wären,
wobei umfangreiche Bodensenkungen oberhalb der Fassungs-
stelle meist zu gewärtigen sind. Derartige Quellen können daher
auf dem sonst üblichen Wege nicht gefaßt werden. Es ist jedoch
durchaus verwerflich, ohne weitere Vorsichtsmaßregeln auf
eine Sperrmauer zu verzichten. Es muß daher ein Senk-
brunnen erbaut werden, um ein Entweichen der Quelle zu verhüten. Sie beruhen auf der wohlbegründeten Voraussetzung,
daß jedes fließende Wasser seinen Lauf beibehält, wenn der
Zu- und Abfluß in keiner Weise gehindert ist und sein Entweichen in der Sohle unterhalb des Sandes nicht mehr möglich wird.

Dieser Zweck wird nun dadurch erreicht, daß auf die Oberfläche des Schwimmsandes ein sogenannter Brunnenkranz
wagerecht eingelegt wird. Dieser stellt einen Ring aus drei
derartig übereinander gelegten Eichenholzbohlen dar, daß die
Fugen der Kreisausschnitte sich überdecken und so der ganze
Ring zu einem festen Gefüge verschraubt werden kann. Er
wird noch abwärts an der Außenseite keilförmig zugespitzt
und erhält ähnlich den Pfahlschuhen als unteren Abschluß
ein eisernes Beschläge, damit sein Eingraben in den meist festen,
zum Teil auch steinigen Untergrund des Schwimmsandes möglich wird.

Die Lichtweite des Kranzes entspricht jener des Brunnens
selbst und beträgt 1—3 m im Durchmesser. Bei kleineren An-

lagen, wie sie für die Zwecke dieses Buches in Betracht gelangen, genügt meist ein Durchmesser von 1 m.

Entweder wird nun auf diesen Brunnenkranz ein Mauerwerk aus hartgebrannten Radialsteinen aufgeführt und zu
gleicher Zeit der innere, wasserdichte Verputz hergestellt, oder
es gelangen Brunnenrohre aus Zement mit der entsprechenden
Lichtweite zur Verwendung. In letzterem Falle werden diese
auf eine kreisförmige Nute des Brunnenkranzes gestellt und
erfolgt alsdann bei beiden Bausystemen eine Ausbaggerung des
Sandes im Innern der Rohre. Es erfolgt sofort eine Absenkung,
die so lange durch fortgesetztes Baggern herbeigeführt werden
muß, bis der Brunnenkranz absolut fest im Untergrunde sitzt.
Es ist große Vorsicht nötig, daß die Rohre usw. an der
Oberfläche genau horizontal bleiben; insbesondere ist jedes
folgende einzusetzen, solange die Oberfläche des vorausgegangenen noch nicht in den Sand versenkt ist.

Um die Baggerarbeit zu erleichtern, ist es nötig, das Wasser
durch Pumpenbetrieb aus dem Innern des Brunnens zu entfernen, und eignen sich zu diesem Zwecke nur jene Pumpen,
welche auch Sand auszuwerfen vermögen, also Diaphragma-
pumpen. Die Horizontalstellung der Rohroberflächen wird
dadurch bewerkstelligt, daß die Rohre da wo sie zu hoch liegen,
stark belastet werden und insbesondere dort die Sandbagge-
rung vorgenommen wird. Bei Mauerwerk wird die Belastung
durch Höherführung der Mauer an der betreffenden Stelle
erreicht.

Durch Bohrversuche ist schon vor Beginn der Arbeit
die Mächtigkeit der Sandschichte zu ermitteln. Demgemäß
ist das Material zu bemessen und zu bestellen. Ein Ring von
0,5 m Höhe ist für alle Fälle bereitzuhalten, wenn Rohre benutzt werden, ebenso ein Reduktionsstück von 1 m auf
0,6—0,8 m als oberer Abschluß des Brunnens.

In der Höhe des Quellenlaufes sind Einströmungsschlitze
zu mauern oder in das betreffende Rohr einzuhauen, und dienen
daher die Rohre mit 0,5 m Höhe zum Abgleich bezüglich der
Höhenlage der Schlitze. Diese sollen der Bruchgefahr halber
nur in Rohre mit 1 m Höhe eingebracht werden, es ist damit
zugleich eine genau entsprechende Höhenlage zu erreichen.

Da die Quellen regelmäßig oberhalb des Schwimmsandes fließen, läßt sich infolge der zugleich festgesetzten Tiefe des letzteren die Lage der Schlitze genau bestimmen. Oberhalb des Schwimmsandes ist die Baugrube um 1—2 m zu erweitern, was meist keine Schwierigkeit bietet. Kommen die Wasseradern aus verschiedenen Richtungen, so sind die Schlitze dementsprechend rings um das Rohr zu verlegen. Der Raum in der Baugrube zwischen den Schlitzen und dem gewachsenen Gelände ist mit einer Steinbeuge so auszulegen, daß das Wasser noch um ca. 30—50 cm zu steigen vermag, dann kommt Kies gröberer Gattung, zuletzt feiner Kies und auf diesen Beton mit Zementmörtelüberzug in wasserdichter Ausführung, oder 30—50 cm starker Lettenschlag aus bestem Material. Den Abschluß bildet die Erdüberfüllung, wobei zu beachten ist, daß bei Hochwassergefahr der Deckel des Brunnens nicht bespült werden darf.

Das Auslaufrohr aus dem Brunnen ist in der Höhe des ursprünglichen Quellwasserspiegels einzubauen und ist für dieses die entsprechende Öffnung vorzusehen. Die Muffe eines E-Stückes hat bei Röhrenbrunnen außen zu liegen. An die ins Innere hineinragende Flansche wird ein Krümmer von 90° befestigt, an dessen unterem Ende wiederum ein F-Stück angeschraubt ist, so daß das Rohr entsprechend weit unterhalb des Wasserspiegels endet.

Bei langen Leitungen, welche vom Brunnen abzweigen, empfiehlt es sich, an das erwähnte E-Stück den Abzweig eines T-Stückes zu montieren, dessen unteres Ende alsdann den Rohrfortsatz erhält, während das obere eine selbsttätige Entlüftung zu erhalten hat.

Derartige Brunnen bewähren sich vollständig, erfordern jedoch Vorsicht und genaue Arbeit.

Der in den Untergrund eindringende Brunnenkranz bildet eine verlässige Abdichtung gegen ein etwaiges Entweichen der Quelle. Trifft jedoch der Kranz auf Felsen oder Steine, die seinem Eindringen in das Material unterhalb des Schwimmsandes hinderlich sind, so erübrigt nichts, als das Wasser durch Anschwellenlassen bis auf den Auslauf vor nennenswerter Be-

wegung zu schützen und die Brunnensohle durch Versenkung
von Beton unter Wasser auf ca. 20 cm Höhe zu sichern. Das
getrübte Wasser ist auszupumpen.

δ) F a s s u n g v o n Q u e l l e n , d e r e n U r s p r u n g
n i c h t d e u t l i c h a u s g e s p r o c h e n i s t .

Es wurde bereits erwähnt, daß die Anwesenheit von
Quellen sich oftmals nur dadurch kundgibt, daß das dem
Gehänge sich anschließende Terrain versumpft ist.

Während zutage tretende Quellen auf ihre Schüttung
untersucht werden können, ist ein solches Vorgehen in dem
gegebenen Falle häufig untunlich, es sei denn, daß Entwässerungsgräben gezogen sind, die in einen Sammelkanal münden,
so daß das Wasser in letzterem gemessen werden kann. Eine
derartige Messung ist jedoch nur möglich, wenn das in dem
Sammelgraben gegebene Gefälle so groß ist, daß das Wasser
in demselben aufgestaut werden kann, ohne daß der Stau sich
auf die Entwässerungsgräben erstreckt. Wäre das letztere der
Fall, so würde nur ein Teil des vorhandenen Wassers abfließen,
der Rest die Quellen zurückstauen, so daß ein ungenügendes
Resultat entstünde. Man wird also häufig darauf angewiesen
sein, die Fassung vorzunehmen, ohne Rücksicht auf die Wassermenge, im schlimmsten Falle aber immerhin noch den Zweck
erreichen, ein nasses Grundstück durch gründliche Entwäs-
serung verbessert zu haben.

Die Quellfassung ist unter solchen Verhältnissen nichts
anderes als eine rationelle Entwässerungsanlage. Der Letten
oder feste Untergrund liegt bei versumpften Wiesen immer
sehr nahe unter der Oberfläche, man wird also längs des
Hanges auf die Breite der nassen Grundstücke einen regelrecht ausgeschachteten Graben ausheben, und zwar so tief,
daß die Drainagerohre sowohl als die Überfüllung der letzteren
mit Steinen an der Talseite noch im wasserundurchlässigen
Boden liegen. Der Graben erhält gewöhnlich gegen die Mitte
zu von beiden Seiten Gefälle, die an der Bergseite sich zeigen-
den Wasseradern werden, falls sie bedeutend sind, durch Einlegung von Rohren, unter Reinigung des Wasserlaufes von
lockerem Material zum Hauptgraben geleitet, mit Steinen

überdeckt und mit Lettenschlag, ev. noch mit Beton und
Lettenschlag gegen Tagwässer usw. gesichert. Kleine Wasserläufe werden durch Sickerkanäle zugeleitet und ebenso überdeckt. Die einzelnen Rohre des Hauptgrabens werden nicht
fest ineinander gefügt, sondern lose nacheinander verlegt, der
Stoß mit groben Kieseln überdeckt, letztere wieder mit feinem
Kiese, bzw. kann die Drainageleitung in ihrer ganzen Aus-
dehnung auf solche Weise hergestellt werden, dann folgt
Lettenschlag von 40—50 cm Dicke und zuletzt die Überfüllung
mit lockerem Material. Vom tiefsten Punkte der Filtergalerie
wird das Wasser zum Fassungsschachte geleitet, der Rohrgraben soweit ausgehoben, daß das erschlossene Wasser durch
die Rohrleitung ungehinderten Abfluß findet, und ist Vorsorge zu treffen, daß der Schacht trocken hergestellt werden
kann. Seine Anordnung ist die gleiche, wie sie bereits geschildert wurde. Nach dessen Fertigstellung und Armierung wird
das Wasser, welches während des Baues vorteilhaft mittels
einer geschlossenen Rohrleitung durch den Schacht selbst
geführt wird, durch Ausschaltung eines Flanschenrohrstückes
im Innern des Schachtes in diesen eingeleitet. Die Messung der
Wassermenge muß vor Erbauung des Schachtes mittels der
provisorischen Wasserableitung vorgenommen werden, damit
im Falle eines ungünstigen Resultates nicht unnötige Mehrkosten entstehen.

48. Die Erschließung und Fassung der oberen Grundwasser-
zone.

Vorarbeiten.

Ehe an die eigentliche Wasserfassung geschritten wird,
ist sowohl die Höhe des Grundwassers als auch seine Stromrichtung zu ermitteln. Sind Pumpbrunnen in der Nähe vorhanden, was ja meist vor der Erbauung einer Wasserversorgungsanlage der Fall ist, so sind ihre Wasserspiegelhöhen an-
zunivellieren, einzelne Brunnen sind auszupumpen und die
Richtung des zuströmenden Wassers zu beobachten. Dann
folgen Bohrversuche, und zwar tunlichst in einem Gelände,
wo eine Verunreinigung des Wassers durch städtische schlechte
Kanäle, Abortanlagen, Düngergruben usw., sowie durch den

Rückstau von Flüssen und Bächen nicht zu befürchten ist.
Die Brunnenanlagen müssen demnach abseits der Städte und
des Alluviums größerer Flüsse angelegt werden. Der Brunnenabteufung haben Bohrversuche vorauszugehen, um sowohl
das zu durchfahrende Material als die Untergrundverhältnisse
und die Tiefe des Grundwasserstromes sowie seine Richtung
zu ermitteln. Die Bohrlöcher werden in Abständen von 10 bis
20 m hergestellt, während die Brunnen in bestimmten Entfernungen, die sich durch die gegebenen Verhältnisse regeln,
zu erbauen sind, vorausgesetzt, daß die gemachten Vorunter-
suchungen ein günstiges Resultat erwarten lassen. Es empfiehlt sich zunächst, Röhrenbrunnen einzurammen, um das
Wasser durch Auspumpen auf seine Menge prüfen zu können.
Ist diese genügend und zeigt der in den Brunnen vorhandene
und festzustellende Wasserstand an, daß die Wasserförderung
noch mittels direkten Ansaugens erfolgen kann, so sind erst
die Brunnen zu erbauen, da ihre Ausführungsweise von diesem
Umstande abhängig ist. Die Tatsache, ob die erschlossene
Wassermenge eine konstante ist, wird dadurch festgestellt,
daß bei den Pumpversuchen, welche ununterbrochen während
4—6 Wochen durchzuführen sind, bei einer bestimmten
Wasserförderung und gleichbleibenden Tourenzahl der Förder-
maschine und Pumpe eine weitere Absenkung des Wasserspiegels in den Versuchsbrunnen nicht mehr stattfindet.
Die Entfernung der einzelnen Brunnen voneinander kann,
wie erwähnt, nicht willkürlich gewählt werden, sondern sie
ergibt sich aus genauen Beobachtungen. Wird ein Rohr-
brunnen auf seine Wasserlieferung untersucht, so müssen dabei
auch die Probelöcher, welche, wie erwähnt, mit Rohren auszuschachten sind, beobachtet werden, da es nicht ausgeschlossen
ist, daß der gleiche Grundwasserstrom nicht nur den betreffenden Brunnen, sondern auch mehrere andere Bohrlöcher
speist, so daß die Anlage von Brunnen an Stelle der letzteren
überflüssig wird. Erst wenn durch Versuche an den einzelnen
Bohrstellen festgesetzt ist, daß das Wasser des einen Brunnens
bei der größten Absenkung des andern einen unveränderten
Wasserspiegel beibehält, ist die Lage des zweiten bzw. dritten
Brunnens usw. festgesetzt.

49. Sammelbrunnen und ihre Verbindung mit den einzelnen Brunnen.

Da wo selbst der tiefste Wasserstand in den provisorischen Brunnen ermittelt wurde, ist der Sammelbrunnen anzulegen, dessen Durchmesser größer zu wählen ist, als jener der übrigen Brunnen, da er zur öfteren Reinigung, Bedienung des Auslaufschiebers, Seihers usw. gut zugänglich sein soll. Die Verbindung der einzelnen Brunnen mit den Sammelbrunnen erfolgt am besten durch Kanäle, welche senkrecht zur Richtung des Grundwasserstromes als Stollen oder mittels regelrechter Ausschachtung offen eingebaut und so hergestellt werden, daß in der Richtung gegen diesen Wasserlauf zahlreiche Einströmungsschlitze, die mit groben Kieselsteinen hinterfüllt werden, vorzusehen sind. Auf solche Weise kann der gesamte Grundwasserstrom zum Einlauf in den Sammelbrunnen gezwungen werden. Derartige ziemlich kostspielige Bauten finden jedoch meist nur Anwendung für die Wasserversorgung großer Städte.

50. Bauart der Brunnen.

Für kleinere Orte genügt häufig schon die Erbauung eines einzigen Brunnens, wenn dessen Lage in Rücksicht auf das vorhandene Regengebiet richtig gewählt ist. Dieser hat alsdann einen Durchmesser von 1—3 m zu erhalten. Im allgemeinen übt der letztere auf die Wassermenge keinen wesentlichen Einfluß aus. So liefert z. B. ein Brunnen von 0,4 m Lichtweite bei gleicher Tiefe und durchlässiger Brunnenwandung $^2/_3$ der Wassermenge, welche ein solcher mit 4 m Durchmesser abgibt.

Die Bauart solcher Brunnen ist meist eine kreisförmige. In der Tiefe des Grundwasserstromes werden ebenfalls gegen die Stromrichtung Einströmungschlitze, deren Öffnungen mit groben Steinen hinterlegt werden, hergestellt. Die Brunnensohle muß tiefer liegen als jene des Grundwasserstromes, und zwar in wasserundurchlässigem Material. Zeigt sich aus der Sohle hervorströmendes Wasser, und ist dessen Gesamtmenge so groß, daß eine weitere Brunnenabteufung unnötig wird, so

kann durch senkrechten Einbau eines Filterrohres dieses Wasser
nutzbar gemacht werden.

51. Röhrenbrunnen.

(Siehe Skizze S. 152, Heberleitungen.)

Es genügt in vielen Fällen, an Stelle eines bis auf die
wasserundurchlässige Sohle hergestellten gemauerten Brunnens
diesen 2—3 m hoch aufzumauern bzw. zu versenken und von
dort aus eine Schmiedeisenleitung einzubauen, deren Ende aus
einem oder mehreren Filterrohren besteht. Diese Rohre sind
aus verzinntem Kupferblech zu fertigen. Um den Zutritt von
Sand zu diesen Filterrohren tunlichst zu vermeiden, ist es nötig,
von der Sohle des gemauerten Brunnens ab große Eisenrohre provisorisch abzusenken und das Material aus denselben entweder auszubaggern oder durch Kiespumpen usw.
zu entfernen. Im Zentrum dieser Rohre wird alsdann die
Rohrleitung mit den Filterrohren aufgestellt, der Zwischenraum zwischen den großen Rohren und letzteren mit gewaschenem Kies ausgefüllt und alsdann die letzterwähnten großen
Rohre wieder herausgezogen. Um diese Arbeit zu erleichtern,
sind diese Rohre nur 1 m lang und so groß zu wählen, daß sie
schliefbar sind. Die Flanschen müssen nach innen gerichtet
sein und verschraubt werden. In vielen Fällen wird man besser
tun, diese Rohre im Erdreich zu belassen.

52. Sicherung der Brunnen gegen Tagwasser und ihre Armatur.

Wo Brunnen im Überschwemmungsgebiete liegen, ist
die wasserdichte Aufmauerung über Terrain und über das
höchste Hochwasser erforderlich. Die Abdeckung aller Brunnen
muß übergreifend sein, so daß Tagwasser keinen Zutritt in
dieselben findet. Die Wasserabführungsleitung hat, wenn
keine künstliche Hebung beim Brunnen selbst vorzusehen ist,
das Wasser somit mittels des vorhandenen natürlichen Gefälles in ein entferntes Saugreservoir fließen muß, sich mittels
eines T-Stückes bis zu den Filterrohren fortzusetzen, so daß
eine entsprechende Absenkung des Wasserspiegels im Brunnen
erfolgen kann und demgemäß auch eine größere Wassermenge

abzufließen vermag. Das betreffende Rohrstück, welches als
Anschluß für eine derartige Gravitation — ev. Heberleitung —
dient, wird am besten in Brunnen eingemauert und mit ihm
versenkt. Hinter diesem Flanschenstück ist im Innern des
Brunnens oder außerhalb desselben ein Absperrschieber einzubauen. Im letzteren Falle ist dieser Schieber mit Einbaugarnitur zu versehen. Bei kurzen Leitungen entfallen diese
Ventile, da sie lediglich dazu dienen, den Einlauf des Wassers
zu regulieren, damit Luft entweichen kann.

53. Erschließung der zweiten Grundwasserzone.

Es wurde schon eingangs erwähnt, daß der zweite Grundwasserstrom bereits in beträchtlicher Tiefe zu suchen ist,
und zwar in zerklüftetem Gestein. Auch hier haben Bohrversuche vorauszugehen, wenn die Erbauung eines Brunnens
beabsichtigt ist, und sind angesichts der bedeutenden Kosten
die nötigen Vorarbeiten sehr exakt vorzunehmen. Die Bohrungen müssen in Röhren erfolgen, welche vernietet oder
verschraubt und abgedichtet in die Bohrlöcher eingelassen
werden. Ist das Gestein erschlossen, so werden zweckmäßig
Stoßbohrer mit Freifall verwendet. Wird die wasserführende
Schichte erreicht, so ist in dieser ein Filterrohr einzusetzen.
Die Rohrdimensionen dürfen anfänglich nicht zu klein gewählt
werden, da sich die Rohre nicht selten im Bohrloche so fest
klemmen, daß sie nicht mehr herausgezogen werden können.
In solchen Fällen ist in die größere Rohrleitung eine kleinere
einzuführen und das Profil des Bohrers dementsprechend zu
verkleinern. Die zu erwartende Wassermenge läßt sich ohne
sehr großen Kostenaufwand, welcher durch Aufstellung von
Maschinen, die mit Luftdruck arbeiten, entsteht, nur dann
ermitteln, wenn das Wasser reichlich auf Saugtiefe empor-
steigt, so daß die allgemein üblichen Pumpversuche an-
gestellt werden können.

Man versenkt bei letzteren einen Schwimmer in das Bohrloch und untersucht mit dessen Hilfe, ob bei einer bestimmten
Pumpenleistung, welche durch Wassermessungen festzusetzen
ist, innerhalb der Saugtiefe der Wasserspiegel konstant bleibt.

Das so erhaltene Resultat ergibt die größtzulässige Wasserentnahme-Möglichkeit.

Brunnen, welche einen derartigen artesischen Auftrieb besitzen — und dieser ist in den meisten Fällen zu erwarten —, bieten also keine Schwierigkeit. Nicht selten genügt es, den Arbeitszylinder der Pumpe durch Herstellung eines Schachtes etwas tiefer zu stellen, so daß noch die nötige Menge Wassers zum Ansaugen gelangen kann. Dieser Fall tritt besonders dann ein, wenn die Pumpe kurze Zeit arbeitet und dann infolge Absenkung des Wasserspiegels die Arbeit einstellt.

Schweriger werden die Verhältnisse, wenn das Wasser weit unterhalb der zulässigen Saugtiefe steht.

Ist ein Elektromotor als Arbeitskraft zur Verfügung, der wenig Raum einnimmt und die Luft nicht erwärmt oder verdirbt, so ist es angängig, bis auf 5—6 m oberhalb des Wasserspiegels einen besteigbaren gemauerten Schacht zu erbauen, welcher einen seitlichen Querschlag erhält, der Pumpe und Motor aufzunehmen hat. Da sich der Grundwasserspiegel häufig im Laufe der Zeit absenkt, darf niemals auf die Grenze der Saughöhe herabgegangen werden. Die Kosten solcher Anlagen sind erhebliche, der Betrieb ist unübersichtlich und erschwert, da sowohl Pumpe als Motor einer Wartung bedürfen.

Man wird also, falls die Brunnen industriellen Zwecken dienen sollen — für Wasserversorgungen sind sie ohnedies nicht zu empfehlen, da ihr Wasser meist zu warm, selten rein und bei Erdbeben der Gefahr des Versiegens ausgesetzt sind — in Erwägung ziehen, ob nicht beim Vorhandensein einer Betriebskraft, z. B. einer stabilen Dampfmaschine usw., die Wasserförderung in solchen Fällen besser mit Dampf durch den Betrieb von Pulsometern oder durch Druckluft, z. B. mittels Mammutpumpen, bewerkstelligt werden kann. Letztere Methode hat den Vorzug, daß das Wasser sich dabei nicht erwärmt.

Auch Druckluftmotoren können alsdann zur Verwendung gelangen, keinesfalls jedoch Diesel-, Benzin- oder Gasmotoren usw., die selbst bei bester Ventilation enge Räume verpesten und den Aufenthalt dort gefährlich machen.

Da jedoch derartige Bauten nicht in den Rahmen dieses
Buches fallen, soll hier nicht näher auf sie eingegangen
werden.

54. Wasserbeschaffung durch Benutzung von Bach-, Fluß- und Seewasser.

Soll das Wasser von Bächen, Flüssen oder Seen zur
Wasserversorgung benutzt werden, so erfolgt keine eigentliche Wasserfassung und gestaltet sich für Seen die Entnahme
anders als bei laufenden Gewässern. Dieselbe wird später
kurz geschildert werden.

a) Wasser aus Bächen und Flüssen mit
natürlicher Filtration.

Bäche und Flüsse, welche auf kiesigem, wasserdurch-
lässigem Untergrund fließen, können sehr oft zu dem erstrebten
Ziele herangezogen werden, ohne daß es nötig wird, eine
künstliche Filtration vorzunehmen.

Man kann vielfach beobachten, daß bei Hochwasser der
Flüsse in nahe- oder tiefliegenden Grundstücken vollständig
farbloses, d. i. geklärtes Wasser aufsteigt, das nichts anderes
ist als Flußwasser, welches auf seinem Wege durch das natürliche Sand- und Kiesfilter sich von selbst gereinigt hat.

Dieser Vorgang wurde schon häufig benutzt, um auf
sehr einfachem und billigem Wege eine beliebig große Menge
Wassers zu erhalten, das keiner Filtration mehr bedarf. Zur
Erreichung dieses Zweckes wird parallel zum Bache oder
Flusse ein entsprechend großes Kanalstück ausgehoben,
dessen Sohle tiefer liegt als die Flußsohle. Der Abstand vom
Flusse beträgt 40—50 m. Zeigt sich genügendes Druckwasser,
was durch Pumpversuche ermittelt werden kann, so werden
an der Flußseite, und zwar hinter der in dieser Richtung auf-
zuführenden Kanalmauer, mit Einströmungsschlitzen grobe
gewaschene Kieselsteine als Sickerdohlen eingelegt und alsdann die am anderen Ufer des Kanals nötige zweite Mauer,
jedoch ohne Sickerungen und Schlitze, erbaut. Schließlich
wird der Kanal an beiden Stirnseiten ebenfalls mit Mauern versehen, überwölbt und überfüllt.

Ventilationskamine haben über diese Überfüllung hinauszuragen und dient ein Schacht mit Einsteigöffnung dazu,
die Kanalstrecke zugänglich zu machen, zu welchem Behufe
auch ein Steg in demselben eingebracht ist, welcher sich
über den höchsten Wasserstand erhebt. Die Breite solcher
Kanäle ist gewöhnlich 1—2 m, die Länge bemißt sich nach
dem erforderlichen Wasserbedarf. Die Stirnmauer des Kanales
flußabwärts schließt an einen Schacht an, in welchen das
mit Absperrventil versehene Abflußrohr mündet und von
welchem aus die Rohrleitung abzweigt, falls an Stelle dieses
Schachtes nicht sofort das Saugbassin treten kann, welches
meist direkt an die Pumpstation angebaut ist.

b) Künstliche Filtration.

Sind derartig günstige Verhältnisse nicht gegeben, so
muß durch Ableitung von Wasser aus dem Flusse oder Bache
dieses direkt entnommen werden. Man wählt für solche
Zwecke Flußstellen oberhalb der Städte, woselbst das Wasser
weniger verunreinigt ist und der Fluß eine lebhafte Strömung
insbesondere auf jener Seite besitzt, auf welcher das Wasser
abgeleitet werden soll. Vorteilhaft wird der äußere Strang
einer Kurve benutzt, welche das Wasser beschreibt. Der Einbau niedriger Grundwehre wird nur selten, und zwar bei kleineren Bächen nötig werden, wenn die Anlage in der geschil-
derten Weise erfolgt. Eine kürzere Kanalstrecke führt das
Wasser zu einem Schachte, von welchem aus seine Einleitung
in die Filterbecken erfolgt. Letztere sind in solcher Zahl anzulegen, daß ihre periodische Reinigung ohne Betriebsstörung
erfolgen kann. Stuttgart besitzt z. B. 4 offene und 3 über-
wölbte Sandfilter mit je 700 qm und 3 weitere mit je 1000 qm
Filterfläche. Für kleinere Anlagen genügen in der Regel
3 Filter, deren eines für den Betrieb, das zweite als Reserve,
das dritte für den Fall der Reinigung vorgesehen ist.

c) Herstellungsweise der Filter.

Die Einrichtung eines Filters erfolgt so, daß auf der
Bodenschichte, welche eine Dränageleitung zwischen größeren
gewaschenen Kieselsteinen besitzt, in niedrigen Schichten
immer kleiner werdender Kies bis zur Erbsengröße und auf

letzteren eine Sandschichte von 500—1200 mm Höhe eingebracht wird. Die in der Sohle liegenden erwähnten Dränagerohre vereinigen sich in eine in der Mitte eingelegte Sammelleitung, welche das filtrierte Wasser abführt. Die Filtration wird erst dann genügend, wenn sich oben auf dem Sande die sog. Filterschmutzhaut gebildet hat, die einer zu großen Wassergeschwindigkeit hinderlich wird. Die Bildung derselben kann dadurch beschleunigt werden, daß das unfiltrierte Flußwasser einige Zeit über dem Filter steht, ohne daß der Abfluß geöffnet wird. Vorteilhaft ist es, die Filteranlagen so anzuordnen, daß das aus einem Filter gewonnene Wasser dem zweiten, tiefer liegenden zugeführt werden kann, falls die Klärung das erstemal keine vollständige wurde. Die Höhe des über dem Filter stehenden Wassers soll 600 mm nicht überschreiten, die Tiefe des Filters u n t e r dem angegebenen Wasserstande 1800 mm. Die Größe der einzelnen Filterbecken richtet sich nach dem Wasserverbrauche und werden im nachstehenden die erforderlichen Anhaltspunkte hierfür niedergelegt.

Als praktische Grenze für die Druckhöhe $H^{\max}$ gilt 800 mm, als wünschenswert wurden hier 600 mm angegeben. Das Verhältnis der erforderlichen Filterfläche B zu der Geschwindigkeit für die zu filtrierende Wassermenge v soll 36 000 nicht überschreiten. Demnach ist $B : v = 36\,000$, wobei die Geschwindigkeit mit 100 mm pro Stunde einer Menge von 2,4 cbm Filtrat in 24 Stunden entspricht. Besser bewährt hat sich eine Filtratmenge von 1,5 cbm pro Stunde. Die Geschwindigkeit des zu filtrierenden Wassers regelt sich durch die dem Filter entnommene Menge und das Absperrventil ist so zu regulieren, daß pro Quadratmeter in 24 Stunden nicht mehr als die erwähnten 1,5 cbm abfließen. Der auf solche Weise entstehende Stau verursacht ein langsameres Durchsickern des Wassers durch das Filter. Bedarf z. B. eine Stadt einer Wassermenge von 50 Sek./l, so ergibt das eine solche von 180 cbm pro Stunde und wird jede einzelne Filterfläche 180 : 1,5 = 120 qm.

Der Boden der Filterbecken ist vorteilhaft in ein Gefälle gegen den Ausfluß zu legen. Soll das so gewonnene Wasser auch zu Trinkzwecken verwendet werden oder besteht die

Gefahr, daß dasselbe entgegen den erlassenen Vorschriften hierzu benutzt wird, so ist eine stete Kontrolle des Filtrates hinsichtlich der in demselben enthaltenen organischen Stoffe und Bakterien vorzunehmen. Wird der meist durch Verordnungen geregelte Maximalgehalt an derartigen organischen Bestandteilen überschritten, so ist eine nochmalige Klärung vorzunehmen. Infolgedessen muß mindestens e i n Filterbecken in Reserve zur Verfügung stehen. Über den Wert solcher Anlagen wurde bereits eingangs das Erforderliche erwähnt.

55. Wasser aus Seen.

Wesentlich günstiger gestaltet sich eine Wasserversorgungsanlage aus tiefen Gebirgsseen. Binnenseen, welche verschlammt, seicht und nicht vollständig rein sind, liefern noch unbrauchbareres Wasser als Bäche oder Flüsse, da der ihm anhaftende faulige Geruch sich auch bei der Filtration nicht verliert. Überdies tritt im Sommer eine starke Erwärmung des Wassers ein, welche Verwesungsprozesse begünstigt und beschleunigt. Gebirgsseen bestehen meist aus reinem Quellwasser, das nur vorübergehend und an der Oberfläche bei starken Regengüssen eine Trübung erfährt und in größerer Tiefe frisch und meist frei von schädlichen Bakterien ist.

Art des Wasserfanges.

Soll solch ein See zu Wasserversorgungsanlagen Verwendung finden, so ist eine Stelle zu wählen, an welcher er ziemlich tief ist, rasch abfallende Ufer besitzt und nicht zu nahe am Abflusse oder an der Einmündung von Wildbächen liegt, da dort die vorhandene größere Strömung den Untergrund bei starken Regengüssen angreift und trübt.

Der Schacht wird nahe am Ufer, und zwar im Festland erbaut, von diesem aus der erforderliche Graben bis in den See ausgehoben resp. ausgebaggert und eine Rohrleitung aus elastischen Mannesmannrohren versenkt. Das Ende derselben ist auf einem Steinwurf, welcher dortselbst eingebaut wurde, aufzulagern, über welchen der Seiher hinausragt, ohne den Untergrund des Sees zu berühren. Je rascher das Ufer abfällt und je tiefer der Seiher liegt, um so günstiger wird die Anlage, da nachweislich die meisten Gebirgsseen

vollständig schlammfreien Untergrund besitzen und die
Trübung der Seen sich, wie erwähnt, nicht weit unter deren
Oberfläche erstreckt, besonders wenn der Schacht nicht allzu
entfernt vom Abflusse ist. Das Wasser steigt von selbst in
der so geschaffenen Heberleitung empor, wenn der höchste
Punkt derselben noch tiefer liegt, als der Wasserspiegel im
See. Bei niedrigstem Wasserstande jedoch ist Bedingung,
daß das Ausflußrohr im Schachte um die Gefällshöhe tiefer
liegt als der Wasserspiegel des letzteren, und daß am höchsten
Punkte der Leitung eine selbsttätige Entlüftung eingebaut
wird. Über die Anordnung einer solchen Heberleitung, welche
unter Umständen auch über den Wasserspiegel des Sees bis
zu einer gewissen Höhe aufsteigen kann, vergleiche Heberleitungen S. 148—154. Auf solche Weise gewonnenes Wasser
bedarf der Filtration nur in seltenen Fällen, ist frischer als
Flußwasser und, wie erwähnt, der Gesundheit meist ohne
künstliche Nachhilfe zuträglich. Eine Verschlammung des
Seihers ist ausgeschlossen, und dient dieser mehr als Schutz
gegen Fische usw., weshalb er groß und mit sehr kleinen
Öffnungen herzustellen ist. Wird das Abflußventil im Schachte
geöffnet, so senkt sich dort der Wasserspiegel ab und ist die
Differenz zwischen dem neu entstandenen solchen und dem
früheren die Druckhöhe, welche für die Wassereinströmung
maßgebend und nötig ist. Ist letztere z. B. 17 cm und die Entfernung vom Seiher bis zum Schachteinlaufe 20 m, so fließen
durch Rohre von 225 mm Lichtweite bei einer Geschwindigkeit
von 1,25 m pro Sekunde 49,7 Sek./l Wasser zu. (Vgl. Tab. 1 1
und 2.). Seen, welche den Untergrund nicht deutlich selbst bei
großen Tiefen erkennen lassen und zeitweise trüb werden,
bedingen eine Filtration des entnommenen Wassers, falls dieses
Trinkzwecken dient.

Damit wären die gebräuchlichsten Methoden für Wasserfassung im allgemeinen erläutert und soll zunächst die
künstliche Wasserhebung geschildert werden.

56. Künstliche Wasserhebung.

a) Allgemeines.

Diese wird überall nötig, wo örtliche Verhältnisse die
Anlage einer Hochquellenleitung verbieten. Die Wasser-

förderung erfolgt entweder durch direktes Pumpen in das
Rohrnetz oder indirekt in ein Hochreservoir. Werden Quellen
mit knapp bemessener Wassermenge zur Hebung benutzt, so
ist stets ein Hochbehälter zu erbauen. Findet sich für diesen
in nächster Nähe keine geeignete Terrainerhebung, so ist ein
Wasserturm herzustellen. Derartige Anlagen sind jedoch sehr
teuer, wenn sie großen Wassermengen Platz bieten sollen,
und man wird sich darauf beschränken, nur $\frac{1}{3}$ des Tagesbedarfes, also das Mindestmaß der Aufspeicherung zuzuführen.
Reicht diese Menge nicht aus, bzw. schüttet die betreffende
Quelle zu wenig Wasser, um die Schwankungen in seinem
Bezuge auszugleichen, so ist zu untersuchen, ob nicht in der
Nähe der Ortschaft, sei es seitlich derselben oder nahe an
ihrem Ende, eine Erhebung vorhanden ist, welche den Wasserturm entbehrlich macht. Ist das der Fall, so entfällt sein
Bau und wird das Wasser von der Pumpstation direkt in
das Ortsrohrnetz gefördert, dieses mit einem Strange zum
Hochbehälter ausgestattet, so daß sich lediglich der Überschuß an Wasser in das Reservoir ergießt. Die Ausführung solcher Anordnungen ist die gleiche wie bei Hochquellenleitungen
und ist auf Seite 137—140 geschildert.

Ist weit und breit kein geeigneter Platz für einen Hochbehälter vorhanden und läßt sich auch durch Bohrversuche
oder Beileitung entfernt gelegener Quellen jene Wassermenge,
welche erforderlich ist, um mit einem kleinen Behälter, der von
einem Wasserturme aufgenommen wird, auszureichen, nicht
beschaffen, so erübrigt nichts, als an den Bau eines großen zu
schreiten, falls nicht vorgezogen wird, auf eine eigene Leitung
zu verzichten und darauf hinzuwirken, daß eine ganze Reihe
von Gemeinden sich zusammenschließt und eine sog. Gruppen-
wasserleitung erbaut, die in neuerer Zeit einen gewaltigen Aufschwung nehmen und infolge der Verteilung der Lasten auf
viele Schultern sehr segensreich wirken. Ungenügende und zugleich zu teuere Wasserversorgungen sind durchaus verwerflich, und es ist Pflicht jedes Fachmannes, die Gemeinden vor
einem Projekte zu warnen, das zu dem traurigen Ergebnisse
führt, daß die Bürger trotz schwerer finanzieller Lasten in
kurzer Zeit an Wassermangel leiden. Es muß direkt als ge-

wissenlos bezeichnet werden, wenn einige wenige Unternehmer
einzig deshalb, um ein Geschäft zu machen, den ahnungslosen
Gemeinden zu einem Projekte raten, welches in kurzer Frist,
die oft knapp die Garantiezeit überschreitet, die bittersten Ent-
täuschungen bringt. Sie können das riskieren, weil in den ersten
paar Jahren erfahrungsgemäß, insbesondere bei Einführung von
Wassermessern, der Wasserverbrauch ein ganz geringer ist.
Haben sich die Leute an einen normalen solchen gewöhnt,
dann ist die Garantiezeit vorüber und die Ortsbürger sind
betrogen.

Daß solche Herren auch die zahlreichen soliden Firmen
auf das Empfindlichste schädigen, liegt auf der Hand.

Ist eine für a l l e   F ä l l e hinreichende Wassermenge
zur Verfügung, so kann u n t e r U m s t ä n d e n , insbesondere beim Vorhandensein einer konstanten Wasserkraft zum
Betriebe der Pumpen auf ein Reservoir mit größerem Inhalte
verzichtet werden. Es genügt alsdann ein kleiner Behälter,
welcher mehr als Druckregler wirkt, also einzig der Betriebssicherheit dienlich ist. Aber solche Anlagen sind nur dann zulässig, wenn die Pumpe soviel Wasser liefert, daß bei Feuersgefahr die erforderlichen Hydranten gespeist werden können.
Hierzu gehört sehr viel Wasser und eine entsprechend große
Wasserkraft. Beides wird nur in seltenen Fällen gleichzeitig
zur Verfügung stehen.

Weiters ist zu bedenken, daß auch bei Wasserkraftbetrieb
die Pumpstation einer Pflege und Aufsicht bedarf, die auch
nachts über nicht völlig entfallen darf, so daß es eine Frage
finanzieller Natur ist, ob nicht der Bau eines Hochbehälters
und das Einstellen des Betriebes während der Nacht billiger
wird als die Bezahlung eines Hilfswärters, der mit dem Brun-
nenwarte sich in den Dienst teilen muß. Die so entstehende
laufende Ausgabe stellt ein Kapital dar, das nicht selten größer
wird, als jenes, welches für den Bau eines Hochbehälters,
der bei dem stets geringen Bedarf an Wasser während der
Nachtzeit ziemlich klein ausfallen kann, erforderlich wird.

Ist der Wasserstand für das Triebwerk nicht absolut
konstant oder sind die Wirkungen von Eis, Rückstau bei

Hochwasser usw. zu besorgen, wird sich auf jeden Fall ein größeres Hochreservoir empfehlen.

Fehlt eine Reserve für die Wasserkraft, so ist mindestens eine zweite Turbine einzubauen.

Ist keine Wasserkraft vorhanden und muß mittels Dampfmaschinen, Motoren oder Elektromotoren das Wasser gehoben werden, so ist ein großes Hochreservoir auch dann am Platze, wenn Wasser in reichlichster Menge zur Verfügung steht, da alsdann zu den vermehrten Personalkosten für den Nachtdienst noch die Betriebskosten der betreffenden Maschinen und solche für größere Abnutzungen derselben treten. Auch muß berücksichtigt werden, daß bei ununterbrochenem Betrieb immer eine Pumpe und Antriebsmaschine in Bereitschaft zu halten sind, da sonst bei Defekten an denselben die Wasserförderung zum Stillstand gelangen oder zeitweise eingeschränkt werden müßte, was absolut unzulässig ist. Es vermehrt sich in diesem Falle daher auch noch das Anlagekapital so wesentlich, daß in den meisten Fällen der Bau eines Hochreservoirs rationeller wird. Aus dem Gesagten geht hervor, daß die Projektierung einer Wasserversorgungsanlage nach allen Richtungen hin wohl erwogen sein will und ein vollständig einwandfreies Projekt nur dann erwartet werden kann, wenn sein Aufsteller sich nicht nur mit der einschlägigen Materie völlig vertraut gemacht hat, sondern auch die finanziellen Interessen der Bauherrschaft nicht aus dem Auge läßt.

b) Wasserhebevorrichtung bzw. Pumpstationen.

Es kann hier nicht der Platz sein, die neuesten Pumpkonstruktionen, welche für die Wasserversorgungsanlagen in Betracht kommen, zu schildern, und es sei deshalb nur erwähnt, daß im allgemeinen langsamlaufende Pumpen mit einer Tourenzahl von 15—70 in der Minute vielfach vorgezogen werden, da ihre Abnutzung eine geringere und ihr Gang ein ruhigerer ist. Die Einführung von Elektromotoren zum Antrieb der Pumpen bedingt jedoch raschlaufende, von denen sich einzelne Systeme recht gut bewährt haben.

Die große Tourenzahl der Elektromotoren würde nämlich infolge ungewöhnlich großer Übersetzungen durch Vorgelege einen bedeutenden Kraftverlust bedingen, der nur durch erhöhte Arbeitsleistung der betreffenden Maschinen ausgeglichen werden kann, so daß man häufig gezwungen ist, zu schnelllaufenden Pumpen zu greifen. Als solche sind in der neueren Zeit die sog. Kreiselpumpen vielfach in Verwendung gekommen, und zwar insbesondere bei elektrischem Betriebe. Wärmemotoren mit 1000—2000 Touren pro Minute werden ebenfalls gebaut, unterliegen jedoch naturgemäß einer sehr raschen Abnutzung, so daß sich ihre Verwendung nur in seltenen Fällen rechtfertigen läßt, wenn es sich um Pumpstationen handelt.

Die Verwendung von Kreiselpumpen für letztere ist jedoch nicht in allen Fällen zulässig. Ihre Hubhöhe ist im Gegensatze zu der Wasserlieferungsmenge, welche je nach ihrer Bauart ins Gewaltige gesteigert werden kann, begrenzt. Die neuesten Modelle heben das Wasser bis zu 40 m — einschließlich der Saugtiefe und des Druckhöhenverlustes in den Leitungen —, von da ab sinkt die effektive Wasserförderung mit der Zunahme der Förderhöhe, indem ein Teil desselben gegen die Saugleitung rückläufig wird. So lieferte eine derartige Anlage bei 39 m Hubhöhe, 2 m Saugtiefe und 7 m Druckhöhenverlust, statt der garantierten 150 Min./l nur noch 116, wie ein vom Verfasser angestellter Pumpversuch ergab. Der Motor lief dabei mit einer Geschwindigkeit von 1500 Touren pro Minute. Dieser Umstand ist bei Projektierungen stets zu berücksichtigen.

Im allgemeinen behilft man sich meist mit den ersterwähnten und zwar mit doppeltwirkenden Saug- und Druckpumpen, von welchen meist zwei in einen Druckwindkessel arbeiten, jedoch mittels Schieberstellung auch getrennt, also wechselweise benutzt zu werden vermögen. Es ist daher z. B. beim Einbringen von Dichtungen oder bei Reparaturen der Pumpen nötig, daß eine der beiden bereits das erforderliche Quantum Wasser, wenn auch unter einer vorübergehend höheren Tourenzahl, zu fördern imstande ist. Allerdings darf dabei die zulässige höchste solche nicht überschritten werden.

Die Bestimmung des Kolbendurchmessers ist ziemlich einfach und soll durch ein Beispiel erläutert werden.

c) Bestimmung der Kolbendurchmesser
für die Pumpen.

Zwei doppeltwirkende Plungerpumpen arbeiten in einen
Druckwindkessel gemeinschaftlich und liefern sekundlich
12 Liter in die Stadt. Die höchste zulässige Tourenzahl
der Pumpe ist auf 20 festgesetzt. Wie groß ist der Durchmesser jeder der beiden Plungerkolben anzunehmen, wenn
je eine der kombinierten Pumpen bei 20 Touren mindestens
9 Sek./l fördern soll, indem der durchschnittliche Wasserverbrauch nicht höher zu taxieren ist, die Hubhöhe 0,75 m
beträgt und ein Hochreservoir, wie auch ein Saugbehälter zum
Abgleiche vorübergehend größerer Wasserentnahme vorhanden ist.

Hier ist zuerst die Leistung einer der beiden Pumpen
bei dem gesuchten Kolbendurchmesser und der Geschwindigkeit von 20 Touren pro Minute und der Hubhöhe von 750 mm
festzustellen. Eine doppeltwirkende Saug- und Druckpumpe
fördert pro Tour, das ist bei zwei Kolbenspielen, die doppelte
Wassermenge, welche dem Kolbendurchmesser und der Hubhöhe entspricht. Sind daher 20 Touren zulässig, so ist die
angenommene Wassermenge von 9 Sek./l innerhalb dieser
20 Touren dem Windkessel zuzuführen. Da pro Kolbenspiel
die entsprechende und gleiche Wassermenge gefördert wird,
erfolgen in der Minute 40 Wasserförderungen oder in der Sekunde 40 : 60 = 0,666 . . . . rund 0,7 solche. Die Wassergeschwindigkeit v wird demnach pro Sekunde 0,7 m. Die Hubhöhe beträgt nicht 1 m sondern 0,75. Es ist daher ein Kolbendurchmesser zu wählen, dessen Wasserförderung bei $v = 0,7$
mit 0,75 multipliziert 9 Sek./l ergibt. Zu dessen Ermittlung
kann vorteilhaft die Tab. I benutzt werden, welche bei $v = 0,7$
und der Wassermenge $Q = 9,0 : 0,75 = 12,00$ (rund) einen
lichten Durchmesser von 150 mm entnehmen läßt, wobei genau
12,37 l Wasser gefördert werden. Das anscheinend etwas zu
hohe Resultat ist in Wirklichkeit noch etwas zu niedrig, da die
Geschwindigkeit von 0,666 . . . . auf 0,7 aufgerundet wurde,
wie nachstehend gezeigt wird.

Die Querschnittsfläche, welche einem lichten Durchmesser
von 150 mm entspricht, findet sich in der Tabelle unter $v = 1$ m

9*

und = 0,17672 qm. Diese mit 0,666 .... multipliziert, ergibt bei 1 m Hubhöhe 0,1177 cbm oder bei 0,75 m 0,1177 ·
0,75 = 8,8 Sek./l statt der erforderlichen Menge von 9 Sek./l.
Praktisch genügt beim Vorhandensein eines Hochreservoirs
und in Rücksicht auf die bedeutenden Schwankungen im Bezuge
des Wassers dieses Resultat vollständig und ist daher der ermittelte Kolbendurchmesser mit 150 mm beizubehalten. Im
weiteren Verlaufe dieses Beispieles wird das genauere Resultat
von 8,8 Sek./l beibehalten.

Es ist nun zu ermitteln, welche Wassermenge beide
Pumpen zusammen bei gleicher Hubhöhe und gleichem Kolbendurchmesser in 15 Touren pro Minute dem Druckwindkessel
zuführen. Eine der Pumpen liefert 8,8 Sek./l bei 20 Touren,
demnach verhält sich 20 : 8,8 = 15 : x = 6,6 Sek./l und beide
zusammen 13,2 Sek./l. Das so erhaltene Resultat wird demnach
größer als die angenommene Zahl von 12 Sek./l. Die Tourenzahl
von 15 pro Minute wird daher zu hoch und sind 14 Touren vorzusehen, wobei 6,16 oder angenähert 12 l Wasser von beiden
Pumpen sekundlich gefördert werden, genau 12,32. Es ist klar,
daß die Tourenzahl von 14 bis auf 20 erhöht werden kann,
wenn beide Pumpen zusammen zu einer vorübergehend stärkeren Leistung angestrengt werden sollen und das erforderliche
Wasser vorhanden ist.

Da Turbinen und Wärmemotoren meist mit einer Geschwindigkeit arbeiten, welche keine direkte Übersetzung
durch die Riemenscheiben gestatten und ein Vorgelege die
Betriebs- und Anlagekosten wesentlich verteuert, wählt man
nicht selten Pumpen mit einer Tourenzahl bis zu 70 pro Minute
und darüber. Ist die Konstruktion der Wasserhebevorrichtung
eine gute und sind die Fundamente sehr solid, so ist gegen derartige Anordnungen nichts einzuwenden. Man wird sich in
solchen Fällen am besten an eine bewährte Firma wenden
und Konkurrenzofferte einholen. Da derartige Pumpen in
verschiedener Ausführung, z. B. stehend mit 3 Plungern usw.,
geliefert werden, muß man die Kolbenberechnung, wie auch
die erforderliche Pferdestärkenbemessung der offerierenden
Firma überlassen und sich auf die Garantie derselben stützen.

Eine Prüfung der Konstruktion hinsichtlich des Effektes ist jedoch erforderlich.

Bei dem großen Spielraume, welcher bei Wasserversorgungsanlagen hinsichtlich der Menge des zu fördernden Wassers gegeben ist, erscheint es nötig darauf hinzuweisen, daß bei Bestimmung des Kolbendurchmessers nicht ängstlich zu verfahren ist, und daß insbesondere die Verluste an Wasser, welche in der Pumpe selbst durch Undichtheiten in den Ventilen und Dichtungen eintreten, in den meisten Fällen außer Betracht bleiben können, wenn das vielfach erwähnte Prinzip befolgt wird, alle Dimensionierungen in Rücksicht auf den stets steigenden Wasserbedarf nicht zu knapp zu bemessen.

Es wird daher die im vorstehenden Beispiele durchgeführte Kolbenberechnung nicht zu beanstanden sein. Nachdem jedoch bei Projektsvorlagen häufig die Wahrung des streng wissenschaftlichen Standpunktes verlangt wird, soll im nachstehenden die Berechnung der Kolbenpumpen auf dieser Basis vorgeführt werden. Es sei bei Plungerpumpen:

v die Kolbengeschwindigkeit, D der Kolbendurchmesser, h der Hub — sämtliche Maße in Metern ausgedrückt —, F die Querschnittsfläche des Kolbens in Quadratmetern, n die Anzahl der Hube pro Minute und Q die Wassermenge in Kubikmetern pro Sekunde, μ der Verlust durch Kolben- und Ventilundichtheiten, so gilt für doppeltwirkende Pumpen die Formel:

$$\mu Q = \frac{D^2 \pi}{4} v,$$

hieraus ist

$$D = \sqrt{\frac{4 \mu Q}{n v}},$$

und

$$\mu Q = \frac{n}{30} F h.$$

Für einfachwirkende Pumpen:

$$2 \mu Q = \frac{D^2 \pi}{4} v,$$

hieraus

$$D = \sqrt{\frac{8\,\mu\,Q}{\pi\,v}},$$

und

$$\mu\,Q = \frac{n}{60}\,F\,h.$$

In diese Formeln ist als Wert von μ einzusetzen:

für gut ausgeführte neue Pumpen   1,05   = 5%,
für alte solche   1,10   = 10%,
für schlechte ausgelaufene . . . . 1,15—1,20 = 15—20%.

Die Kolbengeschwindigkeit soll sich zwischen 0,25 bis 0,8 m pro Sekunde, je nach der Größe der Pumpe, bewegen. Ventilkolben erhalten eine entsprechend geringere Geschwindigkeit. Die vorerwähnte Grenze von 0,8 m soll nicht überschritten werden.

Die Zeit t, welche für eine Tour, d. i. für die Vor- und Rückwärtsbewegung eines Kolbens, erforderlich ist, berechnet sich aus der Formel:

$$t = \frac{2\,n\,h}{60\,v}.$$

Zu erwähnen ist noch, daß der Druckwindkessel jene Größe erhalten soll, welches es gestattet, daß die in demselben enthaltene komprimierte Luft mindestens dem 3 bis 6 fachen Volumen entspricht, welches in der Pumpe für die Wasserförderung vorhanden ist.

Da auch für den Wasserstand, welcher sich durch Mitreißen von Luft durch das Wasser stets im Windkessel vermehrt, ein beträchtlicher Raum erforderlich ist, wenn eine stete Luftzuführung zu demselben vermieden bzw. die Bedienung der Pumpen vereinfacht werden will, wird häufig die Größe des Druckwindkessels so gewählt, daß er den doppelten Rauminhalt dessen zu fassen vermag, was die angeschlossenen Pumpen in einer Minute fördern. Die Saugwindkessel erhalten bei kurzen Leitungen das 5—10 fache Volumen der Wasserförderung pro Kolbenspiel, bei langen das 10—15 fache.

Über die Armierung des Druckwindkessels, der je nach dem vorhandenen Drucke entsprechend stark aus Eisenblech

oder Gußeisen zu fertigen und mit Wasserstandsglas, Manometer, Probierventilen, Sicherheitsventil und Luftfüllpumpe
zu versehen ist, soll hier nichts Näheres erwähnt werden, ebenso
sei nur kurz angedeutet, daß die Saugwindkessel Wasserstandsglas, Vakummeter, Luftzulaßventil und Vorrichtung zum Ab-
saugen der Luft erhalten müssen.

Wie auf Seite 102 erwähnt wurde, steigt der durchschnittliche tägliche Wasserbedarf bis auf 1,6 des normalen
solchen, der hier mit 12 Sek./l angenommen wurde. Die
Pumpe wäre daher nicht imstande, $12 + 0,6 \cdot 12 = 19,2$ Sek./l
zu fördern, da 17,6 als Maximum bezeichnet wurde. Nachdem
jedoch das Vorhandensein eines Hochreservoirs vorausgesetzt
ist, wird die Leistung der Pumpe eine mehr als ausreichende,
zudem als der Wasserverbrauch über die Normalwassergrenze
zwischen 1,3 und 1,6 sich bewegt, im Durchschnitte daher
nur 1,45 ist. Legt man diesen Prozentsatz der Berechnung zugrunde, so ist der m i t t l e r e höchste Wasserverbrauch
$12 + 0,45 \cdot 12 = 17,4$, entspricht also fast genau der Pumpenleistung.

57. Anleitung zur Berechnung der zum Pumpenbetriebe nötigen Kraft.

Als deutsche Pferdestärke, welche mit PS bezeichnet wird,
gelten 75 kg/m. Sie stellt also eine Leistung dar, welche entsteht, wenn 75 kg in der Sekunde einen Meter hoch gehoben
werden. Will man also wissen, welcher Leistung in Pferde-
stärken eine beliebige Zahl von Kilogramm-Metern entspricht,
so ist diese durch 75 zu dividieren.

Nun setzt sich der Kraftaufwand beim Pumpenbetrieb,
wenn keine haarscharfe Berechnung nötig ist, zusammen aus
der Saugtiefe + der Druckhöhe + dem Röhrenwiderstande
auf die Länge der Druckleitung in Metern, wobei die Gesamt-
summe H jene Höhe bezeichnet, welche mit der Wassermenge Q multipliziert die Kilogramm-Meter angibt.

Es ist jedoch selbst bei überschlägigen Berechnungen
nötig, darauf Bedacht zu nehmen, daß jede Pumpe infolge der
Schwere der beweglichen Teile und der entstehenden Reibungen

der Betriebskraft einen Widerstand entgegensetzt, welcher je nach der betreffenden Konstruktion und je nach dem Alter der Pumpen 10—20% beträgt. Die Leistung der Arbeitsmaschine steigert sich dadurch bei neuen, guten Pumpen um 10%, oder sie fördert umgekehrt nur 90% der Kilogramm-Meter, wenn diesem Umstande keine Rechnung getragen wird. Es muß also entweder ihre Zahl mit dem reziproken Werte von $0{,}9 = \dfrac{1}{0{,}9} = 1{,}111 \ldots$ oder besser und kürzer der Divisor 75 mit 0,9 multipliziert werden.

Wird die gesuchte Pferdestärke mit A bezeichnet, so lautet die Formel $A = \dfrac{H \cdot Q}{\eta \cdot 75}$, wobei η den Wirkungsgrad der Pumpe, also 0,9 bedeutet.

Im Verfolge des vorausgegangenen Beispieles wird

$$A = \frac{59 \cdot 17{,}6}{0{,}9 \cdot 75} = \frac{1038 \cdot 4}{67{,}5} = 15{,}37 \text{ PS},$$

welche in Rücksicht auf die nicht völlig genaue Rechnung auf 16 PS aufzurunden sind, wobei das so erhaltene Resultat fast in allen Fällen genügen wird. Muß ausnahmsweise eine besondders genaue Berechnung erfolgen, so genügt es nicht, wenn η mit 0,9 und h mit 59 m in Ansatz gebracht werden, sondern es ist der garantierte Wirkungsgrad der Pumpe vom Fabrikanten genau bekanntzugeben, während bei H noch weiters zu berücksichtigen ist:

1. der Widerstand, welchen das Wasser durch Erzeugung der erforderlichen Anfangsgeschwindigkeit beim Eintritt in die Saug- und Druckrohre hervorruft,
2. der Röhrenwiderstand, welcher in den Kurven, Reduktionsstücken und Schiebern entsteht, wobei jede Rohrstrecke für sich zu berechnen ist, wenn sich ihr Durchmesser ändert,
3. der Widerstand, welcher in der Pumpe selbst beim Durchfluß durch die Ventile usw. eintritt.

Während die Berechnung von H unter Berücksichtigung obiger Absätze 1 und 2 dem Projektanten auf Grund der Angaben in diesem Punkte unschwer möglich ist, vermag jener

sub 3 nicht berechnet zu werden, da er von der Güte und Konstruktion der Pumpe abhängig ist. So fehlen z. B. bei Kreiselpumpen Ventile vollständig, wenn von dem **Fuß**ventile in der
Saugleitung abgesehen wird. Wird dem Lieferanten der Pumpe
das Material zur Berechnung der Widerstände in den Leitungen
überlassen und ihm der Auftrag erteilt, die nötige Betriebskraft
für sein Pumpensystem selbst zu berechnen, so liegt die Gefahr
nahe, daß man eine sehr schlecht arbeitende Pumpe erhält,
die er gerne abstoßen möchte, da er die etwa eintretenden
erhöhten Betriebskosten auf die Rohrleitungen abwälzen kann.
Es empfiehlt sich daher, lediglich hinsichtlich des Absatzes 3
unter Einforderung einer Garantie für seine Pumpe die nötigen
Erhebungen zu pflegen, das übrige jedoch selbst zu berechnen
und dann erst die nötige Arbeitskraft zu bestimmen. Es muß
jedoch dem betreffenden Lieferanten auch noch die Entfernung
des Windkessels von der Pumpe bekanntgegeben werden,
die ebenfalls von Einfluß auf ihren Wirkungsgrad ist.

Bezüglich der Berechnung des Röhrenwiderstandes h_{I}
in den Leitungen sei noch beigefügt, daß die Formel

$$h_{\mathrm{I}} = \lambda \, \frac{l}{d} \, \frac{v^2}{2g}$$

im vorliegenden Falle unzureichend, also die unverkürzte:

$$h_{\mathrm{I}} = 1 + \xi + \lambda \, \frac{l}{d} \, \frac{v^2}{2g}$$

anzuwenden ist, da der Wert von ξ auch jene Widerstände in
sich schließt, welche durch Krümmungen, Verengungen der
Rohrlichtweiten usw. entstehen, wofür die betreffenden Angaben auf Seite 58—60 verzeichnet sind.

58. Der Bau und die Armierung von Hochbehältern.

Bei Hochquellenleitungen ergibt sich ihre Lage durch die
örtlichen Verhältnisse. Besteht in unmittelbarer Nähe der
Ortschaft keine entsprechende Terrainerhebung, so ist es vorteilhaft, das Reservoir nächst den Quellfassungen und dem
Sammelschacht zu erbauen, wenn auch der Nachteil eintritt,
daß die Rohre schon von dort aus für den höchsten Tagesbedarf,
d. i. für 1,6 des Durchschnittsverbrauches, projektieren zu

müssen. Die Mehrkosten für die Röhrenfahrt, welche auf solche Weise entstehen, erreichen fast niemals jenen Aufwand, der nötig würde, wenn beim Orte selbst ein Wasserturm erbaut werden müßte. Besteht dort die nötige Erhebung des Geländes, so wird man bis zum Ortsrohrnetze jene Rohre wählen, welche die Quellschüttung, die vom Sammelschachte ausgeht, unter dem zulässigen Druckhöhenverluste bei einer angemessenen Geschwindigkeit zu fassen vermögen, wobei diese Zuleitung selbstredend weit billiger wird als im ersteren Falle. Das gesamte Ortsrohrnetz ist so zu bemessen, daß es dem höchsten Tagesbedarf entspricht und neben diesem noch die in den einzelnen Strängen vorgesehenen Hydranten zu speisen vermag.

Da es keineswegs erforderlich ist, das Wasser direkt in den Hochbehälter zu leiten, sondern in hohem Grade wünschenswert, daß die Ortschaft ihr Wasser direkt vom Quellsammler erhält, wobei es frischer bleibt und wenig an Kohlensäuregehalt verliert, ist nachstehende Anordnung zu treffen.

Durch die frequenteste Straße des Ortes ist stets der Hauptstrang zu führen, der so groß zu wählen ist, daß der Gesamtbedarf für diese Straße und zugleich für die Abzweige links und rechts gedeckt wird. Kann das Reservoir direkt vor dem Orte oder seitlich von der Mitte des Ortes erbaut werden, so ist der Hauptstrang vom Beginn des Ortes bis zum Hochbehälter durchzuführen, während der Rest bis zum Ende der Straße allmählich in kleinere Rohrlichtweiten übergehen kann. Führen zwei Parallelstraßen in die nächste Nähe des Behälters, so ist darauf Bedacht zu nehmen, daß die dort zu verlegenden Stränge zusammen das 1,6 fache des Tagesbedarfes zu fördern vermögen. Sie werden am Ende der beiden Straßen zu einer einzigen Leitung vereinigt, welche den Durchmesser des Hauptstranges erhält und so zum Hochbehälter geführt. Es wird dadurch wiederum an Rohrlichtweiten gespart. Die gleiche Voraussetzung trifft zu, wenn in der Längsachse des Ortes zwei Stränge zum Einbau gelangen müssen und das Reservoir nahe dem Ende dieser beiden Leitungen liegt.

In jedem Falle ist also Vorsorge zu treffen, daß der oder die zum Hochreservoire führenden Stränge jene Zahl von Sekundenlitern unter der gewünschten Geschwindigkeit abzu-

führen vermögen, welche der zeitweisen höchsten Inanspruchnahme beim Wasserbezuge entspricht. Da die Quellschüttung
allein meist nicht genügt, da sonst ein Hochbehälter nicht in
Frage käme, muß letzterer in der Lage sein, aus seinem Vorrate
den höchsten Wasserbedarf zu ergänzen, und die betreffenden
Rohrleitungen müssen groß genug sein, um ihn zum Abfluß
zu bringen. Die Anlage muß also derartig ausgebildet sein,
daß der Quellsammler die Ortschaft mit Wasser versieht
und das Reservoir nur dann in Tätigkeit tritt, wenn der Wasserbedarf größer wird als die Quellschüttung, während anderseits
in jenen Zeiten, woselbst die Quellschüttung nur teilweise in
Anspruch genommen wird, das überschüssige Wasser sich von
selbst in das Hochreservoir ergießt, wobei natürlich der größte
Zufluß dorthin nachts erfolgt. Es darf nun keineswegs der Fall
eintreten, daß das Wasser des Quellsammlers sich direkt
in den Hochbehälter zu ergießen vermag, der ja stets mit seinem
Wasserspiegel tiefer liegen muß als jener im Sammler, da dadurch der erstrebte Zweck, der Ortschaft das frische Quellwasser zuzuführen, verfehlt würde.

Die Vorrichtung nun, welche dazu dient, dieses Ziel zu
erreichen, ist sehr einfach. Sie besteht aus je einer Rückschlagklappe, welche in die Abflußleitungen aus den Kammern des
Reservoires eingebaut wird, und zwar derartig, daß sie so
lange durch den Druck der Leitung geschlossen gehalten wird,
als dieser größer ist als jener, welcher vom Wasserspiegel im
Reservoire auf die Klappe ausgeübt wird. Das ist stets der
Fall, solange nicht mehr Wasser verbraucht wird, als der
Sammler liefert. Der Überschuß an Wasser erhebt sich zu
beiden Wasserkammern in je einem Steigrohre, welches vor
der Rückschlagklappe mittels Abzweigstücken über den Wasserspiegel im Reservoire hinausgeführt wird und fließt dort kurz
über dem normalen Wasserstande aus. Von dem Zeitpunkte
an, woselbst das zufließende Quellwasser unzureichend wird,
hört der Zufluß in die Kammern auf, das Wasser sinkt in
den erwähnten Steigrohren so lange herab, bis der Wasserspiegel
im Hochbehälter auf die Klappen einen größeren Druck aus-
übt als jener, welcher von dem Wasser im Ortsrohrnetze ausgeht, die Klappen öffnen sich und ergänzen aus dem Reservoir-

vorrate das Fehlende. Der Vorgang erfolgt also vollkommen‑
selbsttätig und mit großer Sicherheit, wenn die Anordnung
getroffen ist, daß sich kein Schmutz oder Blätter, Holzteilchen
usw. in den Klappen festklemmen können. Die allgemein
üblichen Vorkehrungen gegen solche Vorgänge sind jedoch der‑
artig, daß solche Ereignisse nur bei grober Nachlässigkeit ein‑
treten können. Wo etwas erhöhte Baukosten keine Rolle
spielen, empfiehlt es sich jedoch, die Rückschlagklappen wasser‑
frei, also im Vorschachte einzubauen, so daß sie jederzeit zu‑
gänglich sind. Die oft sehr beträchtliche Entfernung des
Quellsammlers vom Hochbehälter bedingt bei derartigen An‑
lagen recht genaue Höhenmessungen und eine sorgfältige
Berechnung des Druckhöhenverlustes vom Sammelschachte
bis zum Einlaufe in die Kammern. In Rücksicht auf die
spätere Inkrustation im Innern der Rohre ist jedoch je nach
der Länge der Leitung stets eine Überdruckhöhe von 0,5—1 m
vorzusehen, so daß der Auslauf in die Kammern um diese
Höhe und um den Druckhöhenverlust in der Leitung tiefer zu
liegen hat, als der Normalwasserspiegel im Sammelschachte.
Höhenmessungsdifferenzen bis zu 5 cm spielen daher keine
nennenswerte Rolle. Die Armierung eines Hochbehälters ein‑
fachster Art und die meist übliche Bauart ist durch die bei‑
gefügte Zeichnung ersichtlich gemacht, und zwar für die ge‑
schilderte Anordnung direkter Zuführung des Wassers zum Orte.

　　Zur Erläuterung der Darstellung sei nachstehendes be‑
merkt:

　　Die Sohle der Kammern liegt in allseitigem Gefälle gegen
den Grundablaß des Reservoires. Die Rohre für diesen ver‑
einigen sich im Schieberschacht durch ein Kreuzstück zu einer
einzigen Leitung, die auch das Wasser des Überlaufes aufzu‑
nehmen hat. Letzterer wird dadurch hergestellt, daß das an den
Schacht anstoßende letzte Stück der Mittelmauer zwischen den
beiden Kammern nur auf die Höhe des Normalwasserspiegels
aufgeführt wird. In der so entstehenden vertieften Mauerkrone
ist eine Mulde angebracht, in welcher das Überlaufrohr einzu‑
legen ist. Der Überlauf beider Kammern vereinigt sich dort und
wird durch die betreffende Leitung nach abwärts geführt und
durch das erwähnte Kreuzstück mit der Grundablaßleitung ver‑

einigt. Die ganz kurz in das Reservoir hineinragenden beiden
Leitungen für letzteren lagern über zwei Vertiefungen (Sümpfen)
und sind mit Seihern aus verzinntem Kupferblech versehen.
Jede Kammer kann durch Schieberstellung für sich zum Auslauf

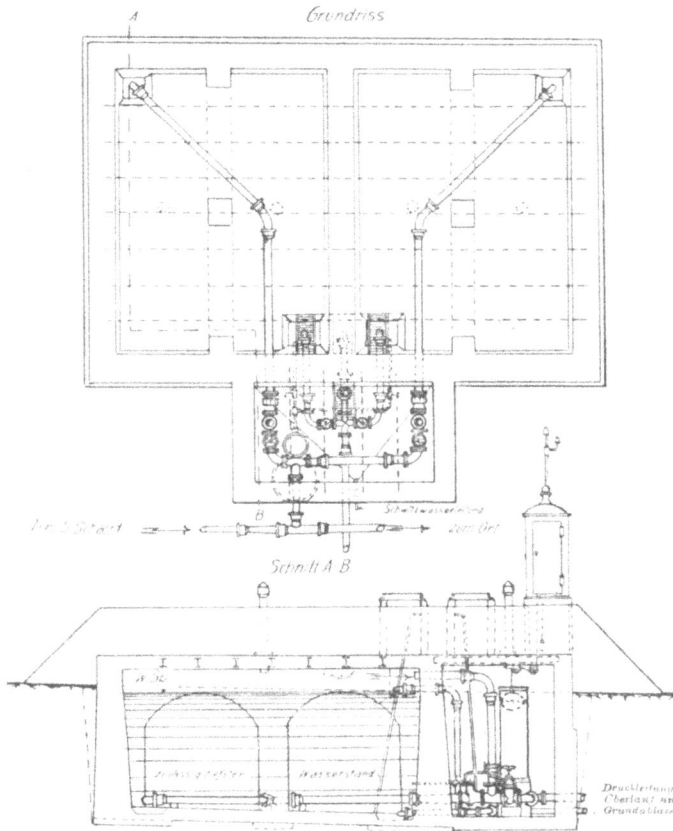

Fig. 13.

und zur Reinigung gebracht werden. Die Überlaufleitung muß
stets offen gehalten werden und erhält kein Absperrventil.
Die bisher geschilderte Anordnung ruht auf dem Boden des
Schachtes, der etwas tiefer angeordnet ist als die Reservoir-
sohle bei den Grundablaßrohren. Über diesen hinweg ist das

Einlaufrohr zu verlegen, welches sich durch ein T-Stück
in beide Kammern verzweigt, wobei wiederum jeder Abzweig
für sich durch Schieber abstellbar ist. Nach dem Schieber folgt
beiderseits ein rechtwinkliger Krümmer, dann ein weiteres
T-Stück, dessen Abzweig nach aufwärts gerichtet ist. Zuletzt
folgt die Rückschlagklappe, an welche sich die Abflußleitung
anschließt, welche durch einen Krümmer bis in die rechte bzw.
linke Ecke der beiden Kammern geführt ist, wobei das Rohr
wiederum oberhalb eines Sumpfes liegt. Diese Leitung ist
horizontal anzuordnen und sind daher wegen des Sohlengefälles
die frei liegenden Muffen zu untermauern. Von den beiden
nach aufwärts gerichteten Abgängen des T-Stückes der Aus-
flußleitungen erhebt sich beiderseits ein Standrohr, das mittels
eines Bogens von 90° und eines Rohrstückes in die Kammern geführt ist und kurz über der Überlaufhöhe mündet. Es bildet
den Einlauf des überschüssigen Wassers in das Reservoir und
erhält keinen Seiher, während sämtliche Abflußrohre damit
zu versehen sind.

Außerhalb des Schachtes im Gelände ist der Übergang der
Leitung vom Sammelschachte in die größere Druckleitung,
sowie der Abzweig von dieser zum Reservoire ersichtlich gemacht.

Das Reservoir erhält weiters für jede Kammer zwei
Dunstkamine, welche über die Überschüttung hinausragen,
einen weiteren für Luftzufuhr in den Schieberschacht, je einen
Einsteigschacht in die Wasserkammern und in letzteren, die hierzu nötigen Leitern und regensicheren, eisernen Schachtdeckel
mit ovaler Verschlußkapsel vorn zum Verriegeln des Deckels
nebst Kette zum Halten des Deckels in einer bestimmten
Hochstellung, sowie Ring zum Aufheben desselben. Ein Pegel-
rohr mit Schwimmer, Gestänge, Kette und Rollenführung
steht mit beiden Kammern durch kleine Rohrleitungen, in
welche Abschlußhähne eingebaut sind, in Verbindung. Diese
Anordnung dient zur Herstellung des elektrischen Kontaktes
für den Wasserstandsfernmelder. Die weiters dazu gehörige Vorrichtung ist in dem kleinen Eisenpavillon auf der Anschüttung
des Hochreservoirs bzw. auf einem Betonringe als Fundament
untergebracht. Dort kann auch die Vorrichtung zum Anschluß

eines tragbaren Telephonapparates zur Pumpstation untergebracht werden. Es ist selbstredend, daß Hochbehälter mit
Portal, also direktem Eingang zur Schieberkammer und einem
weiterem von dieser zu beiden Wasserbehältern in verschieden-
artiger Anordnung hergestellt, eine bessere Bequemlichkeit
und einen stattlicheren Anblick bieten. Jedoch sind die
Kosten wesentlich höhere. Einen Zweck haben solche Portale
nicht. Bei derartigen Bauten werden die beiden Einsteig-
schächte zu den Kammern in einen einzigen vereinigt, jener
zum Schieberschacht entfällt, dagegen erhält dieser einen
Podest, der mit einer Treppe oder Leiter zugänglich gemacht
wird. Von diesem aus erfolgt der Austritt in die beiden Kammern durch eine Eisentüre in der Mitte der Schachtmauer auf
die Mittelmauer zwischen beiden Kammern, und zwar direkt
auf den Überlauf, der zu diesem Zwecke so mit einer Riffel-
blechplatte überdeckt wird, daß das Wasser unter ihr einzu-
laufen vermag. Der Abstieg in die Wasskammern erfolgt durch
Leitern von dieser Platte aus.

Es würde zu weit führen, all die verschiedenartigen Ausführungen solcher Reservoire einzeln zu erörtern. Erwähnt
sei noch, daß das Material neben Beton aus Hausteinen,
welche nicht porös sein dürfen, Bruchsteinen in Zementmörtel,
meist mit Verblendung aus harten Backsteinen oder ganz aus
solchen gewählt werden kann. Hausteine werden lediglich
verfugt, alle übrigen Mauerarten jedoch wasserdicht verputzt,
soweit sie der Benetzung unterliegen. Auf äußerst sorgfältigen
Verputz für diese Fläche ist stets Bedacht zu nehmen. Die
Mörtelmischung ist 1 Teil Portlandzement, 1 Teil gesiebter,
jedoch scharfkörniger Sand und erhält dieser Putz noch einen
ca. 3 mm starken Auftrag von reinem Zementmörtel, welcher
sorgsam mit Stahlblechen zu glätten ist. Es ist Haupterfor-
dernis für jedes Reservoir, daß es absolut wasserdicht ist und
insbesondere die Sohle gut entwässert wird, so daß sie nach dem
Austrocknen des Betons keine nassen Flecken zeigt. Es ist
unmöglich, auf nässende Stellen der Sohle einen wasserdichten
Verputz herzustellen. Die Sümpfe dürfen die Sohlenstärke
nicht verschwächen, es sind also dort die Fundamente zu ver-
tiefen und ist daselbst bei aufsteigendem Wasser vorzüglicher

Beton aus Riesel, Sand und reichlich Zement in wasserdichter
Mischung zu verwenden. Die meisten Reservoire rinnen bei den
Sümpfen. Das Abdichten ist ohne durchgreifende Entwässe-
rungen niemals möglich, also Vorsicht! Die Reparaturkosten
gehen oft in die Tausende und der Erfolg ist meist negativ.
Die Sohle muß daher ohne Rücksicht auf die Mehrkosten
durch Dränageleitungen, Steinbeugen usw. stets so gründlich
entwässert werden, daß der Untergrund für den Beton vollständig trocken liegt. Es ist daher nicht rätlich, Reservoire
mitten in einer ausgedehnten Hochebene zu errichten, da die
Entwässerungsgräben mit 2—4 m Tiefe auf bedeutende Längen
schweres Geld kosten. Der geeignetste Platz ist ein Hochplateau, welches nächst der Reservoirstelle in einen Hang abfällt. Auch auf Zufuhrwege ist Bedacht zu nehmen und auf die
Beschaffung des zum Bau nötigen Wassers. Mindestens soll
es möglich sein, dieses ohne große Transportkosten in Fässern
anfahren zu können.

Eine Bepflanzung der Überschüttungsfläche über dem
Gewölbe der Hochbehälter empfiehlt sich nicht. Wenn auch der
Gewölberücken wasserdicht zu verputzen ist, um Tagwasser
fernzuhalten, so sind doch Fälle bekannt, daß der Putz durch
die Bewegung des Erdreiches Schaden litt, wenn darauf wurzelnde Bäume vom Winde bewegt wurden. Die Wurzeln wachsen alsdann durch den beschädigten Verputz und Poren im
Beton in das Innere des Gewölbes. Rasenbelag ist der beste
Schutz, und zur Herstellung von Schatten empfiehlt es sich,
größere Bäume neben der Anschüttung rings um das Reservoir
zu pflanzen. Kleinere, seicht wurzelnde Gesträuche können
zur Einpflanzung über dem Gewölbe zugelassen werden.

59. Hochreservoire bei künstlicher Wasserhebung.

Diese unterscheiden sich hinsichtlich ihrer Bauart und
Armierung in keiner Weise von den Reservoiren für Hochquellenleitungen, wie sie im vorausgegangenen geschildert
wurden. Wenn bei diesen der Wasserstandsfernmelder als
Bestandteil eines geordneten Betriebes aufgeführt wurde,
so liegt der Grund darin, daß diese Anordnungen vorzüglich
dazu geeignet sind, Unregelmäßigkeiten im Wasserbezuge,

z. B. Rohrbrüche durch rapides Sinken des Wasserstandes
im Hochbehälter, sofort anzuzeigen. Dringend nötig sind sie
bei Hochquellenleitungen nicht, wohl aber bei Pumpstationen
mit Dampf- oder Motorenbetrieb, wo jede unnütz vergeudete
Betriebsstunde als finanzieller Schaden in Frage kommt.
Wenn eine Wasserkraft den Betrieb vermittelt und die
Entfernung der Pumpstation zum Hochbehälter kurz ist,
kann wohl bei kleineren Anlagen der Fernmeldeapparat entfallen, sonst niemals. Es ist also bei jeder Reservoiranlage
für Pumpenbetrieb — von dem erwähnten Falle abgesehen —
bei der Projektierung auf diesen Fernmeldeapparat Rücksicht
zu nehmen, der in neuerer Zeit fast nur noch elektrisch betrieben wird, wobei der Wasserstand von 5 zu 5 oder von 10 zu
10 cm in der Pumpstation angezeigt wird. Mit diesem Apparate
ist fast regelmäßig noch ein doppeltes Glockensignal verbunden,
das einerseits anzeigt, wenn das Reservoir gefüllt ist, anderseits
den zulässig tiefsten Wasserstand meldet.

Die selbsttätige Aufzeichnung der Kurven der jeweiligen
Wasserstände mit Zeitangabe, die täglich abzunehmen ist,
kann durch sinnreiche, jedoch ziemlich empfindliche Apparate
bewerkstelligt werden, sie bedürfen jedoch sorgsamer Behandlung und Unterhaltung.

Schließlich sei noch hervorgehoben, daß es sich bei allen
Hochbehältern empfiehlt, beide Kammern gleichzeitig in Be-
nutzung zu nehmen und von diesem Prinzipe nur dann abzu-
weichen, wenn eine derselben gereinigt werden soll, wobei ihr
Wasser bis auf ca. 20 cm Tiefe aufzubrauchen ist, während der
Abfluß der zweiten inzwischen gesperrt wird.

60. Kombinierte Wasserversorgungsanlagen.

Nicht selten stößt man auf Einrichtungen, bei denen eine
Pumpstation mit einer Hochquellenleitung oder einer Widderanlage verbunden ist. Die Ursache ist davon abzuleiten,
daß im ersteren Falle die Ausgiebigkeit der Quellschüttung
zeitweise so herabsank, daß die ursprünglich als Hochquellenleitung gedachte Anlage unzureichend wurde und man sich
dazu entschließen mußte, tiefliegendes Wasser durch eine
mechanische Einrichtung zu heben und so Ersatz für das feh-

lende zu erhalten. Man hatte also eine Wasserleitung erbaut,
ohne sich zu vergewissern, ob die Quelle auch stets das erforderliche Wasser liefert. Wo der Ersatz in reichlicher Menge
vorhanden und die Entfernung der neuen Pumpstation von
der bestehenden Hochquellenleitung nur ganz kurz ist, kann
eine derartige Einrichtung nur als rationell bezeichnet
werden, und es ist denkbar, daß der Projektant im voraus an
diese Abhilfe gedacht hat. Dabei müßte aber vorausgesetzt
werden, daß in der alten Leitung eine Vorsorge für diesen
künftigen Ausbau getroffen ist, andernfalls wäre das erste
Projekt als ungeeignet und leichtfertig zu bezeichnen, da alsdann anzunehmen ist, daß die Leitung erbaut wurde, ohne Gewißheit über die Ausgiebigkeit und Nachhaltigkeit der Quelle
zu haben. Den Angaben der Gemeinde darf nicht ohne weiteres
Glauben geschenkt werden, da diese meist keine Wassermessungen vornehmen, von der Menge des benötigten Wassers
keine Ahnung haben und das Herabsinken der Quellschüttung
nur selten beobachten. Das zu konstatieren ist Sache des
Projektanten, der die Gemeinden anzuweisen hat, wie sie sich
in solchen Fällen zu verhalten haben. Der letzte trockene
Sommer hat Erfahrungen gezeitigt, welche manche scheinbar
mit Wasser versorgte Gemeinde mit Schrecken erfüllte, und es
kann als außerordentlich günstiger Umstand bezeichnet
werden, wenn an geeigneter Stelle genügend Wasser für künstliche Hebung als Ersatz für die versagende Quelle vorhanden
war.

Es liegt die Frage nahe, ob es sich in günstig gelagerten
Fällen nicht überhaupt empfiehlt, eine derartige Kombination
im voraus vorzusehen. Sie ist unbedingt zu bejahen, und zwar
deshalb, weil bei kurzen Leitungen von der Pumpstation zum
Rohrnetze das Anlagekapital für diese meist nur um 4000 bis
5000 M. erhöht wird, um welchen Betrag eine absolute Sicherheit für eine dauernde Leistungsfähigkeit des Wasserwerkes
geboten ist. Nicht die Anlagekosten für eine Pumpstation
sind es in erster Linie, welche das Werk verteuern, sondern die
Betriebskosten. Werden diese dadurch auf das Mindestmaß
beschränkt, daß die Pumpstation nur dann in Funktion tritt,
wenn die Quellen unzureichend schütten, wobei nur die Diffe-

renz zwischen dem zu geringen Zuflusse und dem wirklichen
Bedarfe zu decken ist, die Förderzeit also eine sehr kurze wird,
so ergibt ein einfaches Rechnungsexempel, daß es bisweilen
dringend nötig ist, im voraus eine derartige Kombination vorzusehen. Der gleiche Fall tritt ein, wenn lediglich eine Pumpstation vorgesehen wird, während es zugleich möglich ist,
Widderbetrieb durchzuführen. Hier sind die Verhältnisse
viel günstiger zur Herstellung einer Kombination gelagert,
da eine Widderanlage oft mit sehr geringen Kosten erbaut
werden kann. Bisher sind n e u e derartige Projekte fast gänzlich unbekannt und sei hier ausdrücklich darauf hingewiesen,
daß je nach Lage der örtlichen Verhältnisse mit solchen Anordnungen nicht nur jede Sicherheit gegen Wassermangel
geboten werden kann, sondern daß dadurch auch der Wider-
spruch prinzipieller Gegner einer Wasserversorgungsanlage
gebrochen werden kann, wenn der erste Ausbau nur sehr mäßige
Kosten verursacht und der im Projekte v o r z u s e h e n d e
zweite, d. i. die Pumpstation, erst ins Leben tritt, wenn die
Widerspenstigen zur Einsicht gelangt sind, daß die Wasserleitung für sie eine Wohltat bedeutet, auf welche nicht mehr
verzichtet werden will, selbst wenn sich ihre Jahresbeiträge
um einen nennenswerten Betrag erhöhen. Freilich muß das
erste Projekt so ausgearbeitet sein, daß der Ausbau keine
Schwierigkeiten bietet und das Werk als Ganzes nicht den
Eindruck eines stümperhaften Flickwerkes macht. Weiters
sollen für das volle Projekt nicht wesentlich mehr Kosten entstehen, als wenn es in e i n e m Ausbau zur Herstellung gelangt,
und es darf der Gemeinde nicht verschwiegen werden, was
geplant ist. Es würde sonst das Vorgehen des Projektanten
eine sehr abfällige Beurteilung erfahren, und das mit vollem
Rechte.

61. Die Führung von Rohrsträngen als Gravitations- und Heberleitungen.

Während im eigentlichen Rohrnetze innerhalb der Ortschaften fast nur Hochdruckleitungen in Betracht gelangen
und eine Ausnahme hiervon nur jene Wasserversorgungsanlagen bilden, bei welchen kleine Ortschaften mit einem

10*

oder einigen laufenden Brunnen versehen werden, kommen
bei der Einleitung einzelner Quellen in den Quellsammler
und das Hochreservoir oder bei Zuleitung tiefliegender Quellen
zum Saugbehälter für die Pumpen Gravitations- oder Heberleitungen in Betracht.

Unter ersteren versteht man Rohrleitungen, in denen
sich das Wasser nach dem Gesetze der Schwere infolge des
vorhandenen Gefälles bewegt, unter letzteren solche, die nach
jenen Gesetzen funktionieren, welche über die Wasserförderung

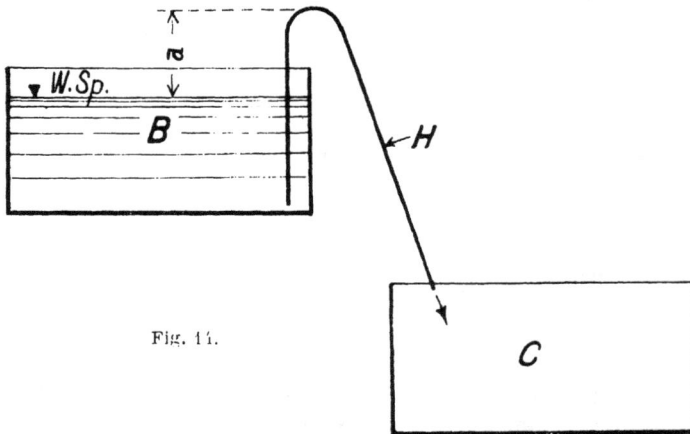

Fig. 14.

mittels Hebern vorhanden sind. Es ist bekannt, daß aus
einem Behälter das Wasser entfernt zu werden vermag, wenn,
wie in beigefügter Fig. 14 ersichtlich ist, der Heber H so
eingesetzt wird, daß der kürzere Arm im Wasser des Behälters B
eingehängt und die Luft am Ende des längeren Hebelarmes
ausgesaugt oder ausgepumpt wird.

An Stelle des letzteren Vorganges kann, wie in Teil I bereits erwähnt wurde, auch der Heber völlig mit Wasser gefüllt
und durch eine geeignete Vorrichtung zum Auslaufen gebracht
werden. Zu diesem Behufe hat der kurze Heberarm ein Fuß-
ventil zu erhalten, das bei der Füllung geschlossen bleibt,
während das längere Rohr provisorisch mittels eines Absperrventiles verschlossen wird und die Füllung mit Wasser am
höchsten Punkte des Hebers vermöge einer ebenfalls verschließ-

baren Füllöffnung erfolgt. Ist die Heberleitung vollständig gefüllt, so wird zuerst die Füllöffnung luftdicht abgeschlossen,
dann der provisorische Verschluß am längeren Heberarme
entfernt. Das Wasser beginnt alsdann abzufließen, indem
das Verschlußventil am kürzeren Arme sich selbsttätig hebt
und der Abflußprozeß endet erst, wenn der Behälter B so
weit entleert ist, daß Luft in die Heberleitung eintritt. Das
Wasser wird dabei um die Höhe a über sein Niveau empor-
gehoben. Es ist ohne weiteres klar, daß das so zum Abfluß
gebrachte Wasser auch in ein zweites Becken C, das tiefer liegt
als das Becken B, eingeleitet werden kann. Es kann z. B.
der Fall eintreten, daß zwischen diesen beiden Becken eine
Terrainerhebung liegt, welche ebenfalls eine bestimmte Höhe a
besitzt. Soll eine Gravitationsleitung unter dieser Annahme
hergestellt werden, so erübrigt nichts, als diese Erhebung entweder auszuschachten oder mit einem Stollen zu durchfahren,
so daß stetes Gefälle zum unteren Behälter geschaffen wird.
Wird eine Heberleitung an Stelle der Gravitationsleitung
ins Auge gefaßt, so gestattet der Luftdruck bzw. die atmosphärische Pressung, wie vorher bereits gesagt wurde, eine bestimmte Erhebung über den ursprünglichen Wasserspiegel,
die mit a bezeichnet wurde und abhängig ist von der Überdruckhöhe H, welche den Höhenunterschied zwischen den
Wasserspiegeln der beiden Behälter darstellt.

Bezeichnet p die Pressung der Flüssigkeit pro qm in
der Röhre, p^0 die Pressung auf die Flächeneinheit beider
Flüssigkeitsspiegel pro qm in kg und ist D der Druckhöhenverlust, welcher beim Eintritt in die Rohrleitung und durch
die Reibungswiderstände bei der Bewegung des Wassers in
den Röhren entsteht, so gilt allgemein die Gleichung $a = D$
$— (p_0 — p) : \gamma$, wenn H positiv ist, wobei γ das Gewicht eines
cbm einer Flüssigkeit in kg bedeutet. Die Pressung p in der
Röhre kann als Minimum auf jene herabsinken, die dem
Dampfe der bewegten Flüssigkeit, also hier des Wassers, bei
der entsprechenden Temperatur gleichkommt. Bezeichnet
man die unter dieser Voraussetzung entstehende Druckhöhe
mit h, so wird $a = D + h — p_0 : \gamma$ und ergibt sich hieraus
die Höhe jenes Scheitels der Heberleitung, bei welcher der

Heber noch zu wirken vermag. Bei gewöhnlichen Temperaturen ist h sehr klein. $p_0 : \gamma = 10,33$. Wird daher h außer Betracht gelassen, was bei Wasserleitungen dann zulässig ist, wenn a praktisch etwas tiefer genommen wird als die Rechnung ergibt, so erhält man $a = D - 10,33$. Wird der erhaltene Wert positiv, so ist eine Heberleitung unausführbar.

Um den Wert von D zu bestimmen, stellt W e i ß b a c h , indem er an Stelle von D den Buchstaben h I setzt, die Formel auf:

$$h\,\mathrm{I} = 1 + \xi \lambda \, \frac{v^2}{2g} \, \frac{l}{d} \, .$$

Wird für den Wassereinlauf eine trichterförmige Verbreiterung des Rohres vorgesehen, so kann der Wert von $1 + \xi$ vernachlässigt werden und findet man alsdann den pro 100 m auftretenden Druckhöhenverlust direkt an der Tabelle I 2 mit 0,3256 verzeichnet, wenn eine Wassermenge von 10,603 l pro Sekunde bei 0,6 m Geschwindigkeit und eine Rohrlichtweite von 150 mm angenommen wird.

Ist die Länge der Heberleitung 700 m, so wird der Druckhöhenverlust $7 \cdot 0,3256 = 1,9542$ m $1,954 - 10,33 = -8,376$. Demnach ist das Resultat negativ und die Heberleitung durchführbar.

62. Entlüftung von Heberleitungen und Ausnutzung derselben.

Es ist bekannt, daß jedes Wasser atmosphärische Luft oder bisweilen auch freie Kohlensäure mitführt. Diese Gase lagern sich am höchsten Punkte einer Heberleitung ab, bilden eine Blase und verhindern alsdann oftmals den gesamten Wasserlauf. Es ist daher eine Heberleitung, wie sie im vorausgehenden geschildert wurde, nur denkbar, wenn an der höchsten Stelle ein Luftablaßventil, und zwar tunlichst ein selbsttätiges, angebracht wird, und die Möglichkeit ausgeschlossen ist, daß die Leitung im oberen Behälter infolge eintretender Wasserabsenkung Luft saugt. Handelt es sich um ein Trinkwasser, dessen Menge von der jeweiligen Quellschüttung abhängig ist, so ist eine vollständige Ausnutzung der letzteren ausgeschlossen, da die genaue geringste Wassermenge nicht er-

mittelt werden kann, indem sie von äußeren Einflüssen
abhängt und fast immer veränderlich ist. Es darf daher nur
ein bestimmtes Minimum der Quellschüttung in Anspruch genommen werden und ist ein großes Saugbecken vorzusehen,
so daß die Absenkung bei abnormer Abnahme der Schüttungsmenge eine langsame wird. Durch eine entsprechende Schieberstellung kann ein Luftsaugen der Einlaufrohre verhindert
werden. Es ist daher für solche Fälle bisweilen ein Alarm-
signal oder besser ein Wasserstandsfernmelder im oberen
Sammelbassin vorzusehen. Der Schieber selbst kann am Auslaufe in das Saugbassin dementsprechend gedrosselt werden,
welche Arbeit von der Pumpstation aus verrichtet werden
kann. Aus dem Gesagten geht hervor, daß derartige Heberleitungen nur in besonderen Fällen empfehlenswert sind,
die genau erwogen werden müssen.

63. Heberleitungen, welche sich nicht über den ursprünglichen Wasserspiegel erheben.

Man bezeichnet im allgemeinen als Heberleitungen
auch solche, welche von der Quellfassung nach abwärts geführt und alsdann zum Hochreservoire wieder hinaufgeleitet
werden; beziehungsweise ergeben sie sich häufig durch das
Gelände, wenn der Rohrstrang sich seinen Unebenheiten
anschmiegt. Sind die Terrainwellen nicht bedeutend und
können sie nicht umgangen werden, so sind abnorm tiefe
Gräben an den höchsten Punkten des Terrains auszuheben
und ist so ein kontinuierliches Gefälle bis zum Anstieg
der Röhrenfahrt zum Hochbehälter herzustellen. Ist das
aus besonderen Gründen, z. B. infolge allzutiefer Ausschachtung
untunlich, so muß an allen Punkten, woselbst die Leitung
eine lokale Erhebung aufweist, die bereits erwähnte auto-
matische Entlüftung vorgesehen werden, an den tiefsten
Stellen sind Wasserablaßventile mit Schlammkästen einzubauen, welche periodisch zu entleeren sind.

Folgende Skizze stellt eine solche Heberleitung dar, die
im allgemeinen, wenn irgend möglich, vermieden werden
soll, da selbst bei der gewählten Vorsorge für Entlüftung
und Entleerung — letztere ist bei vorkommenden Repara-

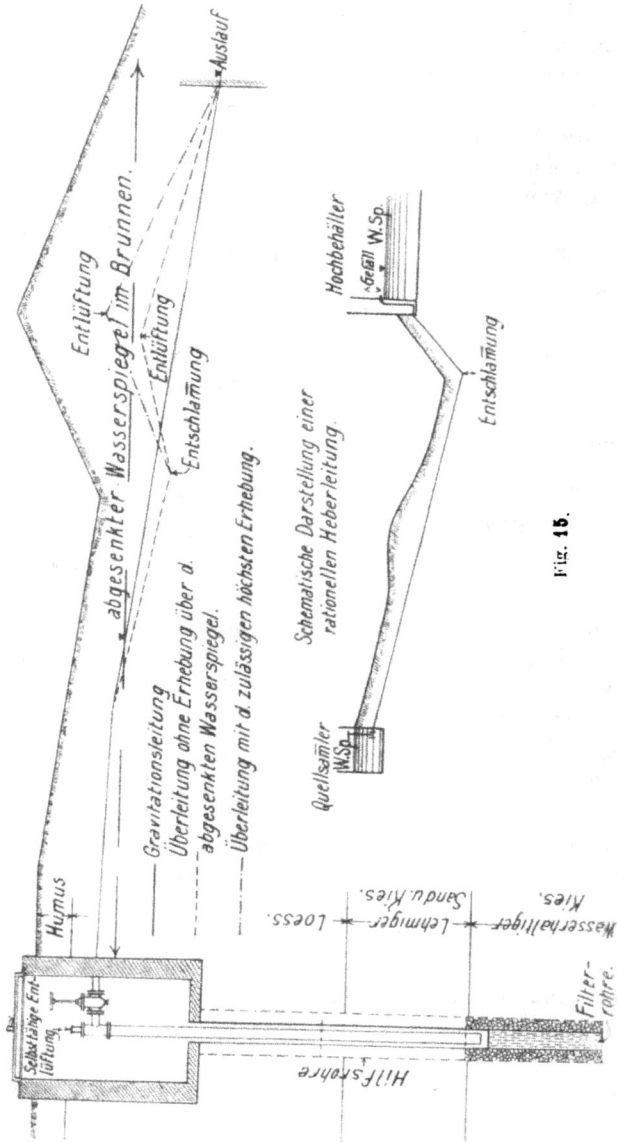

Fig. 15.

turen und behufs Entfernung von Sand und Schlammablagerungen nötig —, Wirbelungen und erhöhte Druckverluste
eintreten, welche entweder die Wahl größerer Rohre oder
eine erhöhte Kraftleistung bei der Förderung des Wassers
bedingen. Auch die Ableitung des Wassers, welches aus den
Ablaßventilen zeitweise behufs Entschlammung abzulassen
ist, erfordert häufig lange Schlammleitungen und Gräben
bzw. Entschädigungen an die in Frage kommenden Grundbesitzer. Die vorteilhafteste Form einer Heberleitung im
letzterwähnten Sinne ist jene, bei welcher das Wasser im
Gefälle bis zum tiefsten Punkte geführt wird und dann erst
aufsteigt. Es kommt bei diesen Leitungen, die sehr häufig
und ohne Nachteil ausgeführt werden, nur e i n e Schlammleitung, d. i. jene an dem erwähnten tiefsten Punkte in Betracht.
Entlüftungen entfallen gänzlich. Die unten skizzierte Figur
zeigt schematisch die günstigste Anlage einer Heberleitung,
wie solche häufig und vorteilhaft zur Anwendung gelangen.

Wo eine Heberleitung in Frage kommt, tritt die Notwendigkeit der Verwendung einer eisernen Leitung ein, da eine
innere Pressung erfolgt. Reine Gravitationsleitungen können
in Kanälen, Ton- oder Zementrohren hergestellt werden, sind
daher meist wesentlich billiger und gestatten deshalb umfang-
reichere Grabarbeiten, ohne daß größere Kosten erwachsen.
(Vgl. auch S. 162.)

64. Heberleitungen im Stadtrohrnetze.

Es wurde bereits früher erwähnt, daß vorteilhaft das
in der Pumpstation geförderte Wasser direkt in das Stadtrohrnetz getrieben und nur der zeitweise Überschuß im
Hochreservoire aufgespeichert wird, ebenso, daß an Stelle
dieser Anordnung auch eine eigene Leitung vom Quellschachte
zum Hochreservoir erbaut werden kann. In beiden Fällen
ist künstliche Wasserhebung angenommen. Da in Ortschaften
die Rohrgräben meist nur in der normalen Tiefe von 1,5 m
Deckung ausgehoben werden können, entsteht bei lokalen
Erhebungen in diesen häufig unfreiwillig eine Heberleitung,
so daß auch hier auf Entlüftung und Schlammleitung Bedacht zu nehmen ist. Während letztere für jedes Stadtrohr-

netz in Betracht kommt, wird die Entlüftung meist dadurch
überflüssig, daß eine der Anschlußleitungen an der höchsten
Stelle des betreffenden Rohrstranges, also am Scheitelpunkte
der Heberleitung abgezweigt wird, die beim Öffnen des Hahnes
den Luftaustritt gestattet. Wo das nicht durchführbar ist,
gelangt bisweilen ein Hydrant zum Einbau, der als Luft-
ablaß benutzt werden kann. Es ist jedoch besser, eine Entlüftung vorzusehen und die Hydranten auf die tiefsten Punkte
zu verlegen, woselbst sie zu Entschlammungen Verwendung
finden können, für welchen Zweck sie sich besser eignen als
zu Entlüftungen. Derartige Heberleitungen können unbedenk-
lich angeordnet werden, zudem als sie infolge der normalen
Höhen der Hydranten nicht zu vermeiden sind und infolge
des meist sehr starken Druckes im Rohrnetze schädliche
Wirbellängen nicht eintreten.

65. Gravitationsleitungen für Quellfassungen.

Um das Wasser der einzelnen Quellen vom Fassungsschachte zum Quellsammler zu leiten, bedient man sich, wenn
möglich, der Gravitationsleitungen. Es wird daher, wie schon
früher gesagt wurde, der Sammelschacht so gelegt, daß sämtliche Quelleitungen dorthin Gefälle besitzen.

Jeder Sammelschacht soll behufs seiner Reinigung, welche
ohne besondere Einrichtung nur unter Trübung des Quell-
wassers vor sich gehen kann, eine Umgangsleitung erhalten,
welche gestattet, daß das Wasser der vereinigten Quellen direkt,
also mit Umgehung dieses Schachtes, dem Ortsrohrnetze oder
Reservoire zugeführt werden kann.

Es ist daher nötig, daß sämtliche Quellflüsse noch vor
dem Sammler in eine einzige Leitung vereinigt werden. Insoferne die Quellen in der gleichen Richtung entspringen,
bietet das keine Schwierigkeit. Man leitet das Wasser der einzelnen Fassungen in eine eigene Leitung, welche je der neuen
Zuleitung entsprechend in ihrer Lichtweite vergrößert wird,
was in jedem einzelnen Falle zu berechnen ist, worüber im
nachstehenden ein Beispiel zur Erläuterung dienen kann.

Eine derartige Anordnung setzt jedoch voraus, daß die
Quellen so ziemlich in gleicher Höhe entspringen, so daß die

betreffende Sammelleitung in gestrecktem Gefälle geführt werden kann. Der betreffende Rohrstrang ist alsdann so zu verlegen, daß, wenn möglich, die tiefste Quelle noch Gefälle für ihre Einleitung besitzt. Jede solche muß spitzwinklig mittels »C«-Stücken (schrägen Abzweigen) erfolgen, so daß das zufließende Wasser jenes des Sammelstranges nicht zurückzustauen vermag. Liegt die entlegenste am höchsten oder sind sämtliche Quellen nahezu in gleicher Höhenlage, so ist es das Einfachste, die Quellschächte so zu legen, daß das Wasser der letzten Quelle in den nächstfolgenden Quellschacht eingeleitet wird usw. Eine vereinzelte, zu tief liegende Quelle muß alsdann dem Sammelschachte, welcher, wie gesagt, an der tiefsten Stelle zu erbauen ist, gesondert zugeführt werden und ihre Mündung hat noch außerhalb desselben zu erfolgen. In gleicher Weise sind Quellen beizuleiten, welche in einer anderen Richtung entspringen. Es ist dabei zu beachten, daß sehr viele Quellen Sand führen, der nicht in der Zu- und Sammelleitung liegen bleiben darf, weshalb die Wassergeschwindigkeit bzw. das Gefälle so zu wählen ist, daß diese Geschwindigkeit nicht unter 0,4 m pro Sekunde herabsinkt.

Zur einfachsten Herstellung der bereits erwähnten Umgangsleitung dient ein Schlammtopf mit seitlicher Entleerung. Die Öffnung für letztere liegt naturgemäß tiefer als jene für den durchgehenden Strang. Ein Schieber, welcher an der Flansche für die Entleerung befestigt wird, schließt die Entleerungsleitung, die in diesem Fall als Umgangsleitung dient. Wird dieses Absperrventil geöffnet, so verfällt das Wasser im Schlammtopfe und fließt in der tiefer liegenden Leitung, während der Zufluß in den Sammelschacht aufhört. Der Abschluß des betreffenden Schiebers führt den früheren Zustand wieder herbei.

66. Beispiel für Einleitung von Quellen in den Sammelschacht.

Drei Quellen liegen so, daß die unterste um 0,4 m tiefer liegt als die mittlere, und die oberste um 0,2 m höher als letztere. Der Sammelschacht liegt von der untersten Quelle 20 m entfernt, von der mittleren 117 und von der obersten 210 m.

Die Quellschüttung ist bei der ersteren 116 Min./l, bei der zweiten 180 Min./l und bei der dritten 54 Min./l. Wie groß sind die einzelnen Rohrleitungen zu wählen, welche Tiefe des Wasserspiegels ist im Sammelschachte vorzusehen, ist ein Zusammenleiten der einzelnen Quellen möglich, wenn die Lage der Quellen und des Sammelschachtes angenähert in eine Flucht fällt; der letztere daher in dieser wie angenommen 20 m nach der tiefsten Quelle zu erbauen ist?

$$116 \text{ Min./l sind} = 1{,}93 \text{ Sek./l,}$$
$$180 \quad \text{»} \qquad \text{»} = 3{,}00 \quad \text{»}$$
$$54 \quad \text{»} \qquad \text{»} = 0{,}90 \quad \text{»}$$

Die Gesamtentfernung der obersten Quelle bis zum Sammler ist 210 m. Nachdem die Quellen zeitweise eine größere Schüttung ergeben, darf der Rohrdurchmesser nicht zu knapp bemessen werden, da sonst das zunehmende Wasser unausgenutzt durch das Überlaufrohr abfließen würde. Es muß zuerst untersucht werden, ob die oberste Quelle in den Fassungsschacht der mittleren eingeleitet werden kann, wenn die Geschwindigkeit mindestens 0,4 m sekundlich betragen soll.

Die Entfernung der beiden Quellen beträgt 210 -- 117 = 93 m.

Für die erwähnte Geschwindigkeit von 0,4 m ergibt Tab. I 1 die angenäherte, etwas größer angenommene Wassermenge von 1,131 Sek./l bei einem Rohrdurchmesser von 60 mm. Der dabei entstehende Druckhöhenverlust ist pro 100 m laut Tab. I 2 = 0,3991 oder für 93 m an rund 0,37 m.

Nachdem die zugrunde gelegte Wasserspiegelhöhendifferenz nur 0,2 m beträgt, ist eine Einleitung in den nächsten Fassungsschacht untunlich, die Quelle muß daher auf 210 m Entfernung direkt zum Sammelschachte geleitet und dort in der Rohrleitung, welche den Zufluß sämtlicher Quellen aufzunehmen hat, eingeführt werden und zwar vor ihrem Eintritte in diesen Schacht, welcher so tief liegen muß, daß der Einlauf dort noch oberhalb des Wasserspiegels stattfindet. Der Druckhöhenverlust wird $\dfrac{0{,}3991 \cdot 210}{100} = 0{,}84$ m. Da das

Gefälle in der Rohrachse gedacht ist, hat der Wasserspiegel im Sammelschachte 0,87 oder rund 0,9 m tiefer zu liegen als jener im obersten Fassungsschachte.

Die mittlere Quelle ist von der untersten 117 — 20 = 97 m entfernt. Die Quellschüttung ist 3 Sek./l, die Höhendifferenz 0, 4m. Für eine Wassermenge von 3,14 Sek./l und $v = 0,4$ sind Rohre mit 100 mm Lichtweite erforderlich, der Druckhöhenverlust wird dabei pro 100 m 0,2394 m, für 97 m = 0,232. Es ist also reichlich Gefälle vorhanden, um das Wasser in den untersten Fassungsschacht beizuleiten, und dieses läuft noch so hoch über dem Wasserspiegel aus, daß ein Rückstau auf die mittlere Quellfassung nicht erfolgt, wenn das Rohr, welches die vereinigten Quellen abzuführen hat, entsprechend dimensioniert wird. Die unterste Quelle führt 1,93, die mittlere 3,0 Sek./l Wasser, in Summa 4,93 Sek./l, welche dem Sammelschachte zuzuleiten sind. Im höchsten Falle fördert diese Leitung bei dem bekannten $v = 0,4$ 3,14 + 1,93 = 5,07 Sek./l + jenem Quantum, welches bei erhöhter Quellschüttung vorhanden ist. Das Gefälle von der obersten Quelle bis zur untersten wurde mit 0,4 + 0,2 = 0,6 m angegeben. Das von der obersten zum Sammelschachte mit 0,9. Es bleibt somit für 20 m Entfernung von der untersten Quelle zu letzterem Schachte das sehr reichliche Gefälle von 0,30 m.

Demnach kann eine größere Geschwindigkeit, z. B. 0,7 m sekundlich gewählt werden, bei welcher eine Leitung von 100 mm Lichtweite 5,498 Sek./l fördert, was als entsprechend bezeichnet werden kann, da die nutzbare Schüttung der untersten Quelle alsdann noch um rund 0,5 Sek./l zunehmen kann.

Der Druckhöhenverlust wird dabei 0,6421 m pro 100 m und pro 20 m rund 0,13 m, so daß auch die beiden letzten Quellen der erwähnten gemeinschaftlichen Leitung vor dem Sammler eingeleitet werden können.

67. Saugbehälter und die Wasserzuführung zu diesen.

In der Abhandlung über die Führung von Röhrenfahrten S. 147—153 wurde bereits erwähnt, daß Heberleitungen sowohl als auch Gravitationsleitungen dazu dienen, das Wasser dem

Saugbehälter zuzuführen. Letztere erfüllen also den gleichen
Zweck wie die Hochreservoire, indem sie von dem ange-
sammelten Wasservorrate so viel abgeben als nötig ist, um
stets jene Wassermenge zur Verfügung zu haben, welche der
Höchstleistung von Pumpe und Motor entspricht. Deckt das
zufließende Wasser auch noch diesen Bedarf, so kann natürlich
der Saugbehälter gänzlich entfallen. Aber diese Fälle sind
selten, und wenn noch der Zukunft Rechnung getragen werden
soll, welche vielleicht die Aufstellung einer weiteren Pumpe
und einer größeren Betriebskraft notwendig macht, so wird
man trotzdem an den Bau eines kleinen Saugbehälters denken
müssen. Entspricht das zufließende Wasser angenähert der
Pumpenleistung, so läßt sich der Bau eines kleinen Behälters
nicht umgehen, da insbesondere bei Turbinenbetrieb Schwankungen, bei denen der Zufluß überschritten wird, ausgeglichen
werden müssen. Ist der Brunnen in solcher Nähe der Pumpstation, daß die Saugleitung direkt in diesen versenkt werden
kann, und liefert er bei zunehmender Absenkung stetig mehr
Wasser, so sind die betreffenden Rohre tief in den Brunnen
zu montieren und der obere Teil ist durch Caissons oder Aufmauerung so zu erweitern, daß 5—20 cbm Wasser als Reserve
vorhanden sind, wodurch wiederum der Saugbehälter überflüssig wird. Ist im Laufe der Zeit bei zunehmendem Wasser-
bezug zu befürchten, daß der Brunnen zu tief abgesenkt wird,
was nur bei Turbinenbetrieb mit veränderlicher Kraft zu erwarten ist, so versenkt man ein Kupferröhrchen so tief in den
Brunnen, daß es noch unter der größten Absenkung liegt,
und verbindet das andere Ende mit einem Vakuummesser,
der die Überschreitung der zulässigen Absenkung ersehen läßt.
Abhilfe gegen diesen Übelstand bietet die Drosselung des
Wasserzuflusses zur Turbine. Liefert eine Q u e l l e das zu
hebende Wasser, so ist zu bedenken, daß auch eine reichliche
Schüttung derartig nachzulassen vermag, daß ein Saugbehälter
nötig wird. Der Bau eines solchen wird sich daher nur in wenigen Fällen vermeiden lassen, und besonders dann nicht, wenn
ein Nachtbetrieb vermieden werden will, was beim Vorhandensein eines Hochbehälters leicht bewerkstelligt werden kann
und große Betriebskosten Einsparungen durch Wegfall von

Nachtablösungen zur Folge hat. In solchen Fällen muß der ganze Tagesbedarf in 12—13 Stunden gehoben werden, was voraussetzt, daß entweder der Wasserzufluß weit den Bedarf der Ortschaft überschreitet. Andernfalls muß ein größerer Saugbehälter geschaffen werden. Liegt der Ursprung des Wassers in größerer Entfernung vom Orte, so werden die Kosten für die großen Rohre, welche für eine überreichliche Wassermenge verlegt werden müssen, meist höher als jene für einen Saugbehälter und dieser Umstand wäre genau zu kalkulieren. Es wird also bei Ausschaltung des Nachtbetriebes in der Regel dazu geschritten werden müssen, eine Vorratskammer für das zu hebende Wasser zu beschaffen, das sich nachtsüber durch den Zulauf füllt und tagsüber von seinem Überflusse abgibt. Unter der Annahme, daß nur ein als Druckregler anzusehendes ganz kleines Hochreservoir vorhanden ist, also Tag und Nacht gepumpt werden muß, daß ferner der Betrieb durch Turbinen erfolgt, ergibt sich die Größe eines Saugbehälters nach den bereits angegebenen Normen über die Schwankungen im Wasserkonsum während 24 Stunden, wobei noch diejenige Jahreszeit in Betracht zu ziehen ist, innerhalb welcher der größte Wasserverbrauch stattfindet, d. i. also während der Sommermonate, wo auch der Wasserzulauf sich häufig vermindert. Benötigt z. B. eine Stadt pro Tag in maximo 600 cbm Wasser, d. i. rund 7 Sek./l im Durchschnitte, und ist diese Wassermenge als Minimum eines Grundwasserstromes oder einer Quellenfassung erschlossen worden, so kann angenommen werden, daß im Winter 500, im Sommer 700, im Durchschnitte somit die erwähnten 600 cbm zu fördern sind. Man wird also die Wasserhebung für eine maximale Menge von 700 cbm bemessen, somit auf rund 8 Sek./l. Wie eingangs erläutert wurde, erhöht sich der Konsum während 7 Stunden auf 1,45, fällt während 8 Stunden auf 0,75 und in der Nacht auf 0,3 des mittleren täglichen Verbrauches. Es wird daher die höchste Leistung der Pumpe mit $8,0 \cdot 1,45$ anzunehmen sein $= 11,6$ Sek./l und in 7 Stunden mit 292 cbm. Der Zufluß in der gleichen Zeit beträgt 176 cbm. Der Mehrverbrauch demnach 116 cbm. Der normale Verbrauch ist $8 \cdot 0,75 = 6,0$ Sek./l und in 8 Stunden 173 cbm, der geringste $0,3 \cdot 8 = 2,4$ Sek./l und in 9 Stunden

78 cbm. Die gesamte Förderung ist daher 292 + 173 + 78 =
543 cbm. Der Zulauf in 24 Stunden ist 600 cbm. Es ist damit
nachgewiesen, daß wohl die vorhandene Wassermenge zu-
reichend ist, dagegen ein zeitweiser Mehrverbrauch von mindestens 116 cbm besteht, welcher durch Anordnung eines Saug-
beckens mit einem etwas größeren Rauminhalt auszugleichen
ist. Man wird daher den letzteren auf 150—200 cbm bemessen.
Daß jedoch, wie erwähnt, ein derartiger Betrieb nur dann ein-
zurichten sein wird, wenn, wie vorausgesetzt wurde, ein Hochreservoir fehlt, vielleicht auch mangels eines geeigneten Platzes
nicht erbaut werden konnte, dürfte keinem Zweifel unterliegen.

Kann mit einem Hochbehälter gerechnet werden, so ist der
rationellste Betrieb jener während der T a g e s s t u n d e n ,
also vielleicht von morgens 6 Uhr bis abends 7 Uhr, somit
während 13 Stunden. In dieser Zeit muß z. B. der Tagesbedarf mit 600 cbm bei 7 Sek./l Zufluß gefördert werden.
Der letztere beträgt innerhalb der angegebenen Zeit 328 cbm.
Es fehlen demnach 600 — 328 = 272. Demnach muß der
Saugbehälter ca. 300 cbm Rauminhalt besitzen. Wird die
Betriebsdauer noch erhöht, so ist es möglich, das Saugbecken
zu verkleinern. In Rücksicht auf eine spätere Konsumsteige-
rung empfiehlt es sich jedoch, dieses möglichst groß zu wählen.

Seine Höhenlage ergibt sich durch das vorhandene Gefälle, die Wahl der Rohre und, falls eine Turbinenanlage besteht,
durch die Tiefe des Unterwasserspiegels. Letztere beeinflußt
die Sohlenhöhe des Saugbehälters insoferne, als es wünschenswert ist, ihn in den Unterwassergraben entleeren und ent-
schlammen zu können.

Kommt der Wasserzufluß von einer Quellfassung, so darf
der Rohrstrang, wenn er als Gravitationsleitung verlegt werden
kann, als Kanal aus gut gedichteten Tonrohren ausgeführt
werden. Die Einmündung erfolgt alsdann kurz oberhalb des
Überlaufes im Saugbehälter. Rührt das Wasser von einem
Brunnen her, welcher bei fortschreitender Absenkung an
Schüttung stetig zunimmt, so ist es vorteilhaft, die Einmündung
der Leitung unter Wasser, also 40—50 cm oberhalb der Sohle
erfolgen zu lassen. Der durch das Überlaufrohr in seinem
weiteren Aufsteigen begrenzte Wasserspiegel senkt sich stets

ab, wenn der Wasserzufluß nicht der vollen Leistung der Pumpe entspricht. Da bei gefülltem Behälter der Wasserspiegel auf der Gefällshöhe liegt, bedingt jede Absenkung desselben eine Gefällsmehrung und damit einen beschleunigten und erhöhten Wasserzufluß, weil durch die saugende Wirkung einer Heberleitung — eine solche ist in diesem Falle unbedingt nötig — auch eine Absenkung des Brunnenwasserspiegels und damit eine gesteigerte Wasserlieferung erfolgt. Daß daher die senkrecht in den Brunnen eingeführten Abflußrohre entsprechend tief unter den Wasserspiegel dortselbst hinabzuführen sind, soll besonders hervorgehoben werden.

Diese Anordnungen sind außerordentlich empfehlenswert, da eine weit günstigere Ausnutzung der Brunnen hinsichtlich ihrer Wasserlieferung stattfindet, wenn das Gefälle mit der Absenkung des Wasserspiegels im Saugbehälter gesteigert werden kann, und man lasse sich bei solchen Ausführungen nicht mit der Einwendung irre machen, daß der Zufluß sichtbar sein soll. Er kann kontrolliert werden, wenn man behufs Reinigung einer Kammer diese ausnutzt, bis der Zulauf über Wasser erfolgt.

Liegt ein Brunnen in rasch abfallendem Gelände, so ist es bisweilen ohne übergroße Erdarbeit möglich, sein Wasser aus der größten Absenkungstiefe, welche durch Pumpversuche und Messungen ermittelt werden kann, zu heben. Derartige Anlagen stellen lediglich eine tiefliegende Quellfassung dar und entspricht die Leitungsanordnung jener für die letztere, d. h. sie kann als Kanal erbaut werden, wenn sie stetig füllt. Da jedoch das Terrain nur selten so günstig liegt, daß Kanäle zur Ausführung gelangen können, ohne daß für die Erdbewegung übergroße Kosten entstehen, ferners bei Brunnen in der oberen Grundwasserzone, von dem oben erwähnten Ausnahmefalle abgesehen, die Ausflußrohre unter den Wasserspiegel senkrecht hinabragen, wird meist eine Heberleitung nötig werden, da die abströmende Wassersäule eine Saugwirkung bedingt, die sofort aufgehoben wird, wenn die ganze Leitung nicht unbedingt luft- und wasserdicht ist. Es ist weiters nötig, daß die in kleinen Bläschen aus jedem Brunnen emporsteigende und in die Röhrenfahrt eintretende Luft stetig abgeführt wird, da sie sonst

den Wasserabfluß aus dem Brunnen aufhebt. Zu diesem Zwecke
wird das in den Brunnen senkrecht eingeführte Rohr, dessen
Länge, wie schon erwähnt, niemals zu klein ausfallen darf
und meist bis in die Filterrohre hinabreicht, mittels eines T-
Stückes mit der Abflußleitung verbunden. Vgl. Abs. 62, S. 150 bis
151. Der obere Teil dieses Formstückes ist mit einer Abschluß-
flansche versehen und dient zur Entlüftung. Diese wird dadurch bewerkstelligt, daß eine senkrecht geführte Schwimm-
kugel ein Luftablaßventil, welches in einer Öffnung dieses
Abschlußdeckels untergebracht ist, dann öffnet, wenn die
angesammelte Luft das Wasser in dem oberen, senkrechten Rohrstücke zurückdrängt, so daß die Schwimm-
kugel nicht mehr durch dieses hochgehalten wird, sondern
infolge ihrer Schwere nach abwärts sinkt, in welchem
Augenblicke überschüssige Luft abgeleitet wird, während
das Wasser sofort wieder nachdrängt und das Ventil selbsttätig schließt.

Durchschneidet eine vollständig dichte Leitung ein Gelände, das sich ohne gewaltige Abgrabungen nicht durchfahren
läßt, so kann eine Heberleitung erbaut werden, welche sich
über den ursprünglichen Wasserspiegel erhebt, wobei natürlich die
bereits S. 148—150 erwähnten Vorbedingungen vorhanden sein
müssen. Fehlen diese, so erübrigt meist nichts, als sehr große
Erhebungen, wenn sie nicht umgangen werden können, mittels
eines Stollens zu durchfahren, dessen Höhe meist ca. 2 m beträgt, während die Breite im Mindestmaße 1 m betragen soll.
Ist der Boden felsig, so daß die Dichtung der Muffenunterseite
infolge der Schwierigkeit, Muffenlöcher herzustellen, nicht gut
durchführbar wird, soll der Stollen besser um ca. 30 cm tiefer gelegt werden, so daß die Rohre sich um dieses Maß über der
Sohle befinden, wobei die Muffen und die Rohrmitte mit
Steinen zu unterbauen sind. Der Stollen ist am Beginne und
Ende durch Türen so zu verschließen, daß keine Frostgefahr
entsteht. Es ist zu diesem Zwecke nötig, die Voreinschnitte
des Stollens vor dem Beginne des letzteren zu verbreitern und
kleine Portale herzustellen. Für die Entlüftung des Stollens
ist durch ein oder mehrere Bohrlöcher Sorge zu tragen. Sie
erhalten an der Oberfläche Dunstkamine.

Gefällsberechnung.

Über die Gefällsberechnung bei derartigen Leitungen gilt das gleiche wie bei den Druckrohrleitungen und sei hier auf die Vorbemerkungen zu den Tab. I 1 u. I 2 verwiesen. Auch für nicht voll fließende Tonrohrleitungen tritt eine Änderung in der Bestimmungsweise nicht ein. Kommen rechteckige oder trapezförmige Kanäle in Betracht, so sind diese nach den in Teil I dieses Buches angegebenen Normen zu berechnen. Wegen der Frostgefahr und Erwärmung des Wassers zur heißen Jahreszeit sind jedoch solche Anlagen nicht zu empfehlen, zudem als auch noch Verunreinigungen durch Tagwasser zu besorgen sind. In den Stollenstrecken jedoch sind sie zulässig, wenn die Leitung von der Quelle oder vom Brunnen bis dorthin im Gefälle liegt. In derartigen Fällen ist am Ende des Stollens ein Wasserschloß (Schacht) zu erbauen, von welchem alsdann die geschlossene Leitung abzweigt. Da jedoch die Druckhöhe erst vom Wasserschlosse ab in Rechnung gezogen werden kann, tritt meist auch ein nicht unbeträchtlicher Druckhöhenverlust ein.

Bau und Lage der Saugbehälter.

Da längere Saugleitungen stets gefährlich sind, indem die kleinste Undichtheit in den Muffen zum Stillstand der Wasserförderung führt, hat der Saugbehälter seinen Platz stets hart neben der Pumpstation zu finden, in den meisten Fällen wird letztere direkt auf seinen Umfassungsmauern oder seinem Deckengewölbe erbaut. In letzterem Falle ist Vorsorge zu treffen, daß durch Einlegung weiterer T-Träger und entsprechende Mauer- und Gewölbeverstärkungen geeignete Fundamente für die Pumpe und die Antriebsmaschine geschaffen werden können.

Im übrigen entspricht der Bau eines Saugbehälters jenem eines Hochreservoires. Er erhält zwei Kammern, Schieberschacht, wie schon erwähnt eine Einlauf-, Überlauf- und Grundablaßleitung mit den erforderlichen Verteilungs- und Abschlußschiebern, Dunstkamine, und wenn er nicht überbaut ist, Erdüberfüllung.

11*

Bei Motorenbetrieb und ziemlich ebenem Gelände ist es meist schwierig, eine Grundablaßleitung herzustellen, manchmal ist das ganz unmöglich.

Wo solche Schwierigkeiten auftreten, muß versucht werden, ob nicht durch Hochlegung der Sohle, Vergrößerung der Grundfläche und geringe Höhe der Umfassungsmauern das gewünschte Ziel erreicht werden kann. Man kann durch die Wahl von Rohren mit größerer Lichtweite oft erheblich an Gefälle sparen, und es unterliegt keinem Bedenken, wenn dieses ausreichend ist, den Saugbehälter so herzustellen, daß sich die Sohle über das Gelände erhebt. Sie ist alsdann in Eisenbeton herzustellen und auf Stützpfeilern und Wölbschienen zu erbauen. Die Sohle ist alsdann zu unterfüllen und das Reservoir oben und seitlich mit Erdüberdeckung zu versehen. Wird der Kostenpunkt zu hoch, so erübrigt nichts, als eine Pumpe aufzustellen, welche den Rest des verbrauchten Wassers hebt, während der Schlamm durch Kübel entfernt wird. Die Saugrohre der in den Saugbehälter tauchenden Leitungen erhalten Fußventile, welche einen Rücklauf des Wassers verhindern. Das Einlaufrohr wird, falls es unter Wasser mündet, worüber das Nötige bereits gesagt wurde, mit der gleichen Entlüftungsanlage versehen, wie sie im vorausgehenden für die Auslaufleitung aus Brunnen empfohlen wurde.

68. Einrichtung der Pumpstationen.

Jede Pumpstation hat in geeigneten Lokalen die Betriebsmaschinen, Transmissionen, Pumpen, meistens auch Wohnung für den Brunnwart oder Maschinenmeister aufzunehmen. Jede Pumpe hat Windkessel für die Saugbehälter und einen Druckwindkessel für eine oder mehrere Pumpen gemeinschaftlich zu erhalten. Kreiselpumpen machen hiervon eine Ausnahme.

Sämtliche Windkessel erhalten Luftein- und -ablaßhahnen, ebensolche für Wasserabfluß, der Druckwindkessel außerdem noch Wasserstandsglas und Manometer.

Die Wasserstandsfernmelder, Alarmsignale, Telephoneinrichtung zum Hochbehälter wurden bereits erwähnt, ebenso der Apparat zur selbsttätigen Aufzeichnung der Wasserstandskurven unter gleichzeitiger Zeitangabe. Ein Vakuummeter für Angabe des Wasserstandes im Saugbehälter darf niemals fehlen, wenn der Zufluß zu diesem kein überreichlicher ist.

68 a. Die Zusammenfassung mehrerer Grundwasserbrunnen.

Die Erschließung eines Grundwasserstromes bedingt stets die Herstellung einer Reihe systematisch anzuordnender Bohrlöcher, deren Ergiebigkeit durch Pumpversuche zu ermitteln ist.

Man darf dabei nie übersehen, daß der Wasserstand jener Bohrlöcher stets beobachtet werden muß, wenn bei einem der Pumpversuch stattfindet. Jene Bohrungen, welche beim Wasserpumpen eine Wasserabsenkung erfahren, sind wertlos, da sie einzig Abzweige des gleichen Grundwasserstromes darstellen, der bei Ausführung des Brunnens insgesamt seinen Weg zu diesem nimmt. Wo sich das Wasser bei solchen Versuchen konstant erhält, ist dieses Bohrloch besonders zu kennzeichnen und ist dort die Möglichkeit des Baues eines weiteren Brunnens gegeben, wenn der Pumpversuch ein günstiges Resultat ergibt. Die herzustellenden Brunnen können durch Abzweige und Leitungen zu einem Rohrstrang vereinigt werden.

Bisweilen liegt die Ortschaft höher als das Gelände, in welchem die Brunnen erschlossen werden. In diesem Falle erübrigt nichts, als Saugbehälter und Pumpstation in die nächste Nähe der Brunnen zu verlegen und das Wasser von dort aus zum Orte bzw. Hochbehälter zu pumpen. Verhält sich die Sache derartig, so wird bisweilen der Saugbehälter und die Pumpstation so angeordnet, daß beide ziemlich in der Mitte der Brunnenanlage zu liegen kommen. Die Vereinigung der einzelnen Brunnenleitungen erfolgt alsdann kurz vor dem Saugbehälter.

Solche Anlagen werden jedoch meist teuer und schwierig, da mit Sicherheit anzunehmen ist, daß die sämtlichen Fundierungsarbeiten unter starkem Wasserzudrang vor sich gehen müssen, wodurch unter Umständen der Grundwasserstrom in seiner Richtung und Höhenlage beeinflußt wird und etwa

schon erbohrte Flüsse zu versiegen vermögen. Es ist also große
Vorsicht nötig und, wenn ein anderer naheliegender Platz für
diese baulichen Anlagen vorhanden ist, besser, diesen zu
wählen und dafür die Saugleitung etwas länger zu gestalten,
wobei natürlich größte Vorsicht beim Dichten und Verlegen
der Rohre unerläßlich ist.

Insbesondere muß bei moorigem oder weichem Untergrunde des Rohrgrabens durch Einrammen von Pfählen,
deren Köpfe als Unterlage für jede Rohrmuffe zu dienen
haben, Vorsorge getroffen werden, daß infolge von Rohrsen-
kungen keine Muffe undicht wird oder gar ein Rohrbruch eintritt. Womit Schwimmsand zu kämpfen ist, wird der Bau
noch schwieriger, besonders wegen der Rohrgräben, deren Ausschachtung selbst bei solidester Verbolzung manchmal geradezu
unmöglich wird, da der Sand durch jede Fuge in den Graben
tritt, die Ausschachtungen durch Wegspülen des Sandes des
Haltes beraubt und sie so zum Einsturz bringt. Genaue Bodenuntersuchungen durch Probelöcher sind daher auch für die
Saugleitungen unerläßlich, und es ist bisweilen geboten, auf
größeren Umwegen die Leitungen zu verlegen. Lange Mannes-
mann-Flanschenstahlrohre, von denen mehrere außerhalb des
Grabens gedichtet und zusammen eingelassen werden, helfen
nicht selten über ganz schlechte Untergrundverhältnisse hinweg
und sind auf solche Art Muffenknickungen und Rohrbrüche vermieden. Meist ist jedoch die Grabenausbolzung dem Einlegen
längerer Rohrleitungen hinderlich, und es besteht keine Gewähr
dagegen, daß sich Senkungen und Erhebungen einstellen,
welche zu Schlammablagerungen bzw. Luftansammlungen
Anlaß geben. Jedenfalls müssen auch in diesem Falle Pfähle
zur Unterstützung der Rohre eingerammt werden, deren Höhe
genau festzulegen ist.

Was für derartige Leitungen mit schlechtem Untergrunde
gesagt ist, gilt selbstredend für alle Röhrenfahrten.

69. Die Herstellung kleinster Wasserversorgungsanlagen.

Es seien hier noch kurz die Wasserversorgungsanlagen
für Einzelhöfe und kleinere Dörfer geschildert.

Im allgemeinen verfolgt man hierzu zwei Wege:

1. Entweder hat das Wasser natürliches Gefälle, so daß es an den bestimmten Stellen noch als Laufbrunnen zum Abfluß gebracht werden kann, dann wird dasselbe ebenso beigeleitet, wie bei der Zuleitung der Quellen zum Sammelschachte angegeben wurde, wobei jedoch die Auslaufhöhe über dem Boden zu berücksichtigen und festzuhalten ist, daß bis zu jedem weiteren Brunnen eine geringe Wassermenge fortzufließen hat; oder

2. das Wasser hat kein Gefälle gegen die Ortschaft, jedoch nach einer beliebigen anderen Richtung, so daß der Einbau eines hydraulischen Widders möglich ist.

Ad 1: Es ist z. B. eine Wassermenge von 0,6 Sek./l verfügbar, welche auf 300 m Entfernung und einem vorhandenen gesamten Naturgefälle von 7 m den ersten Brunnen speisen muß und sollen an demselben 0,2 Sek./l zum Auslaufe gelangen; der zweite Brunnen liegt in gleicher Höhe wie der erste, jedoch 400 m von der Quelle entfernt, und der dritte bei 450 m Leitungslänge um 2 m höher, und sollen die beiden letzteren Brunnen nahezu die gleiche Wassermenge liefern, somit je 0,2 Sek./l. Wie ist die Leitung auszuführen?

Vor allem ist der Hauptstrang bis zum ersten Brunnen zu bestimmen.

Bei einem Rohrdurchmesser von $1\frac{3}{4}'' = 44,45$ mm und einer Wassergeschwindigkeit von 0,4 m pro Sekunde kommen 0,621 Sek./l nach Tab. I 1 zur Förderung. Der Druckhöhenverlust wird dabei pro 100 m = 0,458 oder für 300 m rund 1,37 Meter, bei 400 m 1,83 und bei 450 = 2,06 rund 2,10 m. Nun liegt der oberste Brunnen um 3 m höher, der Gefällsverbrauch bis zu diesem wäre daher 2,06 + 3,00 = 5,06, so daß bei 7 m Gesamtgefälle das Wasser noch um 1,94 m oberhalb des Rohres zum Auslaufe mit der betreffenden Geschwindigkeit gelänge, wenn es direkt, d. i. ohne eine dazwischen stattfindende Wasserabgabe dorthin geleitet würde. Das ist jedoch nicht der Fall, da bereits beim ersten Brunnen 0,2 Sek./l zum Auslaufe gelangen, so daß beim zweiten nur mehr 0,4 l ankommen, von welchen 0,2 wiederum abzufließen haben, weshalb die letzte

Rohrstrecke mit 3 m Terrainsteigung nur noch 0,2 Sek./l zu
fördern hat.

Es ist daher wahrscheinlich, daß dieses Wasser noch
mit einer entsprechend geringen Geschwindigkeit bei genügend großen Rohren zum Ausflusse gelangt, was im nachstehenden untersucht werden soll.

Der Druckhöhenverlust auf 300 m wurde bei 44,45 mm
Rohrlichtweite auf 1,37 m angegeben. Um 0,2 Sek./l bei einer
Geschwindigkeit von 0,4 m sekundlich im Steigrohr zum Auslauf zu bringen, sind Rohre mit 25 mm Lichtweite erforderlich.
Der Druckhöhenverlust auf 100 m wird rund 0,8 m; auf die
Höhe des Auslaufes über dem Rohre mit ca. 2,5 m Länge
treffen noch 20 mm, welche für die Berechnung zunächst außer
Betracht bleiben. Vom ersten Brunnen ab fließen nur mehr
0,4 Sek./l im Hauptrohre. Wird dessen Durchmesser beibehalten, so fließt diese Wassermenge bereits bei einer Geschwindigkeit von 0,3 m pro Sekunde und wird der Druckhöhenverlust dabei 0,33 pro 100 m. Der Gefällsverlust bis zum
ersten Brunnen beträgt, wie gefunden wurde, 1,37 m, auf die
Entfernung bis zum zweiten Brunnen 0,33 m, im ganzen daher
bis zu letzterem 1,70 m. Das Steigrohr wird wiederum 1″ oder
25 mm Lichtweite erhalten bei 20 mm Druckhöhenverlust,
die ebenfalls vorerst unberücksichtigt bleiben.

In der letzten Strecke fließen 0,2 Sek./l.

Reduziert man die Leitung von 44,45 mm auf 40 mm,
so fließt diese Wassermenge bereits bei einer Geschwindigkeit
von 0,2 m durch das gewählte Rohr und der Druckhöhenverlust
wird auf weitere 50 m Entfernung = 0,181 pro 100 m oder
0,09 m für diese 50 m. Im ganzen wird er daher 1,70 +
0,09 = 1,79 oder rund 1,80 m, und zwar bis zum dritten
Brunnen. Dieser liegt um 2 m höher, so daß der Druckhöhenverlust sich auf 3,80 m erhöht. Nachdem insgesamt 7 m Gefälle vorhanden sind und der Auslauf 2 m über dem Hauptrohre angeordnet werden kann, sind von diesem Gefälle 5,80 m
verbraucht, während der Druckhöhenverlust im Steigrohr
von 1″ oder 25 mm Lichtweite wiederum nur 20 mm beträgt,
so daß die nötige Wassermenge auch dort zum Auslauf gelangt.
Der Überschuß an Druckhöhe von 1,20 m verbleibt zur Über-

windung des Röhrenwiderstandes in den Steigleitungen zum
Auslaufe von insgesamt 3 · 20 = 60 mm, sowie anderer Druckhöhenverluste, z. B. bei Eintritt vom Hauptrohr in das
Steigrohr. Durch Regulierhahnen, welche vor dem Brunnen-
auslaufe, und zwar hinter dem Hauptrohre eingebaut werden,
kann die Wassermenge für jeden Brunnen genau geregelt
werden. Die Rohre müssen bei den sich ergebenden geringen Geschwindigkeiten absolut frostfrei eingebettet werden und ist angenommen, daß eine Versandung usw. ausgeschlossen ist.

Wie das durchgeführte Beispiel lehrt, bietet für solche
Berechnungen die einschlägige Tab. I 1 und 2 ein geradezu
unersetzliches Hilfsmittel, da ohne diese eine große Zahl von
zeitraubenden Versuchsrechnungen anzustellen wäre.

70. Hydraulische Widder.

Ad 2: Es wäre nun noch die Wasserförderung mittels
hydraulischer Widder zu erläutern. Häufig tritt der Fall ein,
daß einzelne Orte höher liegen als jene vorhandenen Quellen,
welche für eine solche Wasserversorgung in Betracht kommen.
Bedingung ist dabei, daß das Abflußgerinne der betreffenden
Quelle ein lebhaftes Gefälle besitzt und die Quellschüttung
erheblich ist, da beim Widder sehr viel Wasser als Triebkraft
verloren geht.

Im allgemeinen läßt sich praktisch die zu fördernde Wassermenge dadurch ermitteln, daß man die Formel anwendet:

$$Q_0 = \frac{Q \cdot a \cdot g}{h},$$

worin Q die zufließende Wassermenge, Q_0 die zu hebende solche
bedeutet, g stellt das Gefälle zum Widder dar, h bezeichnet die
Höhe, auf welche das Wasser zu treiben ist, und a den Widerstand im Widder selbst und in den beiden Leitungen. Dieser
beträgt nach allgemeinen Erfahrungen bei einwandfreier Herstellung der Gesamtanlage und richtiger Berechnung der Rohrlichtweiten 30%, der Wirkungsgrad der Anlagen ist daher
70%. Nicht fachmännisch hergestellte Widdereinrichtungen
sinken auf 60%, stümperhafte sogar auf 50% herab.

Derartige Machwerke können jedoch nicht in Betracht gezogen werden. Es wird daher in obiger Formel a mit 0,7 einzusetzen sein.

Ist $Q = 120$ Min./l, $a = 0,7$, $g = 4$ m und $h = 20$ m, so wird $Q_0 = \dfrac{120 \cdot 0,7 \cdot 4}{20}$ 120 · 0,7 · 4 = 16,8 Min./l oder 0,28 Sek./l.

Ist z. B. das Gefälle zum Widder, welches mit 4 m angenommen wurde, auf 150 m Leitungslänge erreichbar, so würde bei einem Rohrdurchmesser von 2″ oder 50,80 mm Lichtweite die Wassermenge von 2 Sek./l einen Druckhöhenverlust von 2,40 m pro 100 m für $v = 1$, somit von 3,10 m im ganzen erleiden. Der Nutzeffekt würde daher außerordentlich gering und jedenfalls wäre die vorausgegangene Formel in solchen Fällen nicht anzuwenden. Da jedoch Widder mit einer Einströmungsöffnung von mehr als 2″ nicht allgemein im Handel sind, behilft man sich in solchen Fällen häufig damit, daß bis zum Widder größere Rohre verwendet werden, welche kurz vor diesem auf die normale Einlaufweite zu reduzieren sind, oder man wählt zwei Widder, welche zusammen in einen Windkessel arbeiten können bzw. man errichtet als günstigste Abhilfe oberhalb des Widders ein kleines Hochreservoir, welchem das Quellwasser durch eine entsprechend große Leitung zugeführt wird, während das kurze Abflußrohr von diesem Becken zum Widder alsdann nur noch einen minimalen Druckhöhenverlust verursacht, insbesondere, wenn der Auslauf trichterförmig gestaltet wird. Der Wasserspiegel in diesem Hochbehälter kann bei ruhendem Betrieb in der gleichen Höhe liegen wie jener der Quellfassung, wenn das Zuleitungsrohr kurz über dem Boden oder in diesen selbst mündet.

Die Zuleitungsrohre von der Quelle zum Reservoir sind alsdann wegen der geringen Wassergeschwindigkeit frostfrei in den Boden zu legen und das Steigrohr geht innerhalb des für die Widderanlage erforderlichen Häuschens isoliert nach aufwärts.

Ist das Gefälle nicht groß, so kann an Stelle des letzteren ein Doppelschacht treten, dessen Wasserkammer so hoch erbaut wird, daß sich der Zufluß bis auf die Höhe des Quellwasser-

spiegels zu erheben vermag. Die Zuleitung zu dieser Kammer
kann beliebig groß gewählt werden und ist ein frostfreies Verlegen der Rohre möglich gemacht. Die anstoßende Schacht-
kammer ist trocken und dient zur Aufstellung der Widder
und Ventile. Das verbrauchte Betriebswasser gelangt von dort
zum Abfluß.

Verwendet man im gegebenen Falle Rohre von 100 mm
Lichtweite für die Zuleitung, so fördern diese bei $v = 0,3$
bereits 2,36 Sek./l, wobei der Druckhöhenverlust $= 0,145$
pro 100 m und rund 0,22 m pro 150 m wird. Auf 4,0 m —
$0,22 = 3,78$ m Fallhöhe zum Widder wird bei Rohren von
$2''$ oder 50,80 mm und bei $v = 1$ der Druckhöhenverlust
pro Meter 0,024 m, auf 3,78 m $= 0,09$ m. Der gesamte solche
ist daher $0,22 + 0,09 = 0,31$ m. Beträgt die Länge der Steigleitung 250 m und sollen mindestens 0,28 Sek./l in diesen
gefördert werden, so wären Rohre mit $1^1/_4'' = 31,75$ mm
Lichtweite zu wählen, welche bei $v = 0,4$ bereits 0,317 Sek./l
Wasser fassen und wobei der Druckhöhenverlust pro 100 m
0,64 m, im angenommenen Falle also $\dfrac{250,0 \cdot 0,64}{100} = 1,7$ m
beträgt.

Demnach ergibt sich ein wirksames Gefälle von $4,0 - 0,31$
$= 3,69$ m bei einer Steighöhe von 21,70 m einschließlich des
Röhrenwiderstandes. Man kann die Widerstände, welche
infolge der Reibung und Adhäsion der Ventile beim Gange des
Widders entstehen, durchschnittlich mit 15 % annehmen.

Setzt man die gewonnenen Werte in die vorangeführte
Formel ein, so erhält man $\dfrac{2,0 \cdot 0,85 \cdot 3,69}{21,70} =$ rund 0,28.

Damit ist bewiesen, daß diese Formel zwar unter bestimmten Voraussetzungen zutrifft, jedoch als Grundbedingung
erfordert, daß die Druckhöhenverluste die kleinsten werden.
Es ist daher nicht verwunderlich, daß Widderanlagen, welchen
keine genaue Berechnung zugrunde liegt und sozusagen nach
dem Gefühle hergestellt werden, oftmals recht ungünstige
Resultate liefern. Man sollte daher bei Bestellung eines Widders
nie versäumen, sich über den Wirkungsgrad dieser Wasser-
hebungsvorrichtung zu informieren und vom Lieferanten Ga-

rantie zu verlangen, daß die Reibungswiderstände, die Adhäsion
der Ventile und das Eigengewicht der letzteren infolge Verwendung schlechten Materiales nicht zu groß wird. Der Wirkungsgrad der Widder soll 90—92% ihrer ideellen Leistung betragen.

Daß Widderanlagen für kleinere Wasserversorgungen
Vorzügliches leisten, ist nicht zu bestreiten, da sie bei Gefällen
bis zu 8 m oft jahrelang tadellos arbeiten, falls nicht übersehen wird, sich zu vergewissern, ob die nötige Luft für den
Windkessel vorhanden ist. Fehlt diese, so tritt ein Stillstand
im Betriebe ein, der allerdings sehr rasch wieder behoben ist.
Gelangen höhere Gefälle als 8 m zur Verwendung, so müssen
die Ventile aus bestem Materiale hergestellt werden, da sie
sich sonst leicht abnützen. Wo man also gezwungen ist,
das ganze vorhandene Gefälle auf den Widder wirken zu lassen,
also 10—15 m in maximo, wird man gut tun, stets ein paar
gute Ventile beider Sorten in Bereitschaft zu halten. Die
entstehenden kleinen Mehrkosten spielen keine Rolle im Verhältnis zu den Vorteilen, welche oft mit einer erhöhten Wasserförderung verknüpft sind.

Hinsichtlich des Stillstandes eines Widders nach erfolgtem
Verbrauche der Luft im Windkessel ist Abhilfe dadurch geschaffen, daß man den letzteren oben mit einem kleinen
Löchelchen versieht. Bisweilen behilft man sich mit der Anbringung eines Lufteinlaßventiles an einem T-Stücke kurz vor
der Mündung des Triebrohres in den Widder. Sie besteht aus
einem hohlen schwimmenden Metallkügelchen, das den Wasserabfluß sperrt, jedoch abfällt und die Ansaugung von Luft
durch das strömende Wasser gestattet, solange das Stoßventil
solches auswirft. Wird das Tellerventil zum Windkessel gehoben, so wird, da der Lufteinlaß v o r diesem stattfindet,
mit Luft gemischtes Wasser in den Widder geführt und das fort-
gerissene ergänzt. Aber auch diese Anordnung bedarf der
Unterhaltung, so daß sie keine besondere Verbreitung fand.
Man wird also gut tun, sich mit dem Löchelchen im Windkessel
zu begnügen und den Widder von Zeit zu Zeit kontrollieren.
Wo zwei oder mehrere solche zusammen arbeiten, und zwar
jeder in einen eigenen Windkessel, ist es höchst unwahrschein-
lich, daß die ganze Anlage zum Stillstand kommt; funktioniert

der eine nicht, so wird der andere im Betrieb sein, und man wird sofort an der spärlichen Wasserlieferung merken, daß etwas nicht in Ordnung ist. In neuerer Zeit sind Widder im Handel, welche sich selbsttätig in Betrieb setzen, Luft durch Öffnen eines Ventiles einlassen und letzteres alsdann wieder schließen. Die Konstruktion ist sehr sinnreich, vermag sich aber nicht überall einzubürgern.

71. Konstruktion und Wirkungsweise der hydraulischen Widder.

Die Konstruktion der Widder ist folgende:

Das Triebrohr, welches das Aufschlagwasser liefert, erhält unter dem Widder ein T-Stück. Sein senkrecht gerichteter Abzweig steht durch Flanschenverbindung mit dem Boden des Windkessels in Verbindung und befindet sich dort ein Teller- oder Klappenventil, welches sich gegen den Windkessel zu öffnet. Am horizontalen Ende des T-Stückes ist ein rechtwinkeliger Bogen angeschraubt, der ebenfalls durch Flanschenverbindung das Stoßventil trägt, welches so angeordnet ist, daß es anfänglich vorne zu seiner Schwere an einer Führung nach abwärts hängt und den Ausfluß des Wassers freiläßt.

Die Wirkung des Widders beruht nun auf der Stoßkraft des in der Zufluß- oder Betriebsleitung fließenden Wassers, welche dadurch ausgenutzt wird, daß es plötzlich abgesperrt wird. Nach der Absperrung erfolgt das Öffnen der Leitung, wobei das Wasser neuerdings in Bewegung gerät, und dieser Vorgang wiederholt sich selbsttätig, sobald der Widder durch öfteres Heben und Loslassen des Stoßventiles in Tätigkeit gesetzt wurde. Letzteres veranlaßt das plötzliche Absperren und Öffnen der Leitung.

Das Stoßventil schließt sich, wenn das Betriebswasser seine volle Geschwindigkeit bzw. Arbeitskraft erreicht hat, und sperrt dadurch den Abfluß, wobei ein Teil des Wassers das Ventil unter dem Windkessel hebt und in diesen eintritt. Die dort vorhandene Luft preßt das Wasser in die Steigleitung. Es steigt dort zunächst bis auf Gefällshöhe empor. So lange bis dieser Zeitpunkt erreicht ist, muß das Stoßventil gehoben und fallen gelassen werden. Ist die nötige Pressung der Luft im Windkessel erreicht, so fängt der Widder selbsttätig zu ar-

beiten an. Die auftretenden Rückstöße treiben einen Teil des
Wassers auf die 5—10 mal so große Höhe, als das Gefälle zum
Widder beträgt. Die beiderseitigen Wassersäulen ergeben die
gleiche Arbeitsleistung, wenn die Widerstände in den Leitungen
und im Widder berücksichtigt werden. Nach den neuesten
Versuchen soll eine Widderanlage im Verhältnisse 1 : 5 bis 1 : 7
die günstigsten Resultate liefern. Der Verfasser kann sich dieser
Ansicht nur in bedingter Weise anschließen, da bei rechnerischer
Bestimmung der Rohrlichtweiten und garantierter effektiver
Widderleistung stets die für den gegebenen Fall erreichbare
Wassermenge gehoben werden kann. Daß zu große Gefälle
schädlich werden können, wurde bereits erwähnt. Sie bilden
jedoch nötigenfalls kein Hindernis für derartige Ausführungs-
weisen. Wo bei geringerem Gefälle das erforderliche Wasser
reichlich gehoben werden kann, wird man — schon aus Rücksicht auf die Baukosten — selbstredend ein zu großes Gefälle
vermeiden, das, wie erwähnt, den Ventilen schädlich ist.

Setzt man im Verfolge des vorausgegangenen Beispieles
die Druckhöhenverluste in beiden Leitungen und zwar für die
Triebleitung 0,31 und für die Steigleitung 1,7 m in Rechnung,
so erhält man für 2 Sek./l Wasser $\dfrac{2 \cdot 0,85 \cdot 3,69}{21,70} = \text{rund } 28 \text{ Min./l},$
wobei 0,85 den Wirkungsgrad der Widder bezeichnet. Man er-
hält also das gleiche Resultat wie bei Anwendung der Formel,
bei welcher ohne Rücksicht auf die Widerstände in den Leitungen der Wirkungsgrad eines Widders mit 0,7 angegeben war.
Die Formel ist also richtig, wenn die Druckhöhenverluste die
geringsten werden. Daher die schlechten Resultate bei den
meisten Widderanlagen, wenn die Rohre falsch gewählt wurden.

Schematische Darstellung der Wirkungsweise eines hydraul. Widders.

R ist das Reservoir, welches sein Wasser vom Quellensammler
erhält (bzw. Bach, Teich usw., falls Widder nicht für Trink-
wasserversorgungsanlagen dienen sollen),
L bzw. *L*I ist die Leitung für das Betriebswasser des Widders,
V ist das Wassereintrittsventil in den Windkessel *W*,
S bezeichnet das Stoßventil und *D* die Steig- oder Druckleitung,
O ist eine Öffnung bzw. Hahnen für Zufuhr von Luft.
Siehe Skizze Seite 176.

Die Verteilung des durch Widderanlagen geförderten Wassers erfolgt in gleicher Weise wie bei Leitungen mit natürlichem Gefälle.

Daß auch Springbrunnen, Wiesenbewässerungen usw. mittels Widderanlagen hergestellt werden können, soll hier besonders hervorgehoben werden.

72. Die Projektierung des eigentlichen Druckrohrnetzes.

a) Allgemeines.

Ein eingangs von Teil II durchgeführtes Beispiel hat gezeigt, daß bei 7 Sek./l Wasser durch Einschaltung eines Hochreservoires mit 400 cbm Wasserinhalt eine kleine Stadt durch eine Hochquellenleitung versorgt zu werden vermag, und daß der Tagesbedarf große Schwankungen aufweist, welche dadurch ausgeglichen werden, daß das Reservoir zu Zeiten höchsten Bedarfes Wasser von seinem Überschusse abgibt. Es ist daher, wie dort schon erwähnt wurde, klar, daß die Rohre für den höchsten Wasserverbrauch zu berechnen sind, damit nicht die Druckhöhe bei erhöhter Wassergeschwindigkeit zu stark herabsinkt. Um insbesondere bei Feuersgefahr hinreichend Wasser unter starkem Drucke zu erhalten, sind im vorausgehenden und in weiterem Verfolge des begonnenen Beispieles Rohre mit 200 mm Lichtweite vorgesehen worden, welche bei einer Wassergeschwindigkeit von 0,5 m sekundlich 15,708 l Wasser fördern. Diese Menge soll nun in der Stadt tunlichst dem Bedarfe entsprechend verteilt werden, weshalb vorteilhaft Konsumaufnahmen der Rohrdurchmesserbestimmung vorausgehen.

b) Die Systeme eines Rohrnetzes.

Man unterscheidet im allgemeinen zwischen Zirkulationsleitungen und solchen nach dem Verästelungssysteme.

Letzteres verzweigt sich, wie schon der Name besagt, in eine Reihe von Endsträngen, die erst von dem Hauptrohre, dann von den Nebensträngen ausgehen, ohne daß die so entstehenden Endpunkte miteinander verbunden würden.

Zirkulationsleitungen nennt man jene, deren Endpunkte und Verteilungen gegenseitig so verbunden werden, daß jeder Strang sein Wasser von mindestens zwei Seiten erhält. Letzteres System ist vorzuziehen, da eine Schlammansammlung am Ende der Leitung vermieden ist, die Wasserentnahme geringere Druckschwankungen verursacht, eine Erwärmung des Wassers oder Einfrierungsgefahr vermindert wird und bei Rohrbrüchen usw. Störungen in dem Wasserbezuge auf das geringste Maß beschränkt werden können. Allein nur in seltenen Fällen ist es ohne bedeutende Mehrkosten möglich, eine vollständig geschlossene Zirkulationsleitung herzustellen. Man ist daher meist gezwungen, beide Systeme gleichzeitig zur Anwendung zu bringen und z. B.

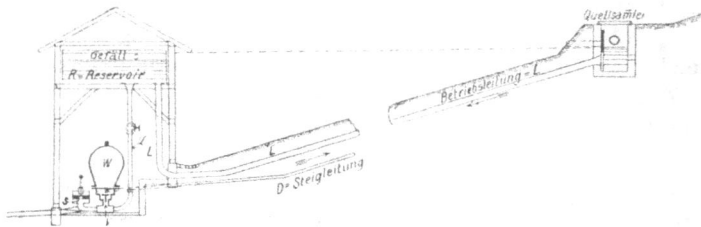

Fig. 16.

in langen über die Peripherie der Stadt sich weit hinausziehenden Straßen sogenannte End- oder tote Stränge einzubauen und dieselben am Schlusse der Leitung mit einem Hydranten oder einem eigenen Schlammablaß zu versehen, der jederzeit eine Säuberung des betreffenden Endstranges zuläßt. Am tiefsten Punkte des Rohrnetzes ist auch bei Zirkulationsleitungen eine Entschlammungsleitung mit Absperrschieber vorzusehen, nötigenfalls auch mehrere solche.

Hydranten können, wie erwähnt, gleichfalls zur Entschlammung benutzt werden, und bei ihrer Verteilung ist auch diesem Umstande Rechnung zu tragen.

c) Bestimmung des Rohrnetzes.

Es wurde im vorausgehenden erwähnt, daß die Verteilung des Wassers durch entsprechende Wahl der Rohrdurchmesser eine möglichst gleichmäßige, d. i. dem Bedarfe entsprechende sein soll. Sind keine Zirkulationsstränge vorhanden, so lassen sich die einzelnen Rohrdurchmesser auf Grund der Tab. 11 und der vorausgegangenen Konsumaufnahme leicht bestimmen. Aber auch hier schon ist man genötigt, nicht die rechnerisch bestimmten oder aus der Tabelle entnommenen Rohrdurchmesser zu wählen, sondern größere, da die zur Zeit der Konsumaufnahme vorhandenen Gewerbe vielfach wechseln, durch Auf- oder Neubau in den einzelnen Straßen eine dichtere Bevölkerung entsteht usw. Das gleiche gilt von Zirkulationsleitungen, die allerdings eine reichlichere Wasserentnahme gestatten, im übrigen jedoch trotz schärfster Berechnung, oder vielleicht gerade infolge der letzteren, ebenfalls ungenügend ausfallen können. Es ist daher rätlich, sich mehr auf praktische Erfahrungen als auf eine schwierige und dem Wasserbedarfe nur selten entsprechende hydromechanische Rohrbestimmung zu verlassen, und die Rohre im allgemeinen so groß zu wählen, daß bei ernstester Brandgefahr immer noch reichlich Wasser unter einem starken Drucke vorhanden ist. Von diesem Gesichtspunkte aus betrachtet, spielt der normale Wasserverbrauch meist nur eine nebensächliche Rolle und ist für die Projektierung in erster Linie die Frage maßgebend: wieviele Hydranten hat der betreffende Rohrstrang zu speisen, bzw. wie groß ist ihre Zahl anzunehmen, damit bei dringender Gefahr das Feuer wirksam bekämpft werden kann? Ist diese Frage beantwortet, so ist auch die hierzu erforderliche Wassermenge leicht zu berechnen und wird zu dieser lediglich der normale Verbrauch geschlagen. Es sollen aus diesen Gründen schon in besseren Dörfern Rohre unter 80 mm Lichtweite auch in den unbedeutendsten Seitensträngen nicht verwendet werden. Bei einem rationellen Projekte ist daher in erster Linie die Zahl und Lage der Hydranten, wenn möglich im Benehmen mit dem Kommandanten der Feuerwehr festzusetzen, sowie Bedacht darauf zu nehmen, daß auch von abzweigenden Rohrsträngen Hydranten für die betreffende Straße verwendbar gemacht werden, ebenso ob nicht von Parallelstraßen aus die Rückseite der Gebäude in Angriff genommen werden kann usw. Daß ein derartiges Vorgehen nötig ist, soll durch ein Beispiel erläutert werden:

Eine von einem Endstrange durchfahrene Straße von 400 m Länge hat einen Wasserbedarf von 0,6 l sekundlich. Es wurden Rohre mit 80 mm Lichtweite gewählt, welche angenähert bei 0,6 m Sekundengeschwindigkeit 4,0 l Wasser liefern. Das in der Mitte dieser Straße gelegene Haus steht in Flammen und es sind zwei Hydranten in Tätigkeit. Die durch das Reservoir gegebene mittlere Druckhöhe beträgt 4,0 Atm. oder 40 m am tiefsten Punkte der Stadt.

Ein Hydrant beansprucht bei einem Strahlrohre von 15 mm Lichtweite pro Stunde ca. 12,5 cbm = 3,5 Sek./l und zwei solche 25—27 cbm oder rund 7 Sek./l. Hierzu kommt der normale Verbrauch mit 0,6 l, im ganzen ist daher der Bedarf 7,6 Sek./l. Um diese Menge der Rohrleitung zuzuführen, muß das Wasser mindestens eine Geschwindigkeit von 1,5 m sekundlich annehmen. Der Druckhöhenverlust wird dabei 3,17 pro 100 m und für 400 m 12,68 m. Die betreffende Straße liegt vielleicht um 6 m über der tiefsten Stelle der Stadt, so daß die Druckhöhe weiters um diese Zahl vermindert wird. Das Haus selbst mißt bis zum Giebel 15 m, die Wirkung des frei emporgetriebenen Wasserstrahles wird durch den Widerstand der atmosphärischen Luft um ca. $\frac{1}{3}$ reduziert, im gegebenen Falle vielleicht um 2 m, der Gesamtdruckverlust wird daher 12,68 + 6 + 15 + 2 = 35,68 oder rund 36 m, so daß 0,4 Atm. wirksam werden, was natürlich viel zu wenig wäre. Würde die Öffnung eines dritten Hydranten nötig, so müßte die Druckhöhe vollständig versagen.

Eine derartige Anlage wäre also unzulässig und müßten größere Rohre mit geringerem Druckverlust gewählt werden, falls es nicht angängig ist, die Hydranten so anzuordnen, daß nur einer in dem betreffenden Strange, und zwar an seinem Ende zum Einbau gelangt, während ein oder zwei weitere von anderen Leitungen zu Hilfe genommen werden, was bei Endsträngen jedoch äußerst selten möglich ist.

d) Die Darstellung der Piezometerstände oder Wasserdrucklinien.

Ist der Lageplan und das Längenprofil hergestellt und in beiden alles enthalten was nötig ist, also die Lichtweite der

Rohrstrecken, die Länge der einzelnen Leitungen, die Zahl
der Hydranten, ihre Entfernung von den Abzweigstellen,
im Längenprofile noch die Höhenlage jeder Straße oder jedes
Platzes, ferner die Höhe besonders hochragender Gebäulich-
keiten, und sind die einzelnen Röhrenfahrten mit Buchstabenbezeichnung versehen, so kann mit der Festsetzung der Wasser-
drucklinien begonnen werden. Die Leitung vom Hochbehälter
bis zum Beginne des Ortsrohrnetzes wird meist gesondert gezeichnet. Fehlt ein Hochbehälter oder Wasserturm und dient
in kleines Reservoir als Druckregler, so ist dieses für die Bestimmung der Piezometerstände maßgebend. In Pumpstationen, bei welchen in Feuersgefahr direkt ins Rohrnetz gepumpt wird, wobei die Pumpe vor dem Windkessel mit einem
Sicherheitsventile zu versehen ist, während der Druckregler
ausgeschaltet wird, gilt der am Manometer ersichtliche Maximal-
druck als Ausgangspunkt für die Drucklinienfestsetzung.
Ihre Einzeichnung erfolgt in das Längen- bzw. Höhenprofil.
In diesem wird ein angenähert gerader, meist der längste Strang
als durchgehend betrachtet, und zweigen von diesem die Seitenstränge ab. Soweit diese ansteigen oder fallen, also aus der
Linie des durchgehenden heraustreten, werden sie ohne weiteres
als von diesem abgehend eingetragen. Das gleiche gilt von
Seitensträngen, von denen wieder eine Abzweigung erfolgt.
Leitungen in völlig gleicher Höhenlage, deren Linien sich decken
würden, sind durch Detailzeichnungen ersichtlich zu machen
und die Wasserdrucklinie ist gesondert anzugeben. Es emp-
pfiehlt sich nicht, durch zu vieles Ineinanderzeichnen die
Übersicht zu erschweren und sollen insbesondere sich kreu-
zende Stränge vermieden werden und an ihre Stelle Detailzeichnungen treten.

Die Piezometerstände an den Abzweig- und Endsträngen
sind zu kotieren, desgleichen der sich ergebende Druckhöhenverlust in der Leitung vom Hochbehälter bis zum Beginne des
Ortsrohrnetzes usw. In jedem Falle hat sich die Ermittlung
der Piezometerstände auf die größte Inanspruchnahme der
Leitung zu erstrecken, bei welcher die Wassergeschwindigkeit v
nicht höher als 1,5 m werden soll, wobei die größte Wassermenge entnommen werden kann.

Vielfach wird jedoch verlangt, daß auch die Drucklinie
für den normalen Wasserverbrauch, der am besten mit $v = 0,5$
festgesetzt wird, und der mittlere mit $v = 1$, bestimmt wird.
Oberhalb jeder Drucklinie ist die Geschwindigkeit v, die Wassermenge Q und der Rohrdurchmesser zu verzeichnen.

Z. B. Lichtweite 100 mm, $v = 0,5$ und $Q = 3,93$ Sek./l,
   »   100 mm, $v = 1,0$ und $Q = 7,85$ »
   »   100 mm, $v = 1,5$ und $Q = 11,78$ »
wobei sich die Wassermenge direkt der Tab. I 1 entnehmen
läßt.

Um die Absenkung jedes einzelnen Stranges bei der Wasserentnahme unter einer der angegebenen Geschwindigkeiten
sofort ersichtlich zu machen, wird vom mittleren Wasserstande
im Hochbehälter oder falls dieser voraussichtlich stets gefüllt
bleibt, vom höchsten die hydrostatische Linie, also eine Horizontale über das gesamte Längenprofil gezogen. Man teilt
durch senkrechte Linien der Reihe nach die einzelnen Rohrstränge ab und bestimmt die Absenkung des obersten, ersten
Stranges auf Grund der Tab. I 2, welche den Druckhöhenverlust pro 100 m angibt, indem man diesen auf die wirklich vorhandene Länge umrechnet. Die betreffende Höhe wird von der
Kote des Wasserspiegels im Hochbehälter abgezogen und die
neue Kote an der betreffenden senkrechten Abteilungslinie
verzeichnet. Von ihr aus wird weiter aufgetragen, gerechnet
und kotiert usw. Sämtliche Absenkungslinien befinden sich
daher unterhalb der hydrostatischen Drucklinie und wird an
jedem Strange die Höhendifferenz zwischen dieser und der betreffenden Piezometerlinie verzeichnet. Es genügt die Länge
der einzelnen Stränge, falls Naturmaße nicht vorliegen, dem
Lageplane durch Abgreifen zu entnehmen und die so ermittelten
Entfernungen in das Längenprofil einzutragen.

Obwohl die Herstellung dieser Arbeit, wie ersichtlich,
außerordentlich einfach wird, wenn die Tabellen zu Hilfe genommen werden, so soll sie doch durch ein Beispiel erläutert
werden. Vorausgehend jedoch sei bemerkt, daß zur Beurteilung dessen, ob die Rohrlichtweiten auch richtig gewählt
sind, die zeichnerische Festsetzung der Piezometerstände uner-

läßlich ist, da sie bei der zulässig größten Wasserentnahme, die bei $v = 1{,}5$ m eintritt und dieses Maß nicht überschreiten darf, weil sonst beim Abschluß von Hydranten starke Stöße in der Leitung eintreten, die Größe der Absenkung sofort ersehen läßt, ob der lichte Durchmesser der betreffenden Leitung zu groß oder zu klein angenommen wurde. Ist eine Mindestdruckhöhe vorgeschrieben, z. B. 4 Atm. oder 40 m Höhe über dem Terrain vor dem Rathause oder der Kirche usw., so wird diese parallel zur hydrostatischen Linie ebenfalls im Längenprofile, und zwar punktiert und durch Überschrift kenntlich gemacht, eingezeichnet. Sinkt die Wasserdrucklinie an irgendeiner Stelle unter diese Hilfslinie herab, so ist eine Änderung in der Lage der Hydranten oder Rohrdurchmesserfestsetzung erforderlich. Man wird also stets gut tun, die Piezometerstände immer vor der definitiven Rohrbestimmung mit Bleistift einzuzeichnen, die nötigen Änderungen, welche sich ergeben, vorzunehmen und dann erst die Rohrlichtweiten endgültig in die Lagepläne und Längenprofile einzuschreiben, worauf die Drucklinien endgültig einzuzeichnen und zu überschreiben sind. Beide Arbeiten sind daher nicht voneinander zu trennen und soll deshalb das folgende Beispiel in diesem Sinne durchgeführt werden.

Beispiel.

Das Hochreservoir einer kleinen Stadt liegt so hoch, daß sich sein mittlerer Wasserstand um 61 m über dem Terrain vor dem Rathause befindet, dessen Höhenlage der mittleren Erhebung des Ortes entspricht. Dieser zählt rund 4000 Einwohner und stehen pro Sekunde in maximo 7 l Wasser zur Verfügung. Es treffen daher pro Kopf rund 150 l. Der Hochbehälter faßt 200 cbm. Die Druckleitung von dort bis zur Verteilung im Ortsrohrnetze ist in Rücksicht auf Feuersgefahr mit 200 mm festgesetzt. Die bei der normalen Geschwindigkeit von 0,5 m pro Sekunde abfließende Wassermenge ist rund 15 Sek./l. Die Länge dieser Leitung ist 1750 m. Der Druckhöhenverlust pro 100 m ist nach Tabelle I 2 unter diesen Voraussetzungen $= 0{,}1771$ und für die angegebene Länge

$$= \frac{1750 \cdot 0{,}1771}{100} = 3{,}099 \text{ oder rund } 3{,}1 \text{ m}.$$

Die Piezometerlinie senkt sich daher bis dorthin vom Horizonte 61,0 auf 57,9 m ab. Vom Rathause zweigt eine Straße seitlich ab, welche 500 m lang ist, schon am Anfange beginnend um 4 m steigt. Ihre baulichen Verhältnisse bedingen eine Druckhöhe von 35—40 m und sollen die höchsten Giebel noch wirksam mit Wasser überschüttet werden können. Die betreffende Straße benötigt für gewöhnlich 0,7 Sek./l. Bei einem ausgedehnten Brande fallen vier Hydranten in Betracht. Wie groß ist der Rohrdurchmesser für den betreffenden Strang zu wählen?

Der Druckhöhenverlust vom Hochbehälter an gerechnet beträgt bis zur betreffenden Straße 3,1 m und ist die Druckhöhe an deren Beginn 57,9 m. Nachdem 40 m im ganzen verbleiben sollen, sind rund noch 18 m verfügbar. Von diesen ist die Höhe der Straßensteigung mit 4 m in Abzug zu bringen, so daß noch 14 m übrig bleiben. Durch das Passieren der Schlauchleitung und den Druck der atmosphärischen Luft auf das aus dem Strahlrohre aufsteigende Wasser entsteht zwar noch ein weiterer Widerstand, der jedoch durch die Annahme einer Druckhöhe von 35—40 m bereits berücksichtigt ist, da der Giebel des höchsten Hauses sich nicht über 22 m — von der Straße aus gerechnet — erhebt. Bei 500 m darf daher der Druckhöhenverlust pro 100 m $14:5 = 2,8$ m nicht überschreiten.

Die Wassermenge, welche erforderlich ist, um vier Hydranten zu speisen und den normalen Konsum zu decken, ist 14,7 Sek./l. Eine entsprechende Quantität und zwar 15,33 Sek./l, liefern Rohre mit 125 mm Lichtweite unter der Geschwindigkeit von $v = 1,25$ m (siehe Tabelle I 1 u. 2). Der Druckhöhenverlust wird dabei pro 100 m 1,4565 oder 1,46 m, erfüllt daher die vorausgehende Bedingung. Die nächstkleineren im Handel befindlichen Rohre haben einen lichten Durchmesser von 100 mm. Diese liefern das nötige Wasser von ca. 15 Sek./l erst bei einer Geschwindigkeit von 2 m, bei welcher der Druckhöhenverlust bereits 4,3 pro 100 m würde, daher viel zu hoch ist.

Wenn auch anscheinend der Rohrdurchmesser von 125 mm günstig bemessen wurde, so ist doch durch das ge-

gebene Beispiel bewiesen, daß eine scharfe Berechnung der
Lichtweite schon daran scheitert, daß die Rohre nicht in
beliebiger Größe erhältlich sind, also fast regelmäßig zu groß
gewählt werden müssen.

Nun kommt aber für das gegebene Beispiel noch in Betracht, daß während des Betriebes der Hydranten der Haupt-
rohrstrang um 7—8 Sek./l Wasser mehr zu liefern hat, wodurch
eine Geschwindigkeit von 0,8 statt 0,5 m pro Sekunde eintritt,
welche 7,2 statt 3,1 m Druckhöhenverlust bedingt, so daß der
gesamte sich berechnet wie folgt:

14 — 4,1 + (5 · 1,46) = 2,60 m, welche als Überschuß
über die geforderte Druckhöhe von 40 m verbleiben, also
ein derartig kleiner, daß unter die gewählte Rohrdimension
auch dann nicht mehr herabzugehen wäre, wenn zwischen
den beiden genannten Rohrgattungen noch eine weitere im
Handel steht, was seit kurzer Zeit der Fall ist.

Wird in der angegebenen Weise Strang um Strang festgesetzt und sind im Längenprofile die Piezometerstände
richtig verzeichnet, so kann das betreffende Projekt als durchaus rationell bezeichnet werden, da alsdann die Anlage allen
billigen Anforderungen entspricht.

73. Berechnung der einzelnen Rohrstränge.

Zu beachten ist, daß die Berechnung oder Aufsuchung
der Druckhöhenverluste von Strang zu Strang unter Berücksichtigung der j e w e i l i g e n Durchmesser und der z u -
n e h m e n d e n Länge zu erfolgen hat.

Daß man jedoch nicht allzu ängstlich zu verfahren hat
und die Lage jedes Hydranten nicht vorher einzumessen
braucht, soll ausdrücklich erwähnt werden. Wie schon das
vorausgegangene Beispiel zeigte, genügt es vollständig, den
letzten Hydranten, der ohnedies fast immer an der Straßen-
kreuzung einzubauen ist, auf seine Druckhöhe zu berechnen.
Ist diese angenähert richtig, so müssen die vorausgegangenen
Hydranten den gestellten Anforderungen von selbst genügen,
da bei ihnen der Druckhöhenverlust klein ist.

Es darf auch nicht außer acht gelassen werden, daß
bei offenem Bausystem, bei welchem die Häuser 10—20 m

und darüber voneinander entfernt sind, die Feuersgefahr
eine wesentlich geringere wird, und man sich in fast allen
Fällen — von starken Stürmen abgesehen — darauf beschränken kann, das brennende Haus in Angriff zu nehmen
und das nächste, vielleicht auch noch das folgende vor dem
Winde gelegene Haus zu bespritzen, um die Dachung usw.
vor Flugfeuer zu sichern. In solchen Fällen stehen die Hydranten gewöhnlich in größeren Abständen voneinander
und kommen höchstens zwei solche zu gleicher Zeit in Verwendung. Diese fallen alsdann auch bei Bemessung der Rohrstränge einzig in Betracht und zwar, wie erwähnt, die beiden
letzten. Im Innern der Stadt liegt die Sache meist ungünstiger
und sind sämtliche in die einzelnen Stränge eingebauten
Hydranten zu berücksichtigen. Wenn für eine Straße eine
Rohrlichtweite von 80 mm vorgesehen wird, so dürfen in diese
nicht mehr als zwei Hydranten eingebaut werden, insoferne
geschlossenes Bausystem vorhanden ist, da diese bei $v = 1,5$ m
7,54 Sek./l Wasser liefern, also ebensoviel als die beiden Hydranten benötigen. Wird eine solche Leitung von einer zweiten,
welche einen größeren Durchmesser besitzt, gekreuzt, so kann
unter Umständen die Fortsetzung des 80 mm-Stranges jenseits
dieser Kreuzung wieder zwei Hydranten erhalten. Dieser Fall
ist jedoch zu untersuchen, während im übrigen nur die äußersten Hydranten auf ihre Druckhöhe zu bestimmen sind, wenn,
wie gesagt, für den erwähnten Rohrdurchmesser nur zwei
Hydranten in Frage kommen.

Obwohl sich im allgemeinen jedes Wasserleitungsprojekt
auf Grund der lokalen Verhältnisse anders gestaltet, glaube
ich doch durch Vorführung eines Beispieles die Arbeit der
Projektaufstellung erleichtern zu können. Es ist dabei unnötig, die gesamte Anlage zu bestimmen, und es genügt, zwei
oder drei Röhrenfahrten festzusetzen, da alle übrigen in der
gleichen Weise berechnet werden.

In folgender Skizze ist die Wasserversorgung einer
kleineren Stadt mit Pumpenbetrieb, Hoch- und Saugbehälter
veranschaulicht. Das Wasser ist aus einem Brunnen entnommen gedacht, der 7 Sek./l in maximo liefert. Die betreffende
Leitung zum Saugbehälter ist punktiert dargestellt.

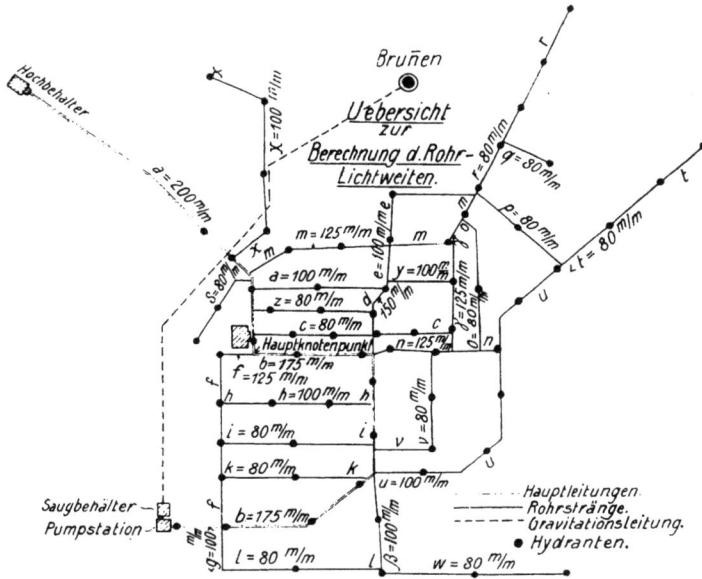

Fig. 17.

Auszug aus der Tab. 11 und 2 für die sämtl. vorkommenden Rohrgattungen.

Lichter Rohrdurchmesser	v = 0,5 m (normal)		v = 1,0 m		v = 1,5 m (maximal)		Bemerkungen
	$hI =$ pro 100 m	$Q =$ Liter	$hI =$ pro 100 m	$Q =$ Liter	$hI =$ pro 100 m	Q Liter	
mm							Als Minimaldruckhöhe in der Leitung sind am höchsten Punkte des Ortes noch 35 m vorzusehen. Wasserstand im Hochbehälter = 61 m über Strang b.
200	0,177	15,70	0,608	31,42	1.269	47,12	
175	0,202	12,03	0,695	24,05	1,450	36,08	
150	0,236	8,84	0,811	17,67	1,691	26,51	
125	0,283	6,13	0,973	12,27	2,030	18,40	
100	0,354	3,93	1,216	7,85	2,537	11,78	
80	0,443	2,51	1,520	5,03	3,172	7,54	

Länge der Hauptrohrstränge a und b bis zu den einzelnen Abzweigungen:

a) vom Hochbehälter
bis $x = 1500$ m
» $m = 1570$ »
» $d = 1600$ »
» $a = 1640$ »
» $z = 1670$ »
» $e = 1700$ »
$b = 1750$ »

b) vom Knotenpunkte bis Pumpstation insgesamt 900 m von der Pumpstation
bis $l = 350$ m
» $\beta = 370$ »
» $u = 380$ »
» $v = 420$ »

bis $i = 460$ m
» $h = 610$ »
» $n = 650$ »
» $K.P. = 900$ »

Der Hauptplatz, welcher ca. 50 m breit ist, besitzt zwei
Rohrstränge. Die Leitung *a* vom Hochreservoir zum Haupt-
knotenpunkte, das ist bis zum Übergange in die Leitung *b*,
hat 200 mm Lichtweite und ist mittels Doppellinie gekenn-
zeichnet. Der Strang *b* führt mit durchwegs 175 mm Lichtweite zur Pumpstation und ist in der gleichen Weise ersichtlich
gemacht. Die Hydranten sind durch kräftige Punkte markiert. In der folgenden Übersicht der hier zu untersuchenden
Stränge ist die Buchstabenbezeichnung für Straßen mit
offenem Bausystem unterstrichen.

Der Übersichtlichkeit halber empfiehlt es sich, den unter
der Skizze vorgetragenen Auszug aus Tabelle I 1 und 2 für
jedes Projekt anzufertigen. Die Skizze ist außer Maßstab
dargestellt und sind daher die Entfernungsmaße beliebig
gewählt. Für die Projektierung genügt das Abgreifen der
Längen aus den Steuerblättern.

Da die langen Endstränge mit 80 mm Lichtweite den
größten Druckhöhenverlust bedingen, sollen zunächst die
Teilstrecken *m* und *r*, ferner *u* und *t*, sowie *a* und *x*, untersucht werden. Der Strang *w*, welcher der Pumpstation ziemlich nahe liegt, kann hier als nebensächlich entfallen.

Es kommen daher außer den Hauptsträngen in Betracht:
Die Strecke *x* Länge 350 m, norm. Wasserverbr. 1,10 Sek.-L.

»	«	*m*	«	420	«	«	«	0,02	»
«	«	*r*	«	450	«	«	«	0,09	«
«	»	*n*	«	210	«	«	»	0,08	»
«	«	*u*	«	190	«	«	«	0,01	»
«	«	*t*	«	320	«	«	«	0,04	»

1. Strecke *x*, welche den höchsten Wasserverbrauch aufweist und bei offenem Bausystem an einer industriellen Anlage endet.

Der Hauptstrang *a* ist bis *x* 1500 m lang. In Betracht
zu ziehen sind höchstens zwei Hydranten als gleichzeitig im
Betriebe.

Der Wasserbedarf ist daher 7 + 1,10 = 8,10 in maximo.

Die Stadt selbst benötigt normal 5 Sek./l. Die Geschwindigkeit im Strange *a* bleibt daher unverändert, da

derselbe 15,7 l bei $v = 0,5$ m liefert, denen im Brandfalle $5 + 8,1 = 13,1$ als Verbrauch gegenüberstehen.

Der Druckhöhenverlust in $a = 15 \cdot 0,177 = 2,66$ m.

Der Strang x hat 100 mm Lichtweite und fördert bei $v = 1$ bereits 7,85 Sek./l, bei $v = 1,5$ m 11,78 Sek./l.

Der Piezometerstand bei der Abzweigung von $x = 61$ $-2,66 = 58,34$, h_I im Strange $x = 3,5 \cdot 3,93 = 13,76$ m. Die Steigung bis zum Endhydranten beträgt 8,48 m. Der dort vorhandene Druck daher $58,34 - (13,76 + 8,48) = 36,10$ m, was genügt, insbesondere da die Wassergeschwindigkeit $v = 1,5$ m viel zu groß gewählt wurde und bei $v = 1,25$ bereits 9,82 Sek./l Wasser fließen, also noch mehr als einschließlich zweier Hydranten nötig ist. Die Druckhöhe würde daher in Wirklichkeit wesentlich günstiger, nämlich $58,34 - (6,37 + 8,48) = 43,49$ m.

2. Leitung a, m, r,

Strang a bis $m = 1570$ m lang.

Piezometerstand bei $m = 15,7 \cdot 0,177$, bei $v = 0,5$ für a und $15,7 \cdot 0,608$ bei $v = 1$ für a.

Es kommen für den ersten Teil der Strecke m, d. i. bis zum Strange e zwei Hydranten in Betracht, ein dritter ist in e selbst eingebaut, während für den Rest von m nur zwei zu berücksichtigen sind, weshalb die erforderliche Wassermenge $7 + 0,2 = 7,2$ Sek./l beträgt.

v im Strange a kann daher mit 0,5 m sekundlich angenommen werden, so daß der Piezometerstand bei $m = 61$ $-(15,7 \cdot 0,177) = 58,22$ m ist. Der Rohrstrang m hat 125 mm Lichtweite und ist 420 m lang; h_I daher bei $v = 0,973 \cdot 4,20 = 4,09$. Der Piezometerstand am Ende von $m = 58,22 - 4,09 = 54,11$.

Die Wassermenge, welche bei $v = 1$ die Leitung von 125 mm Lichtweite durchfließt, ist 12,27 Sek./l, wäre also auch für drei Hydranten genügend, ebenso entspricht auch die vorberechnete Druckhöhe mit 54,11 m, welche den Piezometerstand für den dort beginnenden Strang r angibt. Dieser ist 450 m lang, hat 80 mm Lichtweite und sind wiederum maximal zwei Hydranten als beansprucht vorzusehen.

Für die in Betracht zu ziehende Wassermenge von 7,0 + 0,09 = rund 7,1 l ist ein $v = 1,5$ m erforderlich, wobei 7,54 l abfließen.

$h_I = 4,5 \cdot 3,172 = 14,27$. Die Steigung bis zum Endhydranten beträgt 3,2 m und der Druck dortselbst daher 54,11 — (14,27 + 3,2) = 36,64 m.

Somit ist auch dieser Strang genügend dimensioniert.

3. Leitung n, u, t.

Der Strang a bis zum Knotenpunkte ist 1750 m lang. Die Rohrstrecke $b = 900 - 650 = 250$ m, der Durchmesser 175 mm.

n ist lang 210 m mit 125 mm, $u = 190$ m mit 100 mm und endlich $t = 320$ m mit 80 mm Lichtweite.

Der Piezzometerstand bei der Abzweigung von b ist für $v = 0,5$ 61 — (17,50 · 0,177) = 57,9 m. Für b beim Beginne von $n = 57,9 - (2,5 \cdot 0,202) = 57,39$.

Die Wassermenge, welche b bei $v = 0,5$ m durchfließt, beträgt 12 Sek./l, ist also für drei Hydranten und den normalen Wasserverbrauch hinreichend.

In der Leitung n ist diese Anzahl vorgesehen, und es besteht die Möglichkeit, daß sie auch in Funktion tritt.

Es ist daher für n die Geschwindigkeit $v = 1$ vorzusehen, so daß 12,27 l zur Verfügung sind.

Der Piezzometerstand am Ende von n ist daher 57,39 — (2,1 · 0,973) = 55,35.

Vom Strange u kommt nur die letzte Teilstrecke mit 190 m Länge in Rechnung, der Durchmesser = 0,1 m. Zu speisen sind zwei Hydranten mit 7 + 0,1 = 7,1 Sek./l Wasser, der Piezzometerstand am Ende von u bei $v = 1$ m ist daher 55,35 — (1,9 · 1,216 + 4,0) (4,0 m = Straßenerhebung) = 49,04 m.

Die Endstrecke t ist der Ausläufer der Stadt in die Landstraße bei offenem Bausystem, weshalb nur zwei Hydranten in Rechnung zu ziehen sind. Der Wasserverbrauch im ganzen ist 7,0 + 0,04 = 7,04, die Wasserförderung bei $v = 1,5 = 7,54$, also genügend. Der Piezzometerstand beim Endhydranten daher 49,04 — (3,2 · 3,172) = 38,89 oder rund 38,9 m, also ebenfalls hinreichend, vorausgesetzt, daß die Straße nicht ansteigt, was nicht angenommen wurde. Sollte dies der Fall sein, so könnte trotzdem der Strang mit 80 mm beibehalten werden, jedoch müßte die letzte Strecke von u den gleichen Durchmesser wie n, also nicht 100, sondern 125 mm erhalten, wobei der Druckhöhenverlust beträchtlich abnehmen würde.

In der gleichen Weise wird mit allen übrigen Strängen verfahren, und würde beim Strange a' insbesondere die Abzweigung vom Strange b zu berücksichtigen sein, für welchen der Druckhöhenverlust nur bis zur Pumpstation in Betracht fällt, da diese bei Feuersgefahr stets in Betrieb ist.

Weiters wäre zu untersuchen, wie sich die Wasserverhältnisse für den Strang d bzw. e gestalten, welcher die Stränge m, a, z und c kreuzt, wenn die Wirkung der übrigen Zirkulationsstränge, welche die Wasserlieferung günstig beeinflussen, außer Betracht gelassen wird.

Sämtliche zweigen vom Hauptrohrstrange a ab, so daß sie nach der Berechnung von m eines weiteren Zuflusses nicht mehr bedürfen. Die Fortsetzung des Stranges c über die Kreuzung mit d hinaus erhält Wasser vom letzteren, dessen Durchmesser 150 mm beträgt. Eingebaut sind je zwei Hydranten, demnach ist Wasser in Überfluß vorhanden, wie auch die Druckhöhe noch sehr groß ist. Ein dritter Hydrant ist im anschließenden Querstrange γ eingebaut, kommt also nicht in Betracht.

Die gesamte Anlage ist demnach so projektiert, daß sie allen Anforderungen entspricht. Brandstiftung an allen Ecken und Enden kann natürlich niemals als Grundlage für die Ausarbeitung eines Projektes dienen. Die nicht untersuchten Stränge f, g, h, i, k usw. unterliegen hinsichtlich der zu fördernden Wassermenge und erforderlichen Druckhöhe ohnedies keinem Zweifel mehr.

Zu prüfen wäre vielleicht noch, wie sich die Anlage gestaltet, wenn, was ja denkbar wäre, am Marktplatze die vorhandenen fünf Hydranten zu gleicher Zeit in Anspruch genommen würden. Daß der Strang c mit zwei Hydranten bei $v = 1,5$ m den nötigen Anforderungen genügt, ist zweifellos festgestellt.

Fünf Hydranten erfordern ca. 17,5 cbm Wasser. Wird wie bisher davon abgesehen, daß auch von der Pumpstation ca. 12 l nach b geführt werden und zwar unter $v = 0,5$ m, so hat der Strang b 10,5 l beizuführen, welcher Anforderung derselbe bei ebenfalls $v = 0,5$ reichlich entspricht, und zwar mit 12,03 l. Im Zuleitungsstrange a sind für den Strang c ca. 7 Sek./l zuzuführen, für b obige 10,5, somit 17,5. Hierzu der normale Verbrauch mit ca. 5 Sek./l, so daß im ganzen 22,5 Sek./l abzufließen haben. Hierzu genügt eine Geschwindigkeit von 0,8 m im Strange a mehr als ausreichend, wobei $h_I\% = 0,41$ und bis zum Strange c auf 1700 m = rund 7 m ist.

Im Strange b haben alsdann noch 17,5 Sek./l zu fließen, welche wiederum bei $v = 0,8$ m in mehr als genügender Menge gefördert werden, wobei $h\% = 0,47$ und auf 250 m = 1,18 wird. Der gesamte Druckverlust ist daher nur $7 + 1,18 = 8,18$ m, so daß die Druckhöhe am Ende des Marktplatzes noch 52,8 m beträgt.

Damit jedoch, daß im allgemeinen der Beweis für ausreichende Rohrdimensionen erbracht wurde, ist jener noch nicht geliefert, daß die Anlage auch wirklich rationell projektiert ist. Es ist daher in den einzelnen Fällen noch zu prüfen, ob die Rohrdurchmesser nicht z u   g r o ß gewählt sind.

Wie schon erwähnt wurde, ist ein Fehler in dieser Hinsicht nicht wohl möglich, wenn die Piezometerstände richtig gezeichnet sind. Dagegen wird bisweilen unrationell verfahren, indem man z. B. die Leistungsfähigkeit eines klein dimensionierten Endstranges dadurch zu steigern versucht, daß die sämtlichen Durchmesser der vorausgehenden größeren Leitungen noch weiters erhöht werden. Es wäre das fast ausnahmslos als Fehler zu betrachten, da die Rohrpreise für Rohre mit beträchtlicher Lichtweite sehr teuer werden. Man wird also in solchen Fällen fast stets den zu kleinen Endstrang größer dimensionieren. Ist dieser sehr lang, so wählt man z. B. bis zur Hälfte Rohre mit 90 mm und dann den Rest mit 80 mm Lichtweite. Will die Gemeinde, was ja leider recht oft der Fall ist, eine sehr billige Leitung unter der Begründung, daß ihr der Druck in dem betreffenden Strange groß genug sei, so muß sie auch die Verantwortung hierfür übernehmen und dieser Tatbestand ist dem Erläuterungsberichte einzuverleiben. Die günstige Wirkung, welche Zirkulationsstränge auf die Wasserzuführung äußern, bleibt bei Festsetzung der Rohrlichtweiten unberücksichtigt. Sie dient als Sicherheit bei Vergrößerung der Ortschaft, Zunahme der Einwohnerzahl und innerem Rostansatz.

Fehlerhaft wäre es, die Querstränge, z. B. den in der Skizze verzeichneten Strang *d*, zu klein zu wählen. Es kann der Fall eintreten, daß z. B. im Zuleitungsstrange *a* ein Rohrbruch stattfindet, so daß die Stadt nur von der Pumpstation aus mit Wasser versehen werden müßte. Käme unglücklicherweise noch ein Brandfall abseits des Stranges *b*, z. B. im Strange *r* hinzu, so könnte ein derartiger Fehler verhängnisvoll werden. Zudem sind meist diese Querstränge ziemlich kurz, so daß der Kostenpunkt keine große Rolle spielt.

Daß bei Oberflurhydranten der Platz für ihre Aufstellung beliebig gewählt werden kann, sei hier noch besonders erwähnt, da sie fast niemals direkt auf dem Rohrstrange eingebaut werden, sondern seitlich desselben, was bei Unterflurhydranten nicht der Fall ist. Es kann somit für erstere die günstigste Lage beliebig gewählt werden.

In der beigefügten Skizze ist zwar der Hydrant als auf dem Rohre direkt sitzend dargestellt und sind somit Unterflurhydranten zum Ausdruck gebracht, allein lediglich der Einfachheit halber, da die Stellung der Hydranten für die Rohrbestimmung unwesentlich ist und nur ihre Zahl in den einzelnen Strängen zum Ausdruck gebracht werden wollte. Weiteres über Hydranten findet sich im nächsten Abschnitte. Schließlich sei noch erwähnt, daß in einzelnen Fällen, woselbst das Wasser die normale Geschwindigkeit $v = 1$ — bei höchster Wasserentnahme — überschreitet, die Leitung durch Einbau von Windkesseln für die Hydranten vor starken Stößen gesichert werden kann.

74. Die einzelnen Bestandteile des Stadtrohrnetzes.

Es ist unter allen Umständen daran festzuhalten, daß jeder Strang für sich absperrbar sein muß. Bei Zirkulationsleitungen hat demnach jede Abzweigung zwei Absperrschieber zu erhalten. Diese Anordnung ist deshalb dringend nötig, weil andernfalls ganze Stadtteile vom Wasserbezuge ausgeschaltet werden müssen, falls in irgendeinem Strange eine Reparatur, so z. B. der Ausbau eines Hydranten, Schiebers, der Abschluß eines Rohrbruches usw. nötig würde. Diese Schieber sind tunlichst direkt hinter dem Abgangsbzw. Abzweigstücke zur Seitenleitung einzubauen.

Sie erhalten eine sog. Einbaugarnitur mit verschließbarer Straßenkappe, welche um einige Millimeter tiefer als die Straßenoberfläche zu liegen hat und auf einer Unterlage aus Eichenholz ruhen muß. Es ist nur in seltenen Ausnahmefällen zulässig, die Spindel zum Öffnen der Schieber zu verkürzen. Als Norm gilt eine Rohrüberdeckung von 1,5 m, und für diese Grabentiefe sind die Hydranten und Schieber konstruiert. Wesentlich ist es, daß das obere Ende der beiden letztgenannten Leitungsteile mindestens 5 cm unter der Unterkante der Straßenkappe liegt, da letztere sonst leicht auf dem oberen Ende der Spindel aufsitzt, wodurch die Gefahr hervorgerufen wird, daß beim Passieren der Straßenkappe mit schwerem Fuhrwerk der Schieber oder Unterflurhydrant stark belastet wird, so daß Flanschenbrüche usw. entstehen. In größeren Städten werden die Schieber häufig in Schächten eingebaut. Ihre Lage ist durch Einmessung und Bezeichnungstafeln zu kennzeichnen.

Der Übergang von größeren Rohren in kleinere erfolgt durch sog. Reduktionsstücke bzw. Verteilungskästen. Letztere finden meist Anwendung, wenn drei oder mehr Rohrstränge von einem Punkte abzweigen. Der Übergang von einem größeren zu einem kleineren Rohrdurchmesser wird durch das erwähnte Reduktionsstück hergestellt.

Ein weiterer wesentlicher Leitungsbestandteil sind die bereits mehrfach erwähnten Hydranten.

Sie dienen zum Schutze gegen Feuersgefahr und man unterscheidet zwischen Unter- und Oberflurhydranten.

Erstere werden wie die Schieber entweder mittels Einbaugarnitur oder Schächten direkt über dem Rohrnetze angebracht, zu welchem Zwecke der Strang an der betreffenden Stelle ein **A**-Stück erhält, auf welchem der Hydrant befestigt wird. Die Straßenkappe ist ebenso, wie beim Schieber, auf Eichenholzunterlage aufzusetzen. Jeder Unterflurhydrant ist wiederum durch eine Bezeichnungstafel so ersichtlich zu machen, daß er bei Schneefall usw. durch eine kurze Einmessung sofort gefunden werden kann. Man streut im Winter vorteilhaft Viehsalz auf die Straßenkappe, um sie vor dem Einfrieren zu schützen und durch die dabei eintretende Schneeschmelze leicht auffinden zu können.

Alle Hydranten müssen sehr langsam abgeschlossen werden, und haben eine Vorrichtung zu erhalten, welche das im Rohre nach dem Abschlusse vorhandene Wasser selbsttätig zur Entleerung bringt, damit es nicht einzufrieren vermag. Der Anschluß dieser selbsttätigen Entleerung an bestehende, entsprechend tiefe Kanäle ist das sicherste Mittel gegen Frostgefahr, dagegen auch das teuerste. In Kiesuntergrund, aufgefülltem Boden usw. versickert die zur Entleerung gelangende geringe Wassermenge. Ist der Boden undurchlässig, so ist am Fuße des Hydranten bzw. noch unterhalb des Hauptrohres durch Einlegen von Steinen Raum für das zu entfernende Wasser zu schaffen. Die Unterflurhydranten werden mittels eines Schlüssels geöffnet, nachdem vorher das über das Straßenniveau hinausragende Standrohr aufgesetzt wurde. Dieses hat meist zwei mit Schlauchgewinden versehene Ausläufe, an denen die Schläuche befestigt werden. Letztere dürfen nach ihrer Füllung mit Wasser nicht mehr in einer Weise bewegt werden, daß das Standrohr nach einer Richtung hin gezogen wird, da hierdurch Brüche und Defekte am Hydranten oder dem genannten Rohre entstehen.

Oberflurhydranten sind in dieser Hinsicht weniger gefährlich, da das Standrohr gänzlich entfällt und die breite Basis des gußeisernen Gehäuses größeren Widerstand bietet. Bei diesen Hydranten entfällt auch die Straßenkappe und mit dieser die Gefahr des Einfrierens ihres Deckels, ebenso sprechen zu deren Gunsten ihre leichte Auffindbarkeit, das Entfallen des Schneeschaufelns und Salzstreuens bei der Straßenkappe. Die Einfrierungsgefahr ist jedoch eine er-

höhte, und es sind diese Hydranten bei strenger Kälte fleißig
zu untersuchen, ob sich nicht bei etwa eingetretener Undichtheit des Absperrventiles oder Flanschenverschlusses
Wasser im Steigrohr ansammelt, welches alsdann beim Ge-
frieren das letztere zum Zerspringen bringt. In der gleichen
Zeit jedoch, innerhalb welcher die Straßenkappen der Unterflurhydranten freigehalten, aufgetaut und mit Salz bestreut
werden, ist es auch möglich, die Oberflurhydranten hinsichtlich der Frostgefahr zu schützen, so daß letztere an
jenen Plätzen, woselbst sie kein Verkehrshindernis bilden,
den Vorzug verdienen. Es ist selbstredend, daß sie mit guter
selbsttätiger Entleerung versehen sein müssen. Vielfach erfolgt diese auch auf mechanischem Wege durch Einführen
eines Schlauches in das Innere des Rohres mittels einer hierzu
dienlichen, dicht abschließbaren Öffnung und Auspumpens
des Wassers mit einer Handpumpe. Ein gemischtes System,
d. i. teilweise Ober- und Unterflurhydranten einzubauen,
ist häufig am Platze, erfordert jedoch eine stete Mitnahme
der Standrohre, die deshalb auf dem immer bereitstehenden
Requisitenwagen ihren Platz zu finden haben. Daß insbesondere Oberflurhydranten durch Einbau einer eigenen
Hydrantenleitung abseits des Rohrstranges angeordnet werden können, ist bereits gesagt worden.

75. Das Material für das Stadtrohrnetz.

Für das Stadtrohrnetz wie auch für die Zuleitungen
gelangen meist gußeiserne Muffenrohre, welche innen und
außen heiß geteert bzw. asphaltiert sind, zur Verwendung.
Das betreffende Gußeisen muß so weich sein, daß es sich
mit dem Meißel bearbeiten läßt, darf keine Fehler im Gusse
besitzen und die Rohre müssen schon in der Gießerei unter
einem Drucke von 20 Atm. geprüft werden. Liegend gegossene Rohre sind für Druckleitungen ausgeschlossen. Die
Abdichtung erfolgt mittels Blei, indem zuerst Hanfstricke
in die Muffe so eingetrieben werden, daß mindestens 3—4 cm
für die Bleidichtung übrig bleiben. Letztere erfolgt dadurch,
daß eine Lettenwulst um das Muffenende dicht angelegt
wird, während der Hohlraum zwischen Muffe und Rohr für

das einzugießende Blei mit einem Stricke abgeschlossen ist, dessen beide Enden oben aus der Lettenwulst herausragen. Dann wird der Strick vorsichtig herausgezogen und durch die obere Öffnung der Wulst das Blei eingegossen. Nach dem Erkalten wird dieses sorgfältig mit drei bis vier Stemmern in die Muffe getrieben, und zwar so lange, bis es die nötige Dichte erhalten hat und der Stemmer beim Aufschlagen mit dem Hammer zurückspringt. Die so hergestellten Dichtungen müssen auf einen Druck von 15—20 Atm. geprüft werden, und die sog. Preßprobe erfolgt dadurch, daß die zu erprobende Strecke der Röhrenfahrt mit Wasser gefüllt und mittels der Preßpumpe so lange weiteres Wasser in den betreffenden Strang eingepumpt wird, bis der auf der Pumpe angebrachte Manometer den erforderlichen Druck zeigt und diesen auf die Dauer der Probe unverändert beibehält. Ein Sinken des Manometerstandes bedeutet eine Undichtheit der Röhrenfahrt, die alsdann genau zu untersuchen ist. Der Rohrgraben darf daher erst nach der Preßprobe zugefüllt werden. Ist ein Defekt in einer Muffe entdeckt, so ist der Druck abzulassen und die Muffe nachzustemmen. Schadhafte Leitungsbestandteile sind zu erneuern.

Gußeiserne Flanschenrohre bilden eine sehr starre und unbewegliche Verbindung und sind daher nicht allgemein zu empfehlen. Für größere Schmiedeeisenrohre ist die Flanschendichtung mittels Gummi allgemein üblich. Man verwendet hierzu flache Ringe von 3—5 mm Stärke. Bei sehr großen Rohren erfolgt die Dichtung meist mit Bleiringen, bisweilen auch mit runden Gummiringen von 1½—2 cm Durchmesser. Ähnliche solche gelangen zur Verwendung, wenn bewegliche Muffendichtungen hergestellt werden sollen. Die innere Muffenwandung erhält alsdann Rillen, in welche der an das Rohrende gesteckte Gummiring mit Gewalt eingetrieben wird.

Die gewöhnliche Muffendichtung gestattet kleinere Ablenkungen von der geraden Linie, als sie durch die normalen Fassonstücke erzielt werden können, was bei Flanschenrohren nicht der Fall ist, so daß sich mit Muffenrohren im allgemeinen flüssigere Linien herstellen lassen. Für Hochdruckleitungen werden auch Muffen hergestellt, welche kräftigeren Guß erhalten und so geformt sind, daß sich ihre Innenseite nach der Tiefe zu etwas erweitert. Der gestemmte Bleieinguß kann daher nicht herausgetrieben werden, da er gegen die Vorderseite der Muffe keilförmig ausgebildet ist und bei größtem Drucke immer besser abdichtet.

Wo sich in den Rohrgruben Wasser zeigt, so daß das Ausgießen der Muffen wegen des Spritzens des Bleies gefährlich wird oder ganz undurchführbar ist, empfiehlt sich, falls das Wasser nicht von der Dichtungsstelle durch Dämme, Pumpen usw. abgehalten werden kann, das Eintreiben von Bleiwolle auf die festgestemmten Dichtungsstricke. Man kommt so häufig rascher und billiger über die durch Wasserzudrang entstehenden Schwierigkeiten hinweg. Es gilt das besonders dann, wenn Rohrstrecken in einen größeren Wasserlauf zu versenken sind und das Untergrundmaterial sehr durchlässig ist. Auch bei Hochdruckleitungen mit gewöhnlichen Muffenrohren bewährt sich Bleiwolle sehr gut. Ebenso dann, wenn die Stricke nur mangelhaft eingetrieben wurden und das gestemmte Blei hinter den vorderen Muffenrand zurücktritt. Das Einbringen von Bleiwolle in den so entstehenden Dichtungshohlraum ist besser als das Nachgießen von heißem Blei und neuerliches Verstemmen. Man wird also gut daran tun, etwas Bleiwolle bei jedem Bau bereitzuhalten. Gutes Verstricken ist wichtiger als das Verstemmen des Bleies, da letzteres nur dann normal vor sich gehen kann, wenn die Stricke zuletzt nicht mehr nachgeben. Es ist jedoch auch das Verstemmen des Bleies sorgsam durchzuführen, da bei ungleichmäßigem, gewaltsamem Eintreiben desselben nicht selten Gußmuffen platzen. Der abgestemmte Überschuß an Blei muß sich als Ring von selbst von der Dichtungsstelle ablösen und an dieser eine gleichmäßige, scharfe, gegen das Rohr gerichtete Kante aufweisen. Über das Rohrmaterial selbst sei erwähnt, daß stehend gegossene Eisenrohre, Mannesmannrohre und nahtlos geschweißte, sämtliche sowohl mit Muffen als Flanschendichtung, — zur Verwendung gelangen. Die zu Installationen und für kleine Anlagen dienlichen galvanisierten Rohre, andere Eisenrohre sollen für

Wasserleitungszwecke nicht verwendet werden, — haben eine
Längsnaht, die bei unvorsichtigem Biegen, beim Herabwerfen,
Abschneiden, vielfach auch bei mangelhafter Herstellung
platzen. Die Mannesmannwerke liefern seit kürzester Zeit
spiralförmig geschweißte Rohre ohne Naht von $\frac{1}{4}''$ aufwärts
bis zu 200 mm.

Welche Rohrart zu wählen ist, kann nicht kurzweg
entschieden werden. Gußrohre haben eine erhebliche Rohr-
wandstärke, die erfahrungsgemäß dem inneren und äußeren
Rostangriffe lange Jahre hindurch energischen Widerstand
leistet, besonders wenn sie innen und außen gut asphaltiert
sind und dieser Anstrich heiß und wiederholt erfolgte. Gleich-
wohl darf nicht verschwiegen werden, daß die etwas rauhen
Gußrohre in vielen Fällen dem inneren Rostansatze ebenfalls nicht zu widerstehen vermochten, wie auch die Bodenbeschaffenheit, insbesondere die Nähe durchlässiger Jauche-
gruben, ihnen auch an der Außenseite gefährlich wird. Seit
die Mannesmann-Röhrenwerke ihre Rohre mit asphaltierter
Juteumhüllung versehen und ihre Preise so stellen, daß sie
sehr wohl mit Gußrohren zu konkurrieren vermögen, hat ihr
Fabrikat ganz enorm an Verbreitung zugenommen und man
kann sagen, daß diese bei sorgsamer Behandlung und Verlegung den Gußrohren nun nicht mehr nachsteht, zudem
als die Rohre leicht sowie sehr biegsam sind und in Baulängen bis zu 12 m geliefert werden, also nur den dritten
Teil an Dichtungen gegenüber den Gußrohren erfordern,
die 2, 3, 4 und 4,5 m Baulänge besitzen. Schwache Krümmer werden vollständig erspart, da die langen Rohre ohne
jede Knickung in leichte Kurven gelegt werden können,
wobei insbesondere in milder Jahreszeit auch die Umhüllung
der Rohre nicht Not leidet. Die Wasserführung in den Rohren
wird dadurch äußerst günstig beeinflußt. Bei strenger Kälte
ist ihr Biegen nicht rätlich, da der Asphalt abbröckelt. Ihre
Preise sind so kalkuliert, daß die Einsparung an Transportkosten mit der Bahn und durch Fuhrwerke, das leichtere Einbringen der Rohre in die Gruben, die weit geringere Zahl der
Dichtungen, die Arbeit und Material spart, ihren den Gußrohren gegenüber erhöhten Preis vollständig rechtfertigen. Da

die angeschweißten Muffen aus zähem Stahl absolut nicht zersprengt werden können, die Dichtung also mit voller Gewalt eingetrieben werden kann und die Rohre auf 50 Atm. Druck geprüft werden, also Rohrbrüche vollständig unmöglich sind, ihr Nachgeben in schlechtem Untergrund daher nur auf die Wasserführung nachteilig wirkt, aber zu keinem Rohrbruche führen kann, bietet diese Rohrgattung eine Reihe von Vorteilen, die in keiner Weise verkannt werden soll. Dagegen erfordert das Verlegen der Rohre doppelte Vorsicht. Wo die Jutierung und Asphaltierung beschädigt wird, wo es unterlassen wird, das nicht gegen Rostangriff geschützte Schwanzende der Rohre nach dem Eindichten in die Muffe so mit Jute zu umhüllen und zu asphaltieren, daß auch nicht die Spur eines ungeschützten Rohrteiles vorhanden ist, wo insbesondere bei den Anbohrschellen, für welche die Umhüllung des Rohres an der Dichtungsstelle auszuschneiden ist, die Rohre wieder so gegen Rostangriff gesichert werden, daß auch kein Atom von Luft oder Wasser Zutritt zu ihnen findet, enthält die Leitung eine zahlreiche Reihe wunder Stellen, die im Laufe der Jahre zur vorzeitigen Zerstörung der Anlage führen kann. Es ist das der einzige Übelstand, der einer allgemeinen Verwendung dieser Rohre entgegensteht und selbstredend vermieden werden kann, wenn ein durchaus verlässiger Rohrleger und eine unausgesetzte strenge Kontrolle vorhanden ist. Über die nahtlos geschweißten Rohre, welche ebenfalls jutiert und asphaltiert geliefert werden können, gilt das gleiche wie für die Mannesmannrohre.

Da Übergangsstücke von Gußrohren zu Mannesmannrohren und umgekehrt im Handel sind, werden zurzeit vielfach beide Rohrgattungen verwendet, und zwar meist im Innern der Orte Gußrohre, im übrigen aber Mannesmann- oder nahtlos geschweißte Rohre. Der Grund hierfür liegt in der Gefahr der Wiederabdichtung der Rohre bei den Anbohrschellen.

76. Formstücke und Armaturen.

Um sich über diese genau informieren zu können, um ferner bei den Projektierungsarbeiten über die Baulängen

der einzelnen Stücke, ihre Wandstärke, Muffen- oder Flan-
schenhöhe usw. die nötigen Anhaltspunkte zur Verfügung
zu haben, ist es nötig, im Besitze eines Kataloges zu sein,
den die betreffenden Röhrenwerke aufstellen ließen und den
Interessenten gern zur Verfügung stellen. Der beste zu dem
angegebenen Zwecke dürfte jener von Rudolf Böcking & Cie.,
Halbergerhütte in Brebach sein, den er für seine Gußrohre
in Druck legen ließ und genau den Bestimmungen deutscher
Gas- und Wasserwerkfachmänner entspricht. Es kann hier
nicht der Platz sein, näher auf diese Materie einzugehen,
und soll nur kurz der Zweck der häufigsten Formstücke und
Armaturen erwähnt werden.

a) Formstücke.

A-Stücke sind kurze Muffenrohre mit senkrechtem Flanschenabzweig. Wird letzterer nach aufwärts gerichtet, so
dient er für stehende Montage bzw. zum Befestigen der Hydranten. Seitlich gerichtet bilden sie Abzweige für Rohrstränge mit Flanschenanschluß in den meisten Fällen am
Schieber. Grundsatz bei allen Abzweigstücken ist, daß der
Abzweig niemals g r ö ß e r sein darf als der Rohrdurchgang
des betreffenden Formstückes.

B-Stücke haben an Stelle des Flanschenabganges einen
Abzweig mit Muffe. Sie dienen zum Anschlusse eines Rohr-
schwanzstückes.

C-Stücke erfüllen den gleichen Zweck, jedoch steht der
Muffenabzweig unter einem Winkel von 45^0 zur Rohrachse.

R-Stücke wurden bereits erwähnt, sie bilden den Übergang von der Muffe eines größeren Rohres in ein solches
mit kleinerer Lichtweite. Die Muffe ist stets am kleineren
Rohrende angegossen.

E-Stücke bilden den Übergang von Flanschendichtung zur
Muffendichtung oder umgekehrt. Ihre Baulänge beträgt
stets 0,3 m, falls nicht ausdrückliche Bestellung auf 0,15 m
oder auf größere Baulängen erfolgt.

A A-Stücke besitzen ein Muffenende in der Rohrachse und
im Gegensatze zu den *A*-Stücken **zwei** seitliche rechtwink-
lige Flanschenabgänge.

BB-Stücke erhalten an Stelle dieser Flanschenabgänge solche mit Muffen.

CC-Stücke sind wiederum schräge Abzweige, jedoch je einer nach links und rechts.

Die letzten drei Arten von Formstücken eignen sich zum gleichen Zwecke wie *A*-, *B*- und *C*-Stücke, nur daß sie stets seitlichen Anschlüssen dienen, und zwar beiderseitigen.

F-Stücke stellen ein kürzeres Rohrstück mit Flansche an einem Ende dar. Sie vermitteln wie die *E*-Stücke den Übergang von Flanschen zur Muffendichtung. Da letztere im Gehänge stets so zu erfolgen hat, daß die Muffe bergauf gerichtet ist, da sonst das Ausgießen der Muffe mit Blei nicht möglich ist, muß je nach Lage des Geländes ein *E*- oder *F*-Stück zur Verwendung gelangen.

U-Stücke oder Überschubmuffen sind zwei Muffen an einem ganz kurzen Rohrstücke angegossen und dienen zur Verbindung zweier Rohrschwanzstücke, besonders bei Muffenumkehr. Sie sind außerdem wichtig bei Rohrbrüchen und gestatten die Verwendung von abgehauenen muffenlosen Rohren, welche sonst als Abfallrohre meist nur Wert als altes Eisen besitzen würden.

Die Krümmer vermitteln die Abweichungen in den Rohrsträngen von der geraden Linie. Man unterscheidet zwischen *J*-Krümmern, welche die entsprechende Krümmung direkt hinter der Muffe erhalten und nach dieser ein längeres gerades Rohrstück besitzen, und *R*-Krümmern, die fast bis zum Schwanzende gleichmäßig gebogen sind. Letztere besitzen größere Baulängen und werden meist nur dann verwendet, wenn die Bewegung des Wassers in den Leitungen durch rasch geknickte Rohre nicht verzögert werden darf.

Die Ablenkungen von der Geraden sind festgesetzt auf 11,25⁰, 22,50⁰, 30⁰, 45⁰, 60⁰ und 90⁰. Vielfach ist man genötigt zwei, bisweilen noch mehr Krümmer zu verwenden, um starke Biegungen in einer flüssigen Linie herzustellen. Krümmer mit 60⁰ werden nur für Rohre bis zu 150 mm Lichtweite hergestellt. 90 grädige Krümmer sind in den Rohrleitungen auf freier Strecke nicht zulässig, wie überhaupt zu große Ablenkungen nicht mit einem Krümmer ausgeführt werden

sollen. Es ist hierauf schon bei der Projektierung Rücksicht
zu nehmen. Werden Krümmer mit 90⁰ stehend verwendet,
so wählt man Fußkrümmer, bei denen der Druck auf eine
senkrechte Stütze übertragen ist, so daß sie vor dem Knicken
bewahrt bleiben. Weitere, seltener benötigte Formstücke sind:

FB-Stücke, d. i. ein *F*-Stück mit Flansche in der Rohrachse und rechtwinklig angeordnetem seitlichen bzw. senkrechten Muffenabzweig.

FA wie *FB*, jedoch mit Flanschenabgang.

UA und *UB* bezeichnen Überschubmuffen, bei ersterem
mit Flanschen, bei letzterem mit Muffenabzweig.

UAA und *UBB* entsprechen obigen *UA* und *UB*, besitzen jedoch beiderseits die betreffenden Abzweige.

H stellt einen Blindflanschendeckel dar, also den Abschluß einer Flansche an einem *E* oder *F*. Man benutzt *H*
zum Pressen von Rohrleitungen, Abschluß eines Abzweig-
stückes, das erst später zum Ausbau gelangen soll, und eines
FA-Stückes, welches am Ende einer Leitung eingebaut wird
und auf dem senkrecht gestellten Flanschenabzweig zum Aufstellen eines Hydranten dient, falls nicht vorgezogen wird,
einen Endhydranten einzubauen, was nur dann zu empfehlen
ist, wenn die Gewißheit besteht, daß der betreffende Strang
nicht mehr verlängert werden kann oder muß.

Als reine Flanschenformstücke ohne Buchstabenbezeichnung sind zu nennen: der 90 grädige Flanschkrümmer, der
auf Bestellung auch als Flanschenfußkrümmer geliefert wird,
das Flanschen-T-Stück mit einem Abzweige und das Flan-
schenkreuzstück mit zwei Abzweigen in gleichem Durchmesser.
Sie finden die häufigste Verwendung bei der Armierung
der Hochbehälter. Hinsichtlich der Flanschenverbindungen
sei besonders hervorgehoben, daß ohne ausdrückliche Bestellung die Bohrung der Formstücke stets so erfolgt, wie
sie für liegende Montage allgemein üblich ist, d. h. also, wenn
die Rohre horizontal verlegt werden. Für senkrecht stehende
Montagen ist es nötig, diesen Umstand bei der Bestellung
ausdrücklich zu erwähnen und genaue Skizze bzw. Bohr-
schablone beizufügen. Das Neubohren der Schraubenlöcher

ist zeitraubend, kostspielig und unschön. Dabei wird der
Flansch über Gebühr verschwächt.

b) Sonstige Leitungsbestandteile und Armaturen.

Flanschen, T und Kreuzstücke werden auch mit kleineren
Abgängen geliefert, ebenso Reduktionsstücke mit beiderseitigen Flanschen. Erstere finden selten Verwendung, letztere dienen bisweilen dazu, als umgekehrte Reduktion nutzbar zu werden, wenn es sich darum handelt, von einem kleineren Rohrdurchmesser in einen größeren überzugehen oder
an den gewöhnlichen Formstücken zu sparen. Da jedoch
so seltene Formstücke fast niemals auf Lager gehalten werden,
wird es, wenn die Arbeit dringlich ist, kaum rätlich sein,
mit diesen zu rechnen, da sich die Lieferung oft um mehrere
Wochen verzögert. Als weitere Leitungsbestandteile kommen
in Betracht: Anbohrschellen zum Anschluß der Zuleitungen
in die Gebäude beim Anbohrsysteme, Teilkugeln zur Verteilung des Wassers im Ortsrohrnetz nach vier Seiten, teils
mit verschiedenartig dimensionierten Abgängen, auch solche
mit drei Abgängen, Klappenventile für die Armierung der
Hochbehälter, wie sie dort bereits geschildert sind, Spund-
kästen zum Reinigen der Rohre, Auslaufklappen mit Hoch-
wasserverschluß oder Deckel zum Schutze gegen Ungeziefer
oder Frösche, Teilkästen, Entlüftungskästen, an deren Stelle oft
ein A-Stück treten kann, das mit Blindflansche abgeschlossen
wird, welche zwecks Luftablasses für ein Rohr mit ¾″ durch-
bohrt mit Schutzrohr, Luftablaßhahnen und Straßenkappe
versehen wird, ferner Schlammkästen, die bei Heberleitungen
und bei Umgangsleitungen für den Sammelschacht schon
erörtert sind, weiters selbsttätige Entlüftungsventile, die ebenfalls schon geschildert wurden, Leer- und Überläufe in den
Sammelschächten usw. Fußventile für die Saugleitungen von
Pumpen und Kompensationsstopfbüchsen für Rohrleitungen,
welche hauptsächlich dann zum Einbau gelangen, wenn Wassermesser in die Hauptrohrleitungen einzubauen sind, damit
erstere leicht entnommen werden können, falls sie reparatur-
bedürftig werden.

Endlich seien noch namhaft gemacht die Entlüftungs-
oder Dunstkamine für die Hochbehälter, Einsteck und Einlauf bzw. Überlaufseiher an Flanschen zu befestigen oder
in die Muffe einzuschieben, Schieber mit oder ohne Einbaugarnitur und Straßenkappe, Hydranten mit Straßenkappe,
Zeigerwerke für Wasserschieber, Hydrantenstandrohre, Brunnen aller Art, insbesondere Ventilbrunnen mit selbsttätiger
Entleerung, Schachtdeckel aus Eisenblech oder Gußeisen usw.

Sämtliche im vorausgegangenen aufgeführten Leitungsbestandteile sind in dem erwähnten Kataloge aufgeführt
und ihre Verwendungsart ist dort bekanntgegeben.

77. Entlüftungskästen.

Bildet sich z. B. beim Vorhandensein von freier Kohlensäure im Leitungswasser Rost im Innern der Rohre, so sind
gußeiserne dickwandige Rohre wohl vorzuziehen, da dieselben vom Roste nicht so rasch durchgefressen werden.

In solchen Fällen empfiehlt es sich, die Kohlensäure an
der Quelle zur Abscheidung zu veranlassen, was durch den
Einbau von Kohlensäure-Abscheidekästen ermöglichst ist, bei
denen das Wasser gezwungen wird, wiederholt über breite
Überfallflächen unter ganz niedrigem Wasserstande zu fließen.
(Siehe folgende Skizze.)

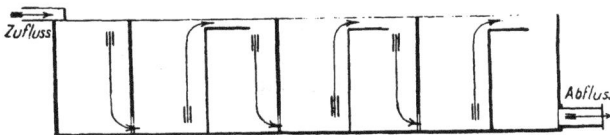

Fig. 18.

Für Grundwasserleitungen sind solche Anordnungen nur
dann möglich, wenn die Wasserhebung direkt beim Brunnen
erfolgt, so daß das geförderte Wasser zuerst mittels einer
Hilfspumpe in den betreffenden Behälter gepumpt und von
dort aus weitergeleitet wird oder wenn bei artesischem Auftrieb der Brunnen sich dorthin ergießen kann. Es muß
jedoch in diesem Falle sofort zur größten Absenkungstiefe
hinabgegangen werden, was sehr tiefe Rohrgräben bedingt,

falls der Brunnen nicht schon nahe an der Erdoberfläche
hinreichend Wasser liefert. Häufig erfolgt auch die Entlüftung beim Einlaufe in die Saugbehälter. Ist die oben
geschilderte Anlage infolge der örtlichen Verhältnisse nicht
ausführbar, so empfiehlt es sich, in die betreffende Leitung
Putzkästen einzubauen, mittels welchen der sich ansetzende
innere Rost durch Stahldrahtbürsten unter Wasserzufluß
entfernt werden kann. Um diese Aufgabe zu erleichtern
und die Durchführung des dünnen Drahtseiles für diese
Bürsten möglich zu machen, sind entweder die Putzkästen
nicht mehr als 60 m voneinander entfernt einzubauen, oder
es sind Gummiaderdrähte in das Röhrensystem einzubringen
und ihr Ende an den Deckeln der Putzkästen zu befestigen,
so daß vermöge dieses Hilfsdrahtes das dünne Drahtseil
nachgezogen werden kann, mit welchem die Bürste mittels
zweier Haspeln vorwärts und rückwärts bewegt wird. Die
Entfernung der Putzkästen voneinander soll auch hier 100 m
nicht wesentlich überschreiten. Der Kupferdraht ist bei
Vollendung der Durchbürstung der Rohre am Drahtseile
wieder nachzuziehen und wie vorher zu befestigen, um im
Bedarfsfalle wieder zur Verfügung zu sein.

Daß derartige Wasserversorgungen sich recht mißlich
gestalten und auf die Dauer unhaltbar werden, ist nicht zu
bezweifeln. Die Gemeinde wird daher gut daran tun, sich
rechtzeitig um anderweitiges Wasser umzusehen und Quellen,
wenn sich solche finden lassen, auch auf weitere Entfernungen zur Beileitung ins Auge zu fassen. Die Erschließung
von Grundwasser ist unter solchen Verhältnissen sehr gewagt,
da dieses den Rohren alsdann noch schädlicher werden kann,
als das bisherige. Im schlimmsten Falle muß zu Bach- oder
Flußwasser gegriffen werden, das alsdann zu filtrieren ist.
Es sollte Regel sein, daß vor der Projektierung einer Wasserversorgungsanlage das betreffende Wasser nicht nur auf
seine festen Bestandteile und seine Verwendbarkeit zu Trink-
und gewerblichen Zwecken, sondern auch an Ort und Stelle
darauf untersucht wird, ob kein Anlaß zur Rost- bzw. Knollen-
bildung vorhanden ist. Die Bauherrschaft würde sich dadurch recht oft vor schwerem Schaden bewahren, gegen wel-

chen die Kosten für eine solche Prüfung keine Rolle spielen.
Die staatlichen Untersuchungsstellen sind hierzu allerdings
nicht verpflichtet, da Wasser, welches z. B. Eisenoxyd oder
freie Kohlensäure enthält, keineswegs der Gesundheit nachteilig zu sein braucht. Was letztere betrifft, so verflüchtigt
sie meist beim Einfüllen des Probewassers in die Flaschen
und erfolgt auch keine Untersuchung auf ihr Vorhandensein.
Eine Feststellung ihrer Menge und ihres Vorhandenseins ist
daher nur am Ursprunge des Wassers möglich.

78. Anschlußleitungen.

Zur Einführung des Wassers in die einzelnen Gebäude
dienen die Anschlußleitungen. Die Verbindung der letzteren
mit dem Ortsrohrnetze wird entweder durch eigene Formstücke, welche in den Hauptstrang einzubauen sind, hergestellt, wozu sich besonders U-T-Stücke eignen, oder sie erfolgt durch Aufdichtung von Anbohrschellen und Durch-
bohrung des Rohres an der Dichtungsstelle. Zweifellos wäre
der Einbau von Formstücken empfehlenswerter, wenn er
praktisch durchführbar wäre, obwohl festzuhalten ist, daß
jede Blei- oder Flanschendichtung als wunde Stelle in einer
Leitung zu erachten ist und die Verwendung von solchen
Formstücken zwei weitere solche erforderlich macht, also
ihre Zahl wesentlich steigert. Dagegen kann nicht verschwiegen
werden, daß bisweilen Anbohrungen in einer Größe vorgenommen werden, welche eine starke Verschwächung des
Rohres bedeuten und unter ungeübten Händen und bei
schlechtem Bohrmaterial Defekte am Hauptrohre zu entstehen
vermögen. Aber es ist nicht möglich, die Formstücke für
den Zukunftsbedarf im voraus einzubauen. Um- und Neu-
bauten von Gebäuden erfordern die Wasserzuführung an
einer Stelle, wo kein Anschlußstück zur Verfügung steht,
spätere Anschlüsse desgleichen. Das Auskreuzen des Rohrstranges und das nachträgliche Einsetzen des betreffenden
Formstückes ist kostspielig, umständlich und weit bedenk-
licher als eine Anbohrung, so daß in kürzester Zeit tatsächlich das beabsichtigte System mit Anschlußstücken durch-

brochen ist und neue Leitungen durch Anbohrungen angegliedert werden, wobei alsdann mangels der nötigen Erfahrungen der betreffenden Installateure meist viel Unheil angerichtet wird. Es sind daher viele Staaten und Gemeinden von diesem Systeme abgegangen und verwenden Rohrschellen unter Anbohrung der betreffenden Leitung, und zwar nach eigens hierzu erlassenen Bestimmungen. Rohre von 70 und 80 mm Lichtweite dürfen lediglich eine Anbohrung von $\frac{1}{2}$ bis $\frac{3}{4}''$ erhalten, 90 und 100 mm bis zu $1''$ und größere Rohre je nach ihrem Durchmesser bis zu $2''$ bzw. 50 mm. Derartig große Anbohrungen verbieten sich jedoch meist von selbst und es ist daher fast allgemein üblich, Anbohrungen nicht über $1''$ vorzunehmen, sondern in Fällen, woselbst große Leitungen für die Gebäude nötig werden, entweder Formstücke im voraus einzubauen oder zwei Anbohrungen in kurzer Entfernung zu einer einzigen Leitung zu vereinigen. Da so große Anschlußleitungen eine Seltenheit sind, wird es nur ausnahmsweise der Fall sein, für diese keine Vorsorge treffen zu können, und es kann daher das Abzweigstück fast regelmäßig rechtzeitig an Ort und Stelle sein. Was nun die Anbohrungen selbst betrifft, so muß festgehalten werden, daß die Rohrschelle die Verschwächung eines Rohres durch das Bohrloch unschädlich macht und fast überall, wo Anbohrungen als Regel gelten, diese unter dem Normaldrucke der Leitung erfolgen müssen. Dadurch wird erreicht, daß ein allenfalsiger Defekt als Folge der Anbohrung sofort ersichtlich wird und behoben werden kann. In der Tat sind jedoch solche Vorkommnisse bei der Güte der Apparate, welche so konstruiert sind, daß beim Anbohren kein Wasser entweicht, außerordentlich selten. In seiner fast dreißigjährigen Praxis ist dem Verfasser keine verunglückte Anbohrung bekannt geworden. Wo also keine entgegenstehenden Vorschriften vorhanden sind, wird es rätlich sein, Abzweigstücke als Ausnahme und Anbohrungen als Regel vorzusehen. Da es im Laufe der Jahre nötig wird, die Anschlußleitungen zu reparieren oder zu erneuern, muß Vorsorge getroffen sein, daß durch Einbau eines Schiebers oder Ventiles die Hauptleitung von derartigen Vorkommnissen unbeeinflußt bleibt und haben sich Schellen für seitliche Anbohrung und ebensolchem Flanschenabgange sehr gut bewährt, da die Schieber direkt an die betreffende Flansche angegliedert werden können, so daß die eigentliche Leitung, welche eine kürzere Lebensdauer besitzt, als Anbohrschelle und Schieber, vollständig ausgewechselt werden kann, wenn der letztere geschlossen wird. Er erhält wie jeder andere eine Einbaugarnitur mit kleiner Straßenkappe. Als Material für die Anschlußleitungen dienen fast ausschließlich galvanisierte Eisenrohre, welche auf 15 Atm. Druck zu proben sind. Auch im Innern der Gebäude bei den sog. Hausinstallationen gelangen diese Rohre zur Verwendung, in seltenen Fällen noch solche aus Blei. Ist das Wassermessersystem, bei welchem das Wasser oft die ganze Nacht ruhig in der Leitung steht, vorgesehen, so sind Bleirohre als der Gesundheit schädlich zu verwerfen. Bleirohre mit innerem Zinnmantel sind zugelassen, werden jedoch von Jahr zu Jahr seltener, da mit der praktischen Ausgestaltung der Formstücke und dem steten Anwachsen neuer solcher die Installation mit Eisenrohren fast rascher vor sich geht und sauberer wird als bei Bleirohren.

Hinsichtlich der Wahl der Durchmesser der Rohre für Anschluß- und Hausleitungen ist das gleiche zu beachten, was bei Quellfassungen und Druckleitungen gesagt wurde. Auch sie sollen an der Hand der Tabellen I 1 und I 2 bestimmt werden und es ist insbesondere darauf zu achten, daß in den oberen Stockwerken das Wasser auch dann noch in reichlicher Menge ausfließt, wenn in den unteren gleichzeitig eine größere Entnahme stattfindet.

In den meisten Fällen bleiben die Anschlußleitungen bis zum Hause oder zum Wassermesser Eigentum der Gemeinden, die auch die Kosten übernehmen und für die Unterhaltung der Anlagen aufkommen. Der Wasserzins muß sämtliche Auslagen decken. Nur so ist Unbemittelten der Anschluß an Wasserversorgungen möglich gemacht.

79. Die Wasserzinserhebung.

Um eine geregelte Wasserabgabe zu ermöglichen, gibt es mehrere Wege, so z. B. das Steftensystem, d. i. die Zu-

weisung gewisser Wassermengen innerhalb einer bestimmten
Zeit oder das gebräuchlichste, d. i. jenes der Wassermesser.
Letzteres ist zweifellos das Gerechteste und Genaueste,
da jeder Leitungsbesitzer nur jenes Wasser bezahlt, welches
seinem wirklichen Bedarfe entspricht, und es sind die Wassermesser das einzige Hilfsmittel, um einem unnötigen Wasserverbrauche vorzubeugen. Sie werden daher überall erforderlich,
wo Wasser nicht in großer Menge vorhanden ist. Auch bei
reichlichstem Wasserzufluß wurde schon oftmals eine Wassernot konstatiert, da im Laufe der Zeit eine maßlose Wasser-
verschwendung einzutreten pflegt.

Um beim Steftensystem usw. das Wasserwerk rentabel
zu machen, muß für jeden Steften oder einen Teil desselben
eine bestimmte, meist ziemlich beträchtliche Summe vom
Wasserabnehmer verlangt werden, welche unbemittelten Besitzern kleiner Anwesen oft unerschwinglich ist, so daß in
solchen Fällen auf eine Anschlußleitung verzichtet werden
muß. Der gegen kleine Miete abzulassende Wassermesser
gestattet die Abgabe eines reichlich bemessenen Quantums
von Wasser um einen ganz geringen Betrag, der meist von
den Ärmsten willig geleistet wird.

Von den Abnehmern eines Steftens bedarf nur jener
das ganze ihm zustehende Wasser, der ein viel Wasser be-
anspruchendes Gewerbe usw. betreibt, oder zahlreiche Miets-
parteien von einem unter Dach angeordneten Behälter aus
mit Wasser versieht. Alle übrigen bezahlen auch jenes, welches ihnen nutzlos abfließt, sind also viel zu hoch belastet.

Wer rasch eine große Wassermenge nötig hat, ist gezwungen, sich eine Reserve zu beschaffen, in welcher der
Überschuß aufgespeichert wird. Eine solche Anlage bedingt
sehr oft, daß derjenige, welcher am meisten Wasser verbraucht, dieses bei dem Steftensystem am rationellsten auszunutzen vermag und daher im Verhältnisse weit weniger
dafür zu entrichten hat als z. B. eine einzelne Familie, welche
pro Jahr 30—50 cbm verbraucht. Während letztere beim
Bezug von einem halben Minutenliter pro Jahr schon rund
260 cbm zugewiesen erhält und zu bezahlen hat, wäre der
fünfte Teil vollständig ausreichend.

Die intermittierende Wasserabgabe zu einer bestimmten
Zeit macht es nötig, daß jedermann eine Wasserreserve besitzt, in welcher er die Tages- oder halbe Tagesmenge auf-
speichert. Soll das Wasser in den Wohnungen zum Ausflusse gelangen, so muß das betreffende Reservoir im Dach-
raume untergebracht werden, woselbst im Winter das Wasser
leicht einfriert oder sehr kalt, im Sommer sehr warm wird.
Die Wasserzuweisung selbst erfordert eine umfangreiche Bedienung, kurz, auch diese Verbesserung des Steftensystems
hat sich nicht bewährt. Es ist daher vorzugsweise das Wassermessersystem in Betracht zu ziehen. Der Wassermesser selbst
besteht aus einem kleinen in einem starken Gehäuse unter-
gebrachten Triebwerke, d. i. einem Flügelrade, welches meist
allseitig und tangential beaufschlagt wird und dessen stehende
Welle mit einem Räderwerke in Verbindung steht, das ähnlich einer Uhr mit Sekunden-, Minuten- und Stundenzeiger
je 10 l, hl und cbm von 1—1000 usw. anzeigt. Da die Wassergeschwindigkeit bei einer bestimmten Einströmungsquer-
schnittsfläche proportional zur Wasserentnahme ist, zeigt der
Wassermesser direkt die verbrauchte Wassermenge an. Sehr
große Wassermesser zeigen außer 1000 cbm noch bis 10 000
verbrauchte an. Man unterscheidet zwischen sog. Naß- und
Trockenläufern. Bei ersteren befindet sich das Wasser auch
oberhalb der Zifferblätter, bei letzteren ist dasselbe durch
Stopfbüchsen von dort abgehalten, was jedoch eine größere
Unempfindlichkeit dieser Apparate bedingt, so daß die Naß-
läufer bei reinem Wasser vorzuziehen sind. Die Fehlergrenze
bei Registrierung des Wasserverbrauches soll 2—3% ± nicht
überschreiten. Die vor kurzer Zeit von Volz und Schroth
Stuttgart-Nürnberg eingeführten Wassermesser sind Trocken-
läufer o h n e Stopfbüchse sowie sehr empfindlich und ist
zu erwarten, daß dieses System — die Registrierung erfolgt
durch rotierende Magnete — Anklang finden wird, insbesondere wenn die Dauerwirkung der Magnete durch längere
Probeversuche nachgewiesen ist, worüber jedoch noch keine
längeren Erfahrungen vorliegen.

Da die Wassermesser beim Einfrieren leicht zerstört
werden, ist es nötig, sie frostfrei einzubauen. Dieser Zweck

wird dadurch erreicht, daß sie entweder in Kellern, kleineren Schächten innerhalb gedeckter Räume und im Freien in größeren gewölbten Schächten untergebracht werden, welche an geeigneten Plätzen zu erbauen sind. Die Anschlußleitung wird daher bis zu einem der erwähnten Orte geführt, erhält vor dem Wassermesser ein plombiertes Absperrventil, nach demselben ein Ventil mit Entleerungshahnen.

80. Hausinstallationen.

Wie bereits gesagt wurde, verbleibt die Leitung vom Hauptrohre bis einschließlich des Wassermessers Eigentum des Wasserwerkes bzw. der Gemeinde. Der Hahnen hinter dem Wassermesser ist je nach gegebener Vorschrift entweder Eigentum des betreffenden Haus- oder Grundbesitzers, wie auch die sich anschließende Hausinstallation, oder er verbleibt im Besitze der Gemeinde, darf jedoch von dem Wassergaste benutzt werden. Bei sämtlichen Hausinstallationen ist darauf Bedacht zu nehmen, daß kein Leitungsrohr, wenn irgend möglich zuerst abwärts und dann wieder aufwärts geführt wird, damit der ganze Strang Gefälle gegen den Entleerungshahnen erhält und bei starkem Frost abgelassen werden kann, falls die Leitung nicht überall frostfrei untergebracht zu werden vermag. In letzterem Falle ist am obersten Auslaufe ein kleiner Mitlaufhahnen anzubringen, der bei sehr starker Kälte, insbesondere nachts, ein minimales Wasserquantum abfließen läßt, etwa in der Minute $\frac{1}{4}$ l, falls wegen der entstehenden Kosten nicht eine tägliche Entleerung vorgezogen wird. Letztere läßt sich jedoch sehr häufig nicht durchführen, insbesondere wenn mehrere Parteien im betreffenden Hause wohnen. Ist es unmöglich die Leitung in stetem Gefälle gegen den Entleerungshahnen zu führen, so ist an jenen Stellen, wo das Wasser in den Rohren nicht abfließen kann, ein weiterer Entleerungshahnen einzubauen. Die Rohrleitungen erhalten meist Muffendichtung, doch soll in jedem Raume, der von der Leitung durchfahren wird, mindestens eine Flanschendichtung oder Verschraubung vorhanden sein, um bei Reparaturen nicht die ganze Leitung demontieren zu müssen.

Zweigt von der Hausleitung eine Nebenleitung z. B. in
Ställe, Gärten usw. ab, so ist in diese und zwar beim Beginn
derselben, also im tiefsten Punkte ein Durchgangsventil mit
Entleerung einzubauen. Ein derartiges Vorgehen empfiehlt
sich auch bei den Leitungen zu den einzelnen Stockwerken,
damit im Falle einer Reparatur bei einer Mietspartei nicht
sämtliche in Mitleidenschaft gezogen werden müssen. Als
Durchgangsventile und Zapfhahnen sind langsam abschließende
Niederschraubventile zu verwenden, damit Stöße beim Schließen der Leitung vermieden werden. Die sog. Druckregler,
welche am Auslaufe des Zapfhahnens anzubringen sind, verhindern das lästige Spritzen des Wassers, verringern jedoch
erheblich seine Ausflußgeschwindigkeit.

Wo eine Kanalisierung vorhanden ist, gilt es als Regel,
für j e d e n Auslauf eine Abwasserleitung herzustellen. Im
Innern des Gebäudes werden hierzu leichte Gußrohre, sog.
schottische Rohre verwendet, in den Stellen, woselbst die
einzelnen Leitungen tunlichst vereinigt werden, halbschwere
Gußrohre, welche noch durch die Umfassungsmauern zu führen
sind, während in den Straßen selbst Tonrohre zur Verwendung gelangen. Eine Vereinigung der Entwässerungsrohre
für das Abwasser mit dem Abflusse für das Tagwasser ist
stets empfehlenswert, falls die baulichen Verhältnisse es gestatten. Klosettleitungen dürfen nur in solche Kanäle eingeleitet werden, welche stets gespült werden, also einer
Schwemmkanalisation dienlich sind. In allen anderen Fällen
sind Abortgruben mit Kläranlagen zu erbauen, wobei ihr
Überwasser sowohl als jenes der Badeeinrichtungen und Aus-
güsse in Versitzgruben geleitet wird. Diese leider an vielen
Orten zulässige Anordnung kann nur als Notbehelf bis zur
Errichtung geordneter Verhältnisse erachtet werden, die bisher vergeblich angestrebt wurde. Es ist selbstverständlich,
daß z. B. bei Typhuserkrankungen durch die Versitzgruben
eine Verseuchung des Grundwassers eintritt, die zu Epidemien
führt, da eine Kläranlage und zwar auch die beste, nicht
zur Vernichtung der Krankheitserreger führt. In allen Fällen
ist es nötig, unter jedem Ausgusse, jeder Badewanne, also
jeder Anlage, welche mit Kanälen oder Versitzgruben direkt

in Verbindung steht, Gasabschlüsse mit Wasserverschluß in
Gestalt eines Syphons einzubauen, um wenigstens üble Aus-
dünstungen von den betreffenden Lokalen fernzuhalten.

Hinsichtlich der zahlreichen Klosetteinrichtungsarten sei
bemerkt, daß keines den Zweck als hygienische Einrichtung
erfüllt, zur heißen Jahreszeit nicht einmal üble Gerüche
fernzuhalten vermag, der weitaus größte Teil auch nicht
den Anforderungen der Reinlichkeitspflege entspricht, da ihre
Säuberung meist ganz ungenügend ist. Modelle, welche
eine radikale Durchspülung herbeiführen, bedürfen eines
hohen Gefälles und starker Wassermenge und arbeiten dabei
mit einem Getöse, das geradezu unleidlich ist und nerven-
schwachen oder kranken Personen zur Qual wird.

Man übersieht, daß der Siphon niemals gründlich gereinigt werden kann, das dort stets vorhandene Wasser zur
Brutstätte von Bakterien wird und selbst die Luft verpestet,
wenn infolge von Wärme dort der Zersetzungsprozeß vor
sich geht und eine längere Pause in den Spülungen eintritt.
Wasser allein kann für Klosetts eben niemals als Sperrflüssig-
keit erachtet werden, daher die Gefahr einer Ansteckung
durch Klosetts.

Bedauerlich ist es, daß die Industrie sich bisher völlig
ablehnend gegen ein patentiertes Modell verhielt, das nach
dem Gutachten erster Autoritäten hygienisch absolut einwandfrei ist und noch dazu durch Betriebseinsparungen die
erhöhten Beschaffungskosten deckt und dabei ungespülten
Kanälen sowohl als Versitzgruben keimfreies Wasser zu-
führt.

Einzelne Klosettschüsseln sind sogar derartig klein bemessen, daß sie nicht hinter den Ausschnitt des Sitzes zurück-
treten. Solch traurige Machwerke dienen zur direkten Über-
tragung von Siphilis besonders bei Herren, und sei hier ausdrücklich vor diesen gewarnt. Man wird sich also an den
Gedanken gewöhnen müssen, daß sämtliche jetzigen Klosett-
einrichtungen ein recht ärmlicher Notbehelf sind, der im
Interesse unserer Gesamtbevölkerung tief bedauerlich ist.

Hinsichtlich der Badeeinrichtungen ist darauf zu achten,
daß keine solche gewählt werden soll, bei welcher nicht auch

das Wasser der Brause erwärmt werden kann. Man sorge
daher dafür, daß jeder Badeofen mit Mischbatterie versehen ist.

81. Formstücke.

a) F ü r   H a u s i n s t a l l a t i o n e n   u n d   A n s c h l u ß -
l e i t u n g e n.

Ihre Zahl ist derartig groß, daß es nicht angeht, sie
hinsichtlich ihrer Beschaffenheit und Verwendungsweise
hier anzuführen. Der Verfasser ist daher genötigt, auf die
Spezialkataloge zu verweisen. Die allernötigsten Formstücke
sind:

1. Muffen zur Verbindung der Rohre, die einzelnen Rohr-
stangen erhalten von der Fabrik aus je eine Muffe, die abge-
schnittenen kurzen Rohrstücke müssen mit Außengewinde
und Muffen versehen werden, falls keine anderweitige Rohr-
verbindung nötig wird.

2. Reduktionsmuffen als Übergang von größeren Rohren
in kleinere oder umgekehrt.

3. 90 grädige Winkel und Bögen.

4. T-Stücke mit kleinerem oder dem Durchgange entsprechendem Abzweige.

5. Nippel oder Außengewinde, auch Langnippel, welch
letztere ein Rohrstück mit 2 Außengewinden darstellen und
meist selbst angefertigt werden, Rohrdoppelnippel mit rundem
oder sechskantigem Mittelstück — sämtliche finden Verwendung zur Verbindung zwischen Muffen.

6. Kreuzstücke bei Abzweig von 2 Rohrleitungen.

7. Flanschen rund oder oval zur löslichen Verbindung
zweier mit Außengewinde versehener Rohrenden.

8. Rohrschellen, Rohrhaken und Rohrbänder zum Befestigen der Leitung an den Wänden.

9. Kappen und Stopfen zum Verschließen der Rohrenden.

10. Rohrverschraubungen, dem gleichen Zwecke dienlich
wie Flanschen, jedoch noch leichter löslich.

11. Wand- und Deckenscheiben, letztere auch als T-Stück.

12. Putzkästen.

b) Für Abwasserleitungen.

1. Krümmer mit 15, 30, 45, 60, 80 und 90⁰.

2. Etagenbogen in leicht gebogener S-Form zum An-
schmiegen der Leitung an Mauervorsprünge.

3. Doppelmuffen.

4. Fußkrümmer.

5. Abzweige senkrecht oder unter 45⁰ auch beiderseitig.

6. Siphons in verschiedenen Formen mit Putzschraube
zu ihrer Reinigung.

7. Putzkästen.

8. Nach abwärts gerichtete schräge Abzweige.

9. Gullys mit Siphons zur Ableitung des Wassers in
Waschküchen, Höfen.

10. Rohrschellen und Rohrhaken.

11. Regenrohre aus mittelschwerem Gußeisen zum Einleiten der Abfallrohre von den Dachrinnen.

Hinsichtlich der Montage dieser Leitungen wird bemerkt,
daß Abdichtungen mit Gips, der in Wasser löslich ist, unzulässig sind.

Zement bildet eine zu starre Dichtung, welche bei Er-
schütterungen zerspringt und undicht wird.

Leichte schottische Rohre sind daher mit gutem schwarzen
Kitt (Diamantkitt) abzudichten, halbschwere und schwere
Gußteile werden mit Teerstricken und Asphaltguß gedichtet.
Das gleiche gilt von den Tonrohrleitungen.

Von den Abortgruben bzw. von der untersten Klosett-
anlage ist stets eine Entlüftung aus leichten Eisenrohren
bis über Dach emporzuführen. Diese ist mit einem Hute
aus Gußeisen zu versehen, um Tagwasser fernzuhalten.
Es ist Vorsorge zu treffen, daß diese Leitungen nicht bei
Dachfenstern enden und hoch genug sind, um Nachbar-
gebäude nicht mit üblen Gerüchen zu belästigen. Ihre Abdichtung muß eine sehr sorgfältige sein, sonst wird das Gegen-
teil ihres Zweckes, Kanalgase oder Grubenausdünstungen von
menschlichen Wohnungen abzuhalten, erreicht.

Bei Zentralheizungsanlagen können selbstredend Bade-
öfen gänzlich entfallen. Bei modernen Einrichtungen dürfen

Spültröge für heißes und kaltes Wasser nicht außer acht gelassen werden.

In jedem Klosettraum soll Waschgelegenheit geboten werden, also Wasserleitung mit Auslaufhahnen und Waschbecken vorhanden sein.

Auch für Schlafzimmer empfiehlt sich eine Leitung, wenn möglich für Kalt- und Warmwasser in Verbindung mit 2 Waschbecken.

82. Vorsorge für einen künftigen, erhöhten Wasserverbrauch.

Bei Hochquellenleitungen bedingt der Ursprung der Quellen die Höhenlage der Reservoire, und kann durch die Wahl großer Rohre für die Leitung zu diesen Becken die Druckhöhe nicht wesentlich vergrößert werden. Steht, was sehr selten der Fall ist, für die Zukunft die Beileitung weiterer Quellen im Bereiche der Möglichkeit, so ist lediglich Vorsorge zu treffen, daß das Stadtrohrnetz entsprechend dimensioniert wird, also z. B. für schwach bevölkerte Straßen Rohre nicht unter 80 mm Lichtweite gewählt werden und insbesondere die Leitung vom Hochbehälter zur Stadt bereits im ersten Ausbau so bemessen wird, daß sie auch den künftigen Bedürfnissen genügt. Tritt späterhin Wassermangel ein und werden deshalb neue Quellen beigeleitet, so läßt sich im Stadtrohrnetze häufig dadurch Abhilfe gegen Wassernot schaffen, daß in breiten Straßen oder Plätzen ein weiterer Strang eingelegt wird, etwaige Verästelungsstränge in Zirkulationsleitungen umgewandelt werden, im schlimmsten Falle zu kleine Stränge herausgenommen und in neue Straßenzüge verlegt werden, während an ihre Stelle größere Rohre einzubauen sind.

Die eintretenden Kosten fallen dabei nicht in Betracht, da bei jeder Erhöhung des Wasserverbrauches auch eine solche der Einnahmen stattfindet, welch letztere in allen Fällen die Zinsen für das nötige Baukapital gewährleisten. Jede Wasserversorgungsanlage m u ß bei rationeller Durchführung bereits in den ersten Jahren die Zinsen des Anlagekapitals decken, und liegt es in der Hand der Gemeinden,

durch entsprechende Festsetzung des Wasserzinses nicht nur
dieses Grunderfordernis zur Geltung zu bringen, sondern auch
einen Reservefonds für künftige Vergrößerung der Anlage
zu schaffen. Erweist sich das Hochreservoir als zu klein,
so ist bei Zuleitung neuer Quellen ein zweites zu erbauen,
dessen Höhe von der Lage der neuen Quellen abhängt. Liegt
die betreffende Ortschaft teils hoch, teils niedrig, so werden
vorteilhaft zwei Druckzonen geschaffen, so daß die Leitung
mit höherem Drucke dem oberen Teile der Stadt zugeführt
wird, jene mit geringerem Drucke dem unteren.

Liegen die sämtlichen Quellen in einer einzigen Richtung,
so daß beide Behälter nahe untereinander erbaut werden
können, so muß das Überlaufwasser des oberen Reservoires
in das untere eingeleitet werden. In Brandfällen ist durch
entsprechende Schieberstellung das Wasser aus dem oberen
Becken auch für die untere Stadt nutzbar zu machen. Es
darf jedoch in solchen Fällen nicht übersehen werden, daß
das untere Reservoir ausgeschaltet wird, da sonst das Wasser
des oberen in dieses einströmt und dadurch der gewollte
Zweck, einen höheren Druck zu erhalten, vereitelt wird.
Unter Umständen wird das ganze Reservoir in Gefahr
gebracht wird, wenn die Überlaufleitung das zuströmende
Wasser nicht abzuführen vermag, so daß die Gewölbe unter
Druck gesetzt werden, indem das Wasser Austritt durch die
Kamine sucht. Einem derartigen Ereignisse kann durch Einbau einer Rückschlagklappe in die vom unteren Behälter ab-
zweigende Abflußleitung begegnet werden. Häufig ergibt die
Aufschließung von Grundwasserströmen eine größere Wassermenge, als in der nächsten Zeit erforderlich ist. Ebenso ist
es bei künstlicher Wasserhebung mittels Pumpen sehr oft
möglich, dem Saugbehälter weitere Quellen beizuleiten, so
daß gesteigerten Ansprüchen an Wasserzulauf Rechnung getragen werden kann.

Es soll daher, wie bereits bei Besprechung der Leitung
von der Wasserentnahmestelle zum Saugbecken erwähnt
wurde, die Bestimmung der Rohrlichtweiten in d e r Weise
erfolgen, daß die betreffende Leitung auch einem gesteigerten
späteren Bedarfe genügt. Sind Quellen in einer anderen

Richtung vorhanden und besteht die Möglichkeit der Zuleitung derselben zum Saugbecken, so kann selbstredend die
erste Zuleitung lediglich für jene Wassermenge projektiert
werden, welche in maximo der ersten Quellfassung entnommen
werden will. Die Höhenlage des Saugbehälters ist daher
wenn möglich so zu bemessen, daß die betreffenden Quellen
das nötige Gefälle dorthin noch erhalten können. Bei Erschließung von Grundwasserströmen ist es jedoch im Bedarfsfalle meist rätlich, einen zweiten, eventuell dritten Brunnen zu erbauen und das neu gewonnene Wasser der bereits
bestehenden Leitung zum Saugbehälter zuzuführen, da hierdurch die Kosten fast immer geringer werden. Für diesen
Fall sind in der ersten Leitung zwei Abzweigstücke nach
links und rechts vorzusehen, welche zunächst mittels eines
Flanschendeckels luftdicht abgeschlossen werden und später
dazu dienen, das Wasser der neuen Brunnen der Hauptleitung zuzuführen. Befindet sich die Pumpstation direkt
bei den Brunnen und entfällt daher eine längere Leitung
zum Saugbecken, so ist dieses bzw. der Sammelbrunnen
so zu legen, daß künftige neue Zuflüsse ohne Schwierigkeit
eingeleitet werden können. Für den Fall also, daß eine
g r ö ß e r e Wassermenge bei erhöhtem Bedarf künftig zur
Verfügung steht, wird das Stadtrohrnetz für eine normale
Geschwindigkeit von 0,4—0,5 m pro Sekunde bemessen.
Ist ein Hochreservoir mit entsprechendem Inhalt vorhanden,
so läßt sich alsdann zur Zeit höchster Wasserentnahme diese
durch vergrößerte Geschwindigkeit ohne Nachteil hinsichtlich
der erforderlichen Druckhöhe bewerkstelligen, vorausgesetzt,
daß das betreffende Becken entsprechend hoch angeordnet
ist. Sind Anhöhen vorhanden, welche gestatten, daß das
Hochreservoir in einer Höhe bis zu 70 m über dem tiefsten
Punkte der Stadt erbaut werden kann — ein höherer Druck
ist aus Betriebsrücksichten zu vermeiden —, so genügt ein
für geringere Wasserentnahme und die oben erwähnte Geschwindigkeit projektiertes Stadtrohrnetz auch noch bei erheblich gesteigertem Wasserverbrauch. Es nimmt alsdann
nur die Druckhöhe, welche ohnedies für die erste Zeit über-
reichlich bemessen wurde, ab, so daß erst bei großer Wasser-

entnahme die normale Geschwindigkeit von 0,6 bis 1,0 m
pro Sekunde eintritt, welche als durchaus zweckentsprechend
zu bezeichnen ist. Die durch eine derartige Vorsorge für die
Zukunft entstehenden Mehrkosten sind unbedeutend und beschränken sich meist auf jene Auslagen, welche dadurch erwachsen, daß die Leitung zum Hochreservoir so weit verlängert
wird, bis die erforderliche Höhe erreicht ist. Die Größe der
Pumpen bzw. ihre Leistungsfähigkeit ist schon beim ersten Projekte reichlich zu bemessen, da der Preisunterschied zwischen
Pumpen, welche z. B. 7 oder 14 Sek./l fördern, kein sehr erheblicher ist und größere Pumpen anfänglich eine kürzere Betriebs-
zeit gestatten. Es wird sich daher künftighin in solchen Fällen
meist nur letztere verlängern. Genügt die vorhandene Kraft
für den Pumpenbetrieb späterhin nicht mehr, so muß die
in allen Fällen ohnedies erforderliche Reservekraft zur Mit-
arbeit in Benutzung genommen werden, und ist eine neue
größere Reservemaschine zu beschaffen, weshalb schon bei
Aufstellung des ersten Projektes der hierzu nötige Raum
vorzusehen ist. Werden anfangs Pumpen gewählt, welche
eine erhöhte Tourenzahl ohne Nachteil ertragen, so kann
durch Ausnutzung der vollen Leistung der Pumpen auch
ohne Verlängerung der Betriebsdauer eine bedeutend vergrößerte Wasserförderung ermöglicht werden. Der Druckwindkessel ist jedoch dementsprechend in beiden Fällen
durch einen größeren zu ersetzen, falls er nicht im voraus
groß dimensioniert wurde, was ja stets von Vorteil ist.

Eine Vorsorge für Vergrößerung von Wasserversorgungsanlagen über das hier erwähnte Maß hinaus zu treffen, ist
nur selten am Platze, da hiezu spätere Generationen bei erhöhten Einnahmen aus dem Werke verpflichtet sind. Es gibt
eine Reihe von Städten, insbesondere solche, welche keine Industrie besitzen, die seit Jahrhunderten keine Bevölkerungs-
zunahme aufweisen und bei welchen nach menschlicher Voraus-
sicht eine solche auch nicht zu erwarten ist. In derartigen
Fällen ist jede Vorsorge für die Zukunft überflüssig und
lediglich darauf Bedacht zu nehmen, daß die neue Anlage
den Anforderungen der Gegenwart genügt.

Vorbemerkungen zu den Tabellen I 1 u. I 2.

a) Die zunächst anschließende Tabelle I 1 dient zur Bestimmung der nötigen Rohrdurchmesser und enthält jene
Wassermengen in Sek./l, welche sich nach der Formel $Q = F \cdot v$,
also aus der Multiplikation der in Quadratdezimeter umge-
wandelten lichten Querschnitte aller in den Kolonnen a und b
in senkrechter Richtung aufgeführten Rohrgattungen mit
einer Reihe von Geschwindigkeiten ergeben. Letztere sind
im Kopfe der Tabelle in wagerechter Richtung verzeichnet
und beruht ihre Wahl auf praktischen Erfahrungen.

Durch die so ermittelten zahlreichen Multiplikations-
resultate ist es dem Projektanten möglich gemacht, eine
Wassermenge aufzufinden, welche angenähert jener entspricht,
für welche der lichte Rohrdurchmesser bestimmt werden soll.

Es ist dabei festzuhalten, daß nur jene Geschwindigkeiten
in Betracht gezogen werden dürfen, welche den in diesem
Buche aufgestellten Grundsätzen entsprechen. Diese gestatten stets einen entsprechenden Spielraum, so daß fast
immer 2—3 Zahlenkolonnen unterhalb den zulässigen Geschwindigkeiten als Auswahl zur Verfügung stehen. Es wird
daher fast ausnahmslos ein entsprechender Zahlenwert geboten sein. Dieser darf n i e m a l s k l e i n e r ausfallen
als der in Wirklichkeit vorhandene. Ist er in solcher Weise
ermittelt, so findet sich der gesuchte lichte Rohrdurchmesser
in der gleichen wagerechten Zeile in der Kolonne a oder b.

Die unter $v = 1$ berechnete senkrechte Zahlenreihe ist
durch doppelte Abteilungsstriche hervorgehoben und bezeichnet naturgemäß die Querschnittsfläche jedes einzelnen
Rohres in Quadratdezimetern. Sie kann also zu sehr kurzen
Versuchsrechnungen benutzt werden, falls in Ausnahmefällen
eine in der Tabelle nicht enthaltene neue Geschwindigkeit
nötig würde, um eine genau entsprechende Zahl zu der dem
Projekte zugrunde liegenden zu erhalten. Es ist jedoch keineswegs rätlich, die Rohre zu k n a p p zu bemessen, da beim
Eintritt von innerem Rostansatz die Wassergeschwindigkeit

sofort abnimmt, so daß sich demgemäß die Ausflußmenge bzw. Druckhöhe verringert. Im übrigen bietet das Vorhandensein dieser Querschnittsflächen in Quadratdezimetern große Erleichterungen bei Projektierungsarbeiten und Beurteilung geplanter Neuanlagen.

b) Die sich hieran reihende Tabelle I 2 läßt direkt entnehmen, welcher Röhrenwiderstand bzw. Druckhöhen- oder Gefällsverlust auf 100 m Leitungslänge bei der angenommenen Wassermenge und der gewählten Geschwindigkeit in dem ermittelten Rohre entsteht. Die beiden letzteren sind im Gedächtnisse festzuhalten oder zu notieren. Da, wo die gleiche horizontale Zahlenreihe ,welche dem gesuchten Rohrdurchmesser entspricht, die senkrechte Kolonne des betreffenden v schneidet, kann die betreffende Zahl, welche in Metern berechnet ist, abgelesen werden.

Falls die Wassermenge ausnahmsweise genau entsprechen soll, sei darauf hingewiesen, daß es möglich ist, durch Einschaltung einer in diesen nicht enthaltenen Geschwindigkeit eine Wassermenge zu dem aufgefundenen Rohrdurchmesser zu erhalten, welche der tatsächlich vorhandenen genauer entspricht, als die der betreffenden Kolonne entnommene. Die dadurch nötige Berechnung des Druckhöhenverlustes, welcher bei der neuen Geschwindigkeit auftritt, bietet keine wesentliche Schwierigkeit. Es kann jedoch auch der Fall eintreten, daß eine bestimmte Wassergeschwindigkeit nötig wird, die nicht geändert werden darf, so daß mangels einer passenden Rohrlichtweite in den Tabellen bei weitgehenden Differenzen zwischen den Wassermengen in letzteren und der in der Natur gemessenen ein neuer Rohrdurchmesser bestimmt werden muß.

Die auf S. 59 verzeichnete Formel von Darcy

$$h = \frac{c \cdot l \cdot Q^2}{d^5} \quad \text{woraus} \quad d = \sqrt[5]{\frac{c \cdot l \cdot Q^2}{h}}$$

ist, bietet nun allerdings die Möglichkeit, den betreffenden Rohrdurchmesser zu bestimmen, allein da C nach dem Genannten $= 0,001641 + \dfrac{0,000042}{d}$ ist, enthält die Gleichung zwei gleiche Unbekannte, nämlich d auf ihren beiden Seiten, und ist sie nur durch Annäherungsrechnung zu lösen, wenn der Koeffizient $\frac{0,000042}{d}$ nicht vernachlässigt werden will, was nicht immer rätlich ist. Dazu kommt, daß vorerst h aus der vorausgehenden Formel zu bestimmen ist, so daß die Rechnung eine umständliche und zeitraubende wird.

Es ist daher sehr zu empfehlen, sich der Tabelle I zur Bestimmung des neuen Rohrdurchmessers zu bedienen. Man wählt zu diesem Zwecke eine Geschwindigkeit, welche beispielsweise für den Turbinenbetrieb gebräuchlich ist und sich bei Hochdruckturbinen zwischen 1,5—2,0 m pro Sekunde bewegt, also vielleicht 1,75. In der Kolonne unterhalb dieser ist eine Reihe von Wassermengen angegeben, von denen zwei stets den Grenzwert angeben, zwischen welchen sich die erforderliche Zahl bewegt. Diese sei mit 1500 Litern pro Sekunde angenommen.

Nun fördern bei $v = 1{,}75$ Rohre mit 1000 mm Lichtweite 1374,4 und in der folgenden Zahl mit 1200 mm 1979,24 Sek./l.

Der gesuchte Wert von 1500 liegt zwischen beiden Wassermengen. Es wird also zu untersuchen sein, ob ein Rohrdurchmesser von 1100 mm letzterer Zahl entspricht. Zum Überblicke genügt eine einfache Rechnung unter Vernachlässigung überflüssiger Dezimalstellen und ergibt sich daher nach der Formel $Q = \frac{d^2 \pi}{4} \cdot v = 1{,}21 \cdot 079 = 0{,}96 \cdot 1{,}75 = 1680$ Sek./l. Das Resultat ist gegenüber 1500 Sek./l scheinbar zu groß. In der Tat jedoch nicht, da es üblich ist, größere Rohre nur von 5 zu 5 cm abgestuft herzustellen. Eine Versuchsrechnung mit 1050 mm Lichtweite jedoch ergibt, daß rund 1400 l bei $v = 1{,}75$ abfließen, so daß diese Rohrdimension zu klein würde, was stets unstatthaft ist.

Man wird also die erste Rechnung genau durchführen und erhält dabei die Wassermenge von 1663 l, welche bei $v = 1{,}75$ Rohre mit 1100 mm Lichtweite durchfließt. Der dadurch entstehende Gewinn an Kraft infolge des eintretenden geringeren Druckverlustes rechtfertigt jedesmal die Wahl

der etwas zu großen Rohre und ist zugleich Sicherheit dafür
geboten, daß die 1500 l auch bei innerem Rostansatz ohne
erhöhten Gefällsverlust arbeiten. Solche Versuchsrechnungen
sind in allen Fällen leicht durchführbar und zwar, wie ersichtlich, in kürzester Zeit. Der Druckhöhenverlust berechnet sich
sehr einfach dadurch, daß der in Tabelle I 2 am Schlusse verzeichnete Wert von $\lambda \cdot \dfrac{v^2}{2\,g}$ also im Verfolge des gegebenen
Beispieles 0,003364 mit jenem von $\dfrac{l}{d}$ also von $\dfrac{100}{1 \cdot 10}$ demnach
mit 90,9 multipliziert wird, was 0,306 m auf 100 m Leitungs-
länge ergibt. Auch diese Rechnung wird durch den neu bei-
gefügten Wert von $\lambda \dfrac{v^2}{2\,g}$ sehr erleichtert. Die Werte von λ
allein werden bei Wasserversorgungsanlagen vielfach dazu
benutzt, um bei informatorischen Aufnahmen, wenn das
Buch nicht gerade zur Hand ist, einem Notizbuche einver-
leibt zu werden, wobei die Berechnungen sehr erleichtert sind.
Es wird bisweilen nötig, festzustellen, wie groß die Geschwindigkeit »V« des Wassers in einer Rohrleitung wird,
wenn ihr lichter Durchmesser, das Gefäll und ihre Länge
bekannt ist. Wie schon in Teil I S. 56 bekannt gegeben
wurde, lautet die Formel für genauere Berechnungen:

$$ v = \frac{\sqrt{2\,g\,h}}{\sqrt{1 + \xi + \lambda \dfrac{l}{d}}}, $$

worin $2\,g = 19{,}62$, h das Gefäll, ξ jenen Widerstand darstellt,
welchen das Wasser beim Durchgang durch Krümmungen
und Querschnittsverengungen sowie dadurch erleidet, daß
ein kleiner Teil des Gefälls verloren geht, um dem Wasser
beim Eintritt in die Rohre die nötige Geschwindigkeit zu
verleihen, λ bezeichnet den Röhrenwiderstand, l die Leitungslänge und d den Rohrdurchmesser. Hat man v berechnet,
so ergibt die Multiplikation dieses Wertes mit dem Rohrquer-
schnitte $\dfrac{d^2\,\pi}{4}$ die Wassermenge, welche die betreffende Leitung
durchfließt. ξ setzt sich zusammen aus 0,505, wenn der Einlauf in die Rohre nicht trichterförmig ist und aus den auf

S. 58—60 verzeichneten Widerständen. Es läßt sich also v, wenn die aufgeführten Werte sämtlich bekannt sind oder ermittelt werden können, ohne weiteres berechnen, jedoch darf der Wert von λ nicht nach Weißbach bestimmt werden, sondern nach Darcy, welcher den Röhrenwiderstand vom Rohrdurchmesser abhängig macht, während Weißbach ihn von der Wassergeschwindigkeit v ableitet. Da also in letzterem · Falle das gesuchte v auch noch in der Formel selbst, und zwar unter dem Wurzelzeichen erschiene, ist λ nach Weißbach nicht anwendbar. Der Wert von λ nach Darcy berechnet sich: $\lambda = 0{,}01989 + \dfrac{0{,}0005078}{d}$, also sehr einfach und es ergibt sich dabei ein höherer Wert, als jener ist, welcher von Weißbach angenommen wurde. Im allgemeinen hat sich zwar die Formel von Weißbach besser bewährt, weshalb auch die folgende Tabelle I 2 auf Grund seiner Angaben aufgestellt wurde; nachdem jedoch mathematisch genaue Berechnungen niemals durchführbar werden und der Wert von λ nach Darcy ein höherer wird, also sich niemals ein zu kleines, also trügerisches Resultat ergibt, ist die Anwendung der Formel für λ nach dessen Angaben nicht zu beanstanden. Für alle übrigen Berechnungen von λ ist die Formel von Weißbach vorzuziehen. Sie lautet

$$\lambda = 0{,}01439 + \frac{0{,}009471}{\sqrt{v}}.$$

a	Geschwindigkeit v des Wassers									
Rohrdurchm. in engl. Zoll resp. mm	0,05	0,10	0,15	0,20	0,25	0,30	0,40	0,50	0,60	0,70
	I. Wassermenge pro Sekunde in Litern									
$^1/_4{}'' = 6,35$	0,0016	0,0032	0,0047	0,0063	0,0078	0,0095	0,0126	0,0158	0,0190	0,0221
$^3/_8{}'' = 9,525$	0,0036	0,0071	0,0107	0,0143	0,0178	0,0214	0,0285	0,0356	0,0428	0,0499
$^1/_2{}'' = 12,70$	0,0063	0,013	0,019	0,0253	0,0317	0,0380	0,0507	0,0634	0,0760	0,0887
$^3/_4{}'' = 19,05$	0,014	0,028	0,043	0,057	0,071	0,087	0,114	0,143	0,171	0,200
$- 25,0$	0,0246	0,0491	0,0737	0,0982	0,123	0,129	0,196	0,246	0,295	0,344
$1'' = 25,40$	0,025	0,051	0,076	0,111	0,127	0,152	0,203	0,253	0,304	0,355
$- 30$	0,035	0,071	0,106	0,141	0,177	0,212	0,282	0,353	0,423	0,494
$1^1/_4{}'' = 31,75$	0,0396	0,079	0,119	0,158	0,198	0,238	0,317	0,396	0,475	0,554
35	0,048	0,096	0,144	0,192	0,241	0,289	0,385	0,481	0,577	0,673
$1^1/_2{}'' = 38,10$	0,057	0,114	0,171	0,228	0,285	0,342	0,456	0,570	0,684	0,798
$- 40,00$	0,063	0,126	0,188	0,251	0,314	0,377	0,503	0,682	0,754	0,880
$1^3/_4{}'' = 44,45$	0,078	0,155	0,233	0,310	0,388	0,466	0,621	0,776	0,931	1,086
45	0,080	0,159	0,239	0,318	0,398	0,477	0,636	0,795	0,954	1,113
50	0,098	0,196	0,295	0,393	0,491	0,589	0,785	0,982	1,190	1,374
$2'' = 50,80$	0,101	0,203	0,304	0,405	0,507	0,608	0,811	1,014	1,216	1,419
55	0,119	0,238	0,357	0,476	0,595	0,714	0,952	1,190	1,428	1,666
60	0,141	0,283	0,424	0,565	0,707	0,848	1,131	1,414	1,696	1,979
65	0,166	0,332	0,489	0,664	0,830	0,996	1,328	1,660	1,992	2,324
70	0,192	0,385	0,577	0,770	0,962	1,155	1,539	1,924	2,309	2,694
75	0,221	0,442	0,663	0,884	1,105	1,326	1,768	2,210	2,652	3,094
80	0,251	0,503	0,754	1,005	1,257	1,508	2,011	2,513	3,016	3,519
85	0,284	0,568	0,852	1,136	1,420	1,704	2,272	2,840	3,408	3,976
90	0,318	0,636	0,954	1,272	1,591	1,909	2,545	3,181	3,817	4,453
95	0,354	0,709	1,064	1,418	1,773	2,127	2,836	3,545	4,254	4,963
100	0,393	0,785	1,178	1,517	1,963	2,356	3,142	3,927	4,712	5,498
120	0,566	1,131	1,700	2,262	2,828	3,393	4,524	5,635	6,786	7,917
125	0,613	1,227	1,840	2,453	3,067	3,680	4,906	6,133	7,360	8,586
150	0,884	1,767	2,651	3,534	4,418	5,301	7,009	8,836	10,603	12,370
175	1,203	2,405	3,608	4,811	6,013	7,216	9,621	12,027	14,432	16,873
200	1,571	3,142	4,712	6,283	7,854	9,425	12,566	15,708	18,850	21,991
225	1,988	3,976	5,964	7,952	9,940	11,928	15,904	19,881	23,857	27,833
250	2,454	4,909	7,363	9,818	12,272	14,726	19,635	24,544	29,452	34,361
275	2,970	5,940	8,909	11,879	14,849	17,819	23,758	29,698	35,638	41,577
300	3,534	7,069	10,603	14 137	17,671	21,206	28,274	35,343	42,411	49,480
350	4,811	9,621	14,432	19,242	24,053	28,863	38,485	48,106	57,727	67,348
400	6,283	12,566	18,850	25,133	31,416	37,699	50,266	62,832	75,398	87,965
450	7,952	15,904	23,856	31,809	39,761	47,713	63,617	79,522	95,426	111,330
500	9,818	19,635	29,453	39,270	49,088	58,905	78,540	98,175	117,810	137 450
600	14,137	28,274	42,411	56,549	70,686	84,823	113,100	141,370	169,650	197,920
700	19,242	38,485	57,727	76,969	96,211	115,554	153,940	192,420	230,910	269,390
800	25,133	50,266	75,398	100,530	125,660	150,797	201,060	251,330	301,500	351,860
900	31,809	63,617	95,426	127,230	159,040	190,852	254,470	318,090	381,700	445,320
1000	39,270	78,540	117,810	157,080	196,350	235,620	314,160	392,700	471,240	549,780
1200	56,549	113,098	169,514	226,195	282,524	339,293	452,390	565,586	678,586	791,683
1500	88,358	176,715	265,073	353,430	441,787	530,145	706,860	883,475	1060,29	1237,005
2000	157,08	314,160	471,240	628,320	785,400	942,480	1256,640	1570,80	1884,96	2199,200

Wassermengen.

in Metern pro Sekunde									b
0,80	0,90	1,00	1,25	1,50	1,75	2,00	2,50	3,00	Rohrdurchm. in engl. Zoll resp. mm
(nach der Formel $Q = \frac{\delta^2}{4} \cdot v$)									
0,0253	0,0285	0,0317	0,0396	0,0475	0,0554	0,0633	0,0792	0,0950	$^1/_4''=6,35$
0,0570	0,0641	0,0713	0,0891	0,107	0,125	0,143	0,178	0,214	$^3/_8''=9,525$
0,101	0,114	0,127	0,158	0,190	0,222	0,253	0,317	0,380	$^1/_2''\ 12,70$
0,228	0,257	0,285	0,356	0,428	0,499	0,570	0,713	0,855	$^3/_4''=19,05$
0,393	0,442	0,491	0,614	0,737	0,859	0,982	1,228	1,473	—25,0
0,405	0,456	0,507	0,633	0,770	0,887	1,013	1,267	1,520	$1''\ -25,40$
0,564	0,635	0,705	0,881	1,058	1,234	1,410	1,763	2,115	30
0,633	0,713	0,792	0,990	1,188	1,385	1,593	1,979	2,375	$1^1/_4''\ 31,75$
0,770	0,866	0,962	1,203	1,443	1,684	1,924	2,405	2,886	35
0,912	1,026	1,140	1,425	1,710	1,995	2,280	2,850	3,420	$1^1/_2''\ 38,10$
1,055	1,131	1,257	1,571	1,885	2,199	2,513	3,142	3,770	40,00
1,242	1,397	1,552	1,940	2,328	2,716	3,104	3,880	4,656	$^3/_4''=45$
1,272	1,431	1,590	1,988	2,385	2,783	3,180	3,975	4,770	54
1,571	1,767	1,964	2,454	2,945	3,436	3,927	4,909	5,980	50
1,622	1,824	2,027	2,534	3,041	3,547	4,045	5,068	6,081	$2''\ -50,80$
1,905	2,142	2,376	2,975	3,570	4,165	4,760	5,950	7,140	55
2,262	2,545	2,827	3,534	4,241	4,948	5,655	7,069	8,482	60
2,656	2,988	3,318	4,148	4,977	5,807	6,636	8,295	9,954	65
3,079	3,464	3,849	4,811	5,773	6,735	7,697	9,621	11,546	70
3,536	3,978	4,420	5,525	6,630	7,735	8,840	11,050	13,260	75
4,021	4,524	5,027	6,283	7,540	8,796	10,053	12,566	15,080	80
4,544	5,112	5,680	7,100	8,520	9,940	11,360	14,200	17,040	85
5,090	5,726	6,362	7,953	9,543	11,134	12,724	15,905	19,086	90
5,672	6,381	7,090	8,863	10,635	12,408	14,180	17,725	21,270	95
6,283	7,069	7,854	9,817	11,781	13,744	15,708	19,625	23,550	100
9,048	10,179	11,310	14,138	16,965	19,791	22,620	28,275	33,930	120
9,813	11,039	12,266	15,333	18,399	21,466	24,532	30,665	36,798	125
14,137	15,904	17,672	22,089	26,507	30,925	35,343	44,179	53,015	150
19,242	21,648	24,053	30,066	36,080	42,093	48,106	60,131	73,159	175
25,133	28,274	31,416	39,270	47,124	54,978	62,832	78,540	94,248	200
31,809	35,785	39,761	49,701	59,642	69,582	79,522	99,403	119,283	225
39,270	44,179	49,087	61,359	73,631	85,903	98,175	122,719	147,263	250
47,517	53,456	59,396	74,245	89,094	103,943	118,792	148,490	178,188	275
56,549	63,617	70,686	88,357	106,03	123,700	141,370	176,715	212,058	300
76,969	86,590	96,211	120,260	144,320	168,370	192,420	240,529	288,635	350
100,530	113,100	125,660	157,080	188,500	219,91	251,330	314,160	376,992	400
127,230	143,140	159,040	198,800	238,570	278,33	318,090	397,609	477,131	450
157,080	176,720	196,350	245,440	294,530	343,610	392,700	490,875	589,050	500
226,190	254,470	282,740	353,430	424,110	494,800	565,490	706,850	848,232	600
307,880	346,360	384,850	481,060	577,270	673,480	769,690	962,115	1154,538	700
402,120	452,390	502,660	628,320	753,980	879,650	1005,30	1256,63	1507,968	800
508,940	572,560	636,170	795,22	954,260	1113,300	1272,30	1590,435	1908,52	900
628,320	706,860	785,400	981,750	1178,100	1374,40	1570,80	1963,50	2356,20	1000
904,781	1017878	1130,976	1413,72	1696,464	1979,208	2261,952	2827,44	3392,928	1200
1413,72	1590,435	1767,15	2208,938	2650,725	3092,503	3534,30	4417,875	5301,45	1500
2513,28	2827,44	3141,60	3927,00	4212,40	5497,80	6283,20	7854,00	9424,80	2000

Tabelle I, 2.

a	Geschwindigkeit v des Wassers									
Rohr-durchm. in engl. Zoll resp. mm	0,05	0,10	0,15	0,20	0,25	0,30	0,40	0,50	0,60	0,70
	Druckhöhenverlust oder Widerstandshöhe h_I in Metern für 100 m von Weißbach $h_I = \lambda \frac{l}{d} \frac{v^2}{2g}$, wobei									
$^1/_4'' = 6{,}35$	0,114	0,356	0,701	1,144	1,672	2,288	3,770	5,575	7 693	10,112
$^3/_8'' = 9{,}525$	0,076	0,237	0,467	0,761	1,113	1,525	2,511	3,719	5,129	6,741
$^1/_2'' = 12{,}70$	0,057	0,178	0,350	0,572	0,836	1,144	1,885	2,789	3,847	5,059
$^3/_4'' = 19{,}05$	0,038	0,119	0,234	0,381	0,557	0,765	1,267	1,859	2,564	3,371
$-$ 25,00	0,0290	0,094	0,178	0,290	0,418	0,583	0,957	1,416	1,954	2,568
$1'' = 25{,}40$	0,0285	0,080	0,175	0,286	0,412	0,572	0,943	1,394	1,923	2,528
30	0,0241	0,075	0,149	0,242	0,354	0,483	0,798	1,180	1,628	2,140
$1^1/_4'' = 31{,}75$	0,0228	0,071	0,140	0,228	0,334	0,458	0,754	1,116	1,539	2.0224
35	0,0207	0,0645	0,127	0,205	0,303	0,416	0,674	1,011	1,395	1,834
$1^1/_2'' = 38{,}10$	0,0190	0,059	0,117	0,190	0,279	0,381	0,628	0,930	1,282	1,685
$-$ 40,00	0,0181	0,056	0,111	0,181	0,266	0,363	0,599	0,886	1,221	1,605
$1^3/_4'' = 44{,}45$	0,0163	0,0519	0,1001	0,1649	0,2389	0,3270	0,539	0,7964	1,099	1,455
45	0,0161	0,0516	0,0990	0,1612	0,2359	0.3238	0,5318	0,7867	1,084	1,427
50	0,0145	0,0451	0,0891	0.1451	0,2123	0,2941	0,4786	0,7080	0,9766	1,284
$2'' = 50{,}80$	0,0142	0,0445	0,0875	0,143	0,2091	0,2860	0,455	0,6972	0,9616	1,2640
55	0,0131	0,0410	0,0810	0,1320	0,1930	0,2649	0,4351	0,6436	0,8800	1,1673
60	0,0121	0,0377	0,0742	0,1210	0,1770	0,2422	0,419	0,5903	0,8148	1,0702
65	0,0111	0,0348	0,0685	0,1116	0,1633	0,2242	0,3682	0,5446	0,7513	0,9877
70	0,0103	0,0323	0,0636	0,1036	0,1517	0,2076	0,3419	0,5059	0,6979	0,9173
75	0,00964	0,0301	0,0594	0,0967	0,1415	0,1943	0,3191	0,4720	0,6512	0,8560
80	0,00904	0,0283	0,0557	0,0906	0,1327	0,1816	0,2993	0,4428	0,6106	0,8026
85	0,00851	0,0266	0,0524	0,0854	0,1195	0,1713	0,2815	0,4165	0,5746	0,7553
90	0,00803	0,0251	0,0494	0,0807	0,1180	0,1614	0,2660	0,3936	0,5428	0,7134
95	0,00761	0,0238	0,0469	0,0764	0,1117	0,1534	0,2519	0,3726	0,5140	0,6758
100	0,00723	0,0226	0,0445	0,0725	0,1062	0,1453	0,2394	0,3542	0,4885	0,6421
120	0,00602	0,0188	0,0371	0,0600	0,0885	0,1214	0,1994	0,2950	0,4070	0,5350
125	0,00578	0,0181	0,0356	0,0580	0,0849	0,1160	0,1915	0,2833	0,3908	0,5137
150	0,00482	0,0151	0,0297	0,0483	0,0708	0,0969	0,1596	0,2360	0,3257	0,4287
175	0,00413	0,0129	0,0254	0,0414	0,0607	0,0830	0,1368	0,2023	0,2791	0,3660
200	0,00362	0,0113	0,0223	0,0363	0,0531	0,0727	0,1197	0,1771	0,2442	0,3211
225	0,00310	0,0101	0,0198	0,0322	0,0472	0,0646	0,1064	0,1574	0,2171	0,2856
250	0,00289	0,00905	0,0178	0,0290	0 0424	0,0581	0,0958	0,1416	0,1954	0,2568
275	0,00263	0,0082	0,0162	0,0264	0 0386	0,0528	0,0871	0.1287	0,1776	0,2335
300	0,00241	0,0075	0,0148	0,0242	0,0354	0,0484	0,0798	0,1180	0,1628	0,2140
350	0,00205	0,0065	0,0127	0,0207	0,0303	0,0415	0,0684	0,1012	0,1396	0,1835
400	0,00181	0,00566	0,0111	0,0181	0,0266	0,0363	0,0599	0,0886	0,1221	0,1650
450	0,00161	0,00503	0,0099	0,0161	0,0236	0,0323	0,0532	0,0787	0,1086	0,1427
500	0,00145	0,0045	0,0089	0,0145	0,0212	0,0291	0,0479	0,0708	0,0977	0,1284
600	0,00131	0,0038	0,0074	0,0121	0,0177	0,0242	0,0399	0,0590	0,0814	0,1070
700	0,00103	0,0032	0,0064	0,0104	0,0152	0,0208	0,0342	0,0506	0,0698	0,0917
800	0,00090	0,0028	0,0056	0,0091	0,0133	0,0182	0,0299	0,0443	0,0610	0,0803
900	0,00080	0,0025	0,0049	0,0081	0,0118	0,0161	0,0266	0,0394	0,0543	0,0714
1000	0,00072	0,0023	0,0045	0,0073	0,0106	0,0145	0,0239	0,0354	0,0488	0,0642
1200	0,00054	0,0019	0,0037	0,0060	0,00885	0,0121	0,0199	0,0295	0,0407	0,0535
1500	0,00048	0,00151	0,0029	0,00483	0,0071	0,0097	0,01596	0,02361	0,03267	0,0429
2000	0,00036	0,00113	0,0022	0,00363	0,00580	0,00727	0,01197	0,01771	0,02441	0,0321
$\lambda =$	0,05675	0,04430	0,03884	0,03557	0,03333	0,03168	0,02936	0,02778	0,02642	0,02571
$\lambda \cdot \dfrac{v^2}{2g}$	—	—	—	—	—	0,000239	0,000354	0,000488	0,000642	

Druckhöhenverluste.

in Metern pro Sekunde									b Rohrdurchm. in engl. Zoll resp. mm
0,80	0,90	1,00	1,25	1,50	1,75	2,00	2,50	3,00	

Leitungslänge und die Wassermengen von Tab. I 1 nach der Formel $\lambda = 0,01439 + \dfrac{0,0094711}{v}$ ist. (S. unten!)

0,80	0,90	1,00	1,25	1,50	1,75	2,00	2,50	3,00	b
12.850	15,842	19,150	28,712	39,954	52,976	67,711	102,236	143,464	1/4" = 6,35
8,567	10,562	12,766	19,114	26,635	35,314	45,140	68,158	95,643	3/8" = 9,525
6,425	7,922	9,576	14,333	19,979	26,488	33,858	51,123	71,739	1/2" = 12,70
4,283	5,281	6,383	9,557	13,317	17,659	22,572	34,078	47,821	3/4" = 19,05
3,234	4,024	4,864	7,384	10,148	13,456	17,200	25,968	36,440	— = 25,00
3,212	3,961	4,788	7,168	9,989	13,244	16,939	25,558	35,867	1" = 25,40
2,694	3,353	4,053	6,070	8,457	11,213	14,333	21,480	30,367	30
2,570	3,169	3,830	5,734	7,991	10,595	13,343	20,447	28,693	1 1/4" = 31,75
2,310	2,874	3,564	5,203	7,249	10,400	12,286	18,549	26,029	35
2,142	2,640	3,192	4,779	6,659	8,829	11,286	17,039	23,911	1 1/2" = 38,10
2,037	2,516	3,045	4,552	6,343	8,409	10,749	16,230	22,776	— = 40,00
1,936	2,263	2,736	4,0970	5,707	7,568	9,674	14,605	20,495	1 3/4" = 44,45
1,908	2,234	2,702	4,047	5,638	7,476	9,555	14,427	20,244	45
1,618	2,012	2,432	3,642	5,074	6,728	8,600	12,984	18,220	50
1,606	1,980	2,394	3,3584	4,9943	6,6214	8,4632	12,779	17,933	2" = 50,80
1,4600	1,8291	2,2110	3,3109	4,6127	6,1664	7,8182	11,8036	16,5636	55
1,3580	1,6770	2,0267	3,0343	4,2284	5,6061	7,1660	10,8200	15,1833	60
1,2440	1,5477	1,8701	2,8015	3,9031	5,1754	6,6154	9,9877	14,0153	65
1,1650	1,4572	1,7375	2,6001	3,6245	4,8054	6,1404	9,2745	13,0145	70
1,0781	1,3413	1,6213	2,4280	3,3827	4,4853	5,7333	8,6560	12,1466	75
1,0185	1,2578	1,5203	2,2758	3,1715	4,2046	5,3745	8,1148	11,3878	80
0,9513	1,1835	1,4306	2,1424	2,9847	3,9576	5,0588	7,6376	10,7176	85
0,9061	1,1180	1,3513	2,0229	2,8190	3,7374	4,7773	7,2131	10,1222	90
0,8512	1,0589	1,2780	1,9168	2,6705	3,4510	4,5263	6,8337	9,5895	95
0,8148	1,0062	1,2162	1,8206	2,5371	3,3637	4,2996	6,4981	9,1102	100
0,6738	0,8383	1,1133	1,5175	2,1442	2,8033	3,5833	5,410	7,5920	120
0,6524	0,8050	0,9730	1,4565	2,0297	2,6910	3,4397	5,1934	7,2882	125
0,5432	0,6707	0,8108	1,2137	1,6914	2,2424	2,8661	4,3280	6,0735	150
0,4660	0,5750	0,6950	1,0403	1,4497	1,9221	2,4570	3,7097	5,2056	175
0,4074	0,5031	0,6081	0,9103	1,2686	1,6818	2,1498	3,2459	4,5551	200
0,3624	0,4472	0,5405	0,8091	1,1276	1,4956	1,9111	2,8853	4,0889	225
0,3259	0,4025	0,4865	0,7282	1,0148	1,3455	1,7198	2,5967	3,6441	250
0,2965	0,3660	0,4422	0,6620	0,9226	1,2232	1,5635	2,3607	3,3127	275
0,2716	0,3354	0,4054	0,6069	0,8457	1,1212	1,4330	2,1640	3,0367	300
0,2328	0,2875	0,3475	0,5202	0,7249	0,9611	1,2284	1,8548	2,6029	350
0,2037	0,2516	0,3045	0,4551	0,6343	0,8409	1,0749	1,6230	2,2776	400
0,1811	0,2236	0,2703	0,4046	0,5638	0,7475	0,9554	1,4427	2,0244	450
0,1630	0,2012	0,2432	0,3641	0,5074	0,6727	0,8599	1,2984	1,8220	500
0,1358	0,1677	0,2027	0,3034	0,4228	0,5606	0,7166	1,0820	1,5183	600
0,1164	0,1437	0,1737	0,2600	0,3624	0,4805	0,6140	0,9275	1,3015	700
0,1019	0,1258	0,1520	0,2276	0,3171	0,4205	0,5375	0,8115	1,1388	800
0,0905	0,1118	0,1351	0,2023	0,2819	0,3737	0,4777	0,7213	1,0122	900
0,0815	0,1006	0,1216	0,1821	0,2527	0,3364	0,4300	0,6492	0,9110	1000
0,0680	0,0840	0,1013	0,1518	0,2114	0,2803	0,3583	0,5410	0,7592	1200
0,0544	0,0671	0,0811	0,1214	0,1691	0,2242	0,2866	0,4328	0,6073	1500
0,0408	0,0503	0,0608	0,0913	0,1269	0,1682	0,2150	0,3246	0,4555	2000
0,02479	0,02438	0,02368	0,02286	0,02212	0,02155	0,02109	0,02038	0,01966	$= \lambda$
0,000809	0,001006	0,001216	0,001821	0,002537	0,003364	0,00430	0,006492	0,00911	$= \lambda \cdot \dfrac{v^2}{2g}$

Tabelle II, 1

zur Auffindung der Profilhöhe h bzw. jenes normalen Eiprofils, welches für die unten verzeichneten — auch angenäherten — Wassermengen unter den aufgeführten Geschwindigkeiten erforderlich ist.

1	2	3	Bei einer sekundlichen Wassergeschwindigkeit von v = Meter:											
h oder Profilshöhe	h²	F=0,51 h Querschnittsfläche	0,50	0,55	0,60	0,65	0,70	0,75	0,80	0,85	0,90	0,95	1,00	1,20
			durchfließen die in Kolonne 1—3 festgestellten, normalen Eiweißprofile die nachstehend verzeichneten Wassermengen Q in Litern											
0,60	0,3600	0,1836	91,8	101,0	110,2	119,3	128,5	137,7	146,9	156,1	165,2	174,4	183,6	220,3
0,65	0,4225	0,2155	107,8	118,5	129,3	140,1	150,9	161,6	172,4	183,2	194,0	204,7	215,5	258,6
0,70	0,4900	0,2499	125,0	137,4	149,9	162,4	174,9	187,4	199,9	212,4	224,9	237,4	249,9	299,9
0,75	0,5625	0 2860	143,5	157,8	172,1	186,5	200,8	215 2	229,5	243,9	258,8	272 6	286,9	344,3
0,80	0 6400	0,3264	163,2	179,5	195,8	212,2	228,5	244,8	261,1	277,4	293,8	310,1	326,4	391,7
0,85	0,7225	0,3685	184,3	202,7	221,1	239,5	258,0	276,4	294,8	313,2	331,7	350,1	368,5	442,2
0,90	0,8100	0,4131	206,6	227,2	247,9	268,5	289,2	309,8	330,5	351,1	371,8	392,4	413,1	495,7
0,95	0,9025	0,4603	230,2	253,2	276,2	299,2	322,2	345,2	368,2	391,3	414,3	437,3	460,3	552,4
1,00	1,0000	0,5100	255,0	280,5	306,0	331,5	357,0	382,5	408,0	433,5	459,0	484,5	510,0	612,0
1,05	1,1025	0,5623	281,2	309,3	337,4	365,5	393,6	421,7	449,8	478,0	506,1	534,2	562,3	674,8
1 10	1,2100	0,6171	308,6	339,4	370,3	401,1	432,0	462,8	493,7	524,5	555,4	586,2	617,1	740,5
1,15	1,3225	0.6746	337,3	371,0	404,8	438,5	472,2	506,0	539,7	573,4	607,1	640,9	674,6	809,5
1,20	1,4400	0.7344	367,2	403,9	440,6	477,4	514,1	550,8	587,5	624,2	661,0	697,7	734,4	881,3
1,25	1,5625	0,7969	398,5	438,3	478,1	518,0	557,8	597,8	637,5	677,4	717,2	757,1	796,9	956,3
1,30	1,6900	0,8619	431,0	474,0	517,1	560,2	603,3	646,4	689,5	732,6	775,7	818,8	861,9	1034,3
1,35	1,8225	0,9295	464,8	511,2	557,7	604,2	650,7	697,1	743,6	790,1	836,6	883,0	929,5	1115,4
1,40	1,9600	0,9996	499,8	549,8	599,8	649,7	699,7	749,7	799,7	849,7	899,6	949,6	999,6	1199,5
1,45	2,1025	1,0723	536,2	559,8	643,4	697,0	750,6	804,2	857,7	911,5	965,1	1018,7	1072,3	1286,8
1,50	2,2500	1,1475	573,8	631,1	688,5	745,9	803,3	860,6	918,0	975,4	1032,8	1090,1	1147,5	1377,0

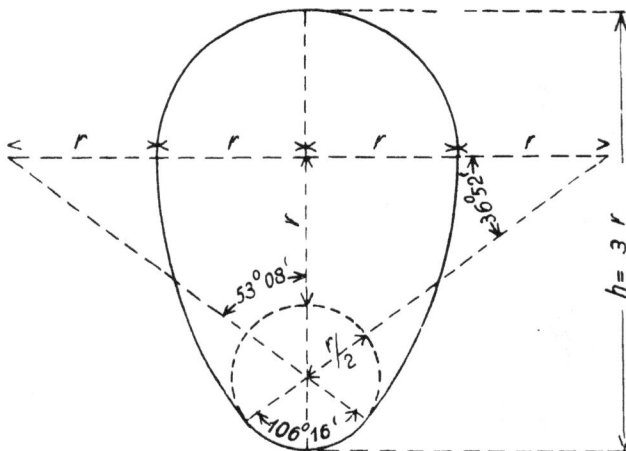

Fig. 19.

Tabelle II, 2

zur Ermittlung des Gefälles oder des Druckhöhenverlustes, welcher für das aufgefundene Eiprofil und die gewählte Geschwindigkeit v pro 1000 m Entfernung eintritt.

1	2	3	Bei einer sekundlichen Wassergeschwindigkeit von $v=$ Meter:											
			0,50	0,55	0,60	0,65	0,70	0,75	0,80	0,85	0,90	0,95	1,00	1,20
h	$\dfrac{U}{F}$	$h^0/_{00}=$ $v^2 \ldots$	wird das erforderliche Gefäll oder der Druckhöhenverlust $h^0/_{00}$ in Metern: (berechnet nach der Formel: $h^0/_{00} = 0,15\left(1+0,03\,\dfrac{U}{F}\right)\dfrac{U}{F}\,v^2$)											
0,60	8,627	1,629	0,407	0,494	0,586	0,689	0,798	0,917	1,043	1,178	1,319	1,471	1,629	2,346
0,65	7,963	1,480	0,370	0,448	0,533	0,626	0,725	0,833	0,947	1,070	1,199	1,336	1,480	2,131
0,70	7,395	1,356	0,339	0,411	0,488	0,574	0,664	0,764	0,868	0,980	1,098	1,224	1,356	1,953
0,75	6,901	1,250	0,313	0,379	0,450	0,529	0,613	0,704	0,800	0,904	1,013	1,129	1,250	1,800
0,80	6,472	1,159	0,290	0,351	0,417	0,490	0,568	0,653	0,742	0,838	0,939	1,047	1,159	1,669
0,85	6,090	1,080	0,270	0,327	0,388	0,456	0,529	0,608	0,691	0,781	0,875	0,975	1,080	1,555
0,90	5,751	1,012	0,253	0,307	0,364	0,428	0,496	0,570	0,648	0,732	0,820	0,914	1,012	1,457
0,95	5,448	0,951	0,238	0,288	0,342	0,402	0,466	0,535	0,609	0,688	0,770	0,859	0,951	1,369
1,00	5,176	0,897	0,224	0,272	0,323	0,379	0,440	0,505	0,574	0,649	0,727	0,810	0,897	1,292
1,05	4,930	0,849	0,212	0,257	0,307	0,359	0,416	0,478	0,543	0,614	0,688	0,767	0,849	1,223
1,10	4,706	0,806	0,202	0,244	0,290	0,341	0,395	0,454	0,516	0,583	0,653	0,728	0,806	1,161
1,15	4,500	0,766	0,192	0,232	0,276	0,324	0,375	0,431	0,490	0,554	0,620	0,692	0,766	1,103
1,20	4,314	0,731	0,183	0,222	0,263	0,309	0,358	0,412	0,468	0,529	0,592	0,660	0,731	1,053
1,25	4,141	0,698	0,175	0,211	0,251	0,295	0,342	0,393	0,447	0,505	0,565	0,630	0,698	1,005
1,30	3,982	0,669	0,167	0,203	0,241	0,283	0,328	0,377	0,428	0,484	0,542	0,604	0,669	0,963
1,35	3,834	0,641	0,160	0,194	0,231	0,271	0,314	0,361	0,410	0,463	0,519	0,579	0,641	0,923
1,40	3,697	0,616	0,154	0,187	0,222	0,261	0,302	0,347	0,394	0,445	0,499	0,556	0,616	0,887
1,45	3,570	0,593	0,148	0,180	0,213	0,251	0,291	0,334	0,380	0,429	0,480	0,535	0,593	0,854
1,50	3,451	0,571	0,143	0,173	0,206	0,242	0,280	0,321	0,365	0,413	0,463	0,516	0,571	0,822

Bemerkung zu Tabelle II, 1 und 2:

Zur Erleichterung der Berechnung von $h^0/_{00}$ für ein in der Tabelle nicht vorhandenes v wurde in Kolonne 2 der Tabelle II, 2 der Koeffizient $\dfrac{U}{F}$ für die einzelnen Profile vorgetragen, ebenso das Resultat der Formel $h^0/_{00} = 0,15\left(1+0,03\,\dfrac{U}{F}\right)\dfrac{U}{F}\,v^2$ ausschließlich der Schlußmultiplikation mit v^2. Der Druckhöhenverlust für ein neues v ergibt sich daher durch Multiplikation des zum Quadrat erhobenen letzteren mit dem in Kolonne 3 vorgetragenen Werte.

Hydrometrie.

Tabelle der aus Sekundenlitern abgeleiteten Minutenliter, Stundenkubikmeter, Tageskubikmeter.

Sek.-Liter	Min.-Liter	Stund.-Kubik-meter	Tages Kubik-meter	Sek.-Liter	Min.-Liter	Stund.-Kubik-meter	Tages-Kubik-meter
1	60	3,6	86,4	75	4500	270	6480
2	120	7,2	172,8	80	4800	288	6912
3	180	10,8	259,2	85	5100	306	7344
4	240	14,4	345,6	90	5400	324	7776
5	300	18,0	432,0	95	5700	342	8208
6	360	21,6	518,4	100	6000	360	8640
7	420	25,2	604,8	110	6600	396	9504
8	480	28,8	691,2	120	7200	432	10368
9	540	32,4	777,6	130	7800	468	11232
10	600	36,0	864,0	140	8400	504	12096
12	720	43,2	1036,8	150	9000	540	12960
14	840	50,4	1209,6	160	9600	576	13824
16	960	57,6	1382,4	170	10200	612	14688
18	1080	64,8	1555,2	180	10800	648	15552
20	1200	72,0	1728,0	190	11400	684	16416
25	1500	90,0	2160,0	200	12000	720	17280
30	1800	108,0	2592,0	300	18000	1080	25920
35	2100	126,0	3024,0	400	24000	1440	34560
40	2400	144,0	3456,0	500	30000	1800	43200
45	2700	162,0	3888,0	600	36000	2160	51840
50	3000	180,0	4320,0	700	42000	2520	60480
55	3300	198,0	4752,0	800	48000	2880	69120
60	3600	216,0	5184,0	900	54000	3240	77760
65	3900	234,0	5616,0	1000	60000	3600	86400
70	4200	252,0	6048,0				

Tabelle der aus Minutenlitern abgeleiteten Sekundenliter, Stundenkubikmeter, Tageskubikmeter.

Min.-Liter	Sek.-Liter	Stund.-Kubik-meter	Tages-Kubik-meter	Min.-Liter	Sek.-Liter	Stund.-Kubik-meter	Tages-Kubik-meter
1	0,0166	0,060	1,440	75	1,2500	4,500	108,000
2	0,0333	0,120	2,880	80	1,3333	4,800	115,200
3	0,0500	0,180	4,320	85	1,4166	5,100	122,400
4	0,0666	0,240	5,760	90	1,5000	5,400	129,600
5	0,0833	0,300	7,200	95	1,5833	5,700	136,800
6	0,1000	0,360	8,640	100	1,6666	6,000	144,000
7	0,1166	0,420	10,080	110	1,8333	6,600	158,400
8	0,1333	0,480	11,520	120	2,0000	7,200	172,800
9	0,1500	0,540	12,960	130	2,1666	7,800	187,200
10	0,1666	0,600	14,400	140	2,3333	8,400	201,600
12	0,2000	0,720	17,280	150	2,5000	9,000	216,000
14	0,2333	0,840	20,160	160	2,6666	9,600	230,400
16	0,2666	0,960	23,040	170	2,8333	10,200	244,800
18	0,3000	1,080	25,920	180	3,0000	10,800	259,200
20	0,3333	1,200	28,800	190	3,1666	11,400	273,600
25	0,4166	1,500	36,000	200	3,3333	12,000	288,000
30	0,5000	1,800	43,200	300	5,0000	18,000	432,000
35	0,5833	2,100	50,400	400	6,6666	24,000	576,000
40	0,6666	2,400	57,600	500	8,3333	30,000	720,000
45	0,7500	2,700	64,800	600	10,0000	36,000	864,000
50	0,8333	3,000	72,000	700	11,6666	42,000	1008,000
55	0,9166	3,300	79,200	800	13,3333	48,000	1152,000
60	1,0000	3,600	86,400	900	15,0000	54,000	1227,000
65	1,0833	3,900	93,600	1000	16,6666	60,000	1440,000
70	1,1666	4,200	100,800				

Tabelle der aus Stundenkubikmetern abgeleiteten Sekundenliter, Minutenliter, Tageskubikmeter.

Stun-den-Kubik-meter	Sekun-den-liter	Minut.-Liter	Tages-Kubik-meter	Stun-den-Kubik-meter	Sekun-den-liter	Minut.-Liter	Tages-Kubik-meter
1	0,277	16,66	24	35	9,722	583,33	840
2	0,555	33,33	48	40	11,111	666,66	960
3	0,833	50,00	72	45	12,500	750,00	1080
4	1,111	66,66	96	50	13,800	833,33	1200
5	1,388	83,33	120	55	15,277	916,66	1320
6	1,666	100,00	144	60	16,666	1000,00	1440
7	1,944	116,66	168	65	18,055	1083,33	1560
8	2,222	133,33	192	70	19,443	1266,66	1680
9	2,500	150,00	216	75	20,833	1250,00	1800
10	2,777	166,66	240	80	22,222	1333,33	1920
12	3,333	200,00	288	85	23,610	1416,66	2040
14	3,888	233,33	336	90	25,000	1500,00	2160
16	4,444	266,66	384	95	26,388	1583,33	2280
18	5,000	300,00	432	100	27,777	1666,66	2400
20	5,555	333,33	480	110	30,555	1833,33	2640
25	6,944	416,66	600	120	33,333	2000,00	2880
30	8,333	500,00	720	130	36,111	2166,66	3120
140	38,888	2333,33	3360	400	111,111	6666,66	9600
150	41,666	2500,00	3600	500	138,888	8333,33	12000
160	44,444	2666,66	3840	600	166,666	10000,00	14400
170	47,222	2833,33	4080	700	194,444	11666,66	16800
180	50,000	3000,00	4320	800	222,222	13333,33	19200
190	52,777	3166,66	4560	900	250,000	15000,00	21600
200	55,555	3333,33	4800	1000	277,777	16666,60	24000
300	83,333	5000,00	7200				

Tabelle der aus Tageskubikmetern abgeleiteten Sekundenliter, Minutenliter, Stundenkubikmeter.

Tages-Kubik-meter	Sekun-den-liter	Minut.-Liter	Stun-den-Kubik-meter	Tages-Kubik-meter	Sekun-den-liter	Minut.-Liter	Stun-den-Kubik-meter
1	0,0115	0,6944	0,0416	75	0,8680	52,0833	3,1250
2	0,0231	1,3888	0,0833	80	0,9259	55,5555	3,3333
3	0,0347	2,0833	0,1250	85	0,9837	59,0277	3,5416
4	0,0462	2,7777	0,1666	90	1,0416	62,5000	3,7500
5	0,0578	3,4722	0,2083	95	1,0995	65,9723	3,9583
6	0,0694	4,1666	0,2500	100	1,1574	69,4444	4,1666
7	0,0810	4,8611	0,2916	110	1,2731	73,3888	4,5833
8	0,0925	5,5555	0,3333	120	1,3888	83,3333	5,0000
9	0,1041	6,2500	0,3750	130	1,5045	90,2777	5,4166
10	0,1157	6,9444	0,4166	140	1,6203	97,2222	5,8333
12	0,1388	8,3333	0,5000	150	1,7360	104,1666	6,2500
14	0,1620	9,7222	0,5833	160	1,8518	111,1111	6,6666
16	0,1851	11,1111	0,6666	170	1,9675	118,0555	7,0833
18	0,2083	12,5000	0,7500	180	2,0833	125,0000	7,5000
20	0,2314	13,8888	0,8333	190	2,1990	131,9444	7,9166
25	0,2893	17,3611	1,0416	200	2,3148	138,8888	8,3333
30	0,3472	20,8333	1,2500	300	3,4722	208,3333	12,5000
35	0,4051	24,3055	1,4583	400	4,6296	287,7777	16,6666
40	0,4629	27,7777	1,6666	500	5,7870	347,2222	20,8333
45	0,5208	31,2500	1,8750	600	6,9444	416,6666	25,0000
50	0,5787	34,7222	2,0833	700	8,1018	486,1111	29,1666
55	0,6365	38,1944	2,2916	800	9,2592	555,5555	33,3333
60	0,6944	41,6666	2,5000	900	10,4166	625,0000	37,5000
65	0,7523	45,1388	2,7083	1000	11,5740	694,4444	41,6666
70	0,8101	48,6111	2,9166				

Formstücke.

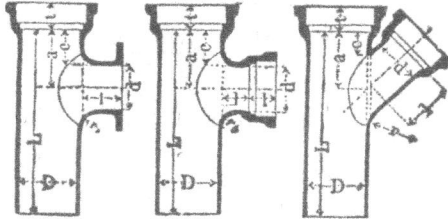

Fig. 20

A-Stücke.   B-Stücke.   C-Stücke.

Für A- und B-Stücke ist:

$c = 100 + 0,2\ D$ mm; $a = 100 + 0,2\ D + 0,5\ d$ mm; $r = 40 + 0,05\ d$ mm.

Für A-Stücke: $l = 120 + 0,1\ d$ mm.

Für B-Stücke: $l =$ Muffentiefe des Abzweiges.

Für C-Stücke ist:

$c = 80 + 0,1\ D$ mm; $a = 80 + 0,1\ D + 0,7\ d$ mm; $r = d$; $l = 0,75\ a$.

Klassifikation der A-, B- und C-Stücke.

A- und B-Stücke.			C-Stücke.		
D Durchm. d. Hauptrohres mm	d Durchm. d. Abzweiges mm	L Baulänge m	D Durchm. d. Hauptrohres mm	d Durchm. d. Abzweiges mm	L Baulänge m
40—100	40—100	0,8	40—100	40—100	0,8
125—325	40—325	1,0	125—275	40—275	1,0
350—500	40—300	1,0	300—425	40—250	1,0
	325—500	1,25		275—425	1,25
550—750	40—250	1,0	450—600	40—250	1,0
	275—500	1,25		275—425	1,25
	550—750	1,50		450—600	1,50
			650—750	40—250	1,0
				275—425	1,25
				450—600	1,50
				650—750	1,75

Diejenigen Abzweigstücke, deren Abzweig einen Durchm. von 400 mm und mehr besitzt, sind von 2 Atmosph. Betriebsdruck an sowohl in ihren Wandungen als auch event. durch Rippen zu verstärken.

E-Stücke. (Flanschen-Muffenstücke.) Baulänge $L = 300$ mm.

F-Stücke. (Flanschen-Schwanzstücke.)

Baulänge: $L = 600$ mm für $D = 40–475$ mm.

$L = 890$ mm für $D = 500–750$ mm.

I - S t ü c k e (scharfe Bogenstücke von 30 °).

Radius der Krümmungsmittellinie :

Für $D = 40-90$ mm, $R = 250$ mm; für $D < 100$ mm, $R = 150 + D$ mm.

Länge d. geraden Spitzendes : f. $D = 40-375$ mm, $m = D + 200$ mm.

• $D < 400$ mm, $m = 600$ mm.

K - S t ü c k e (schlanke Bogenstücke.) Radius $R = 10\ D$.

L - S t ü c k (schlanke Bogenst., zulässig für $D < 300$ mm). $R = 5\ D$.

R - S t ü c k e. (Übergangsrohre.) Baulänge $L = 1{,}0$ m. Länge des zylindrischen Stückes am glatten Ende $= 2\ t$.

U - S t ü c k e. (Überschieber.) Ganze Länge $= 4$ Muffentiefen.

Bei der Berechnung der Gewichte von Formstücken ist dem Gewichte, welches nach den normalen Dimensionen berechnet ist, ein Zuschlag von 15%, bei Krümmern ein solcher von 20% zu geben.

Für Anordnung der Schraubenlöcher in den Flanschen gilt die Regel, dafs in der Vertikalebene durch die Achse des Rohres sich keine Schraubenlöcher befinden sollen.

Baulänge der Absperrschieber.

Für Flanschenschieber : $L = D + 200$ mm,

für Muffenschieber mit direkt eingetriebenen Ringen : $L = 0{,}7\ D + 100$ mm,

für Muffenschieber mit eingebleiten Ringen : $L = D + 250 - 2t$ mm.

Gewichte gufseiserner Formstücke.

Gewichtstabelle für gufseiserne Rohr-Formstücke.

D mm	$d=D$	A-Stücke d in mm					$d=D$	B-Stücke d in mm				
		80	100	150	200	300		80	100	150	200	300
		Gewicht in kg						Gewicht in kg				
40	14	—	—	—	—	—	14	—	—	—	—	—
50	19	—	—	—	—	—	19	—	—	—	—	—
60	22	—	—	—	—	—	22	—	—	—	—	—
70	27	—	—	—	—	—	27	—	—	—	—	—
80	30	30	—	—	—	—	31	31	—	—	—	—
90	33	32	—	—	—	—	34	33	—	—	—	—
100	37	35	37	—	—	—	38	36	38	—	—	—
125	54	49	51	—	—	—	55	50	52	—	—	—
150	68	59	63	68	—	—	70	60	64	70	—	—
175	88	79	81	84	—	—	90	80	82	86	—	—
200	97	88	90	91	97	—	100	89	91	94	100	—
225	106	95	97	100	104	—	110	96	98	102	107	—
250	125	111	113	116	121	—	130	112	114	118	124	—
275	144	126	128	131	136	—	150	127	129	133	139	—
300	162	146	148	152	155	162	170	147	149	154	158	172
350	241	174	178	182	187	199	250	175	179	184	190	207
400	299	210	212	216	222	234	310	211	213	218	225	247

17. Gewichtstabelle für gußeiserne Rohr-Formstücke.

D mm	A-Stücke d in mm d=D	80	100	150	200	300	B-Stücke d in mm d=D	80	100	150	200	300
	Gewicht in kg						Gewicht in kg					
40	14	—	—	—	—	—	14	—	—	—	—	—
50	19	—	—	—	—	—	19	—	—	—	—	—
60	22	—	—	—	—	—	22	—	—	—	—	—
70	27	—	—	—	—	—	27	—	—	—	—	—
80	30	30	—	—	—	—	31	31	—	—	—	—
90	33	32	—	—	—	—	34	33	—	—	—	—
100	37	35	37	—	—	—	38	36	38	—	—	—
125	54	49	51	—	—	—	55	50	52	—	—	—
150	68	59	63	68	—	—	70	60	64	70	—	—
175	88	79	81	84	—	—	90	80	82	86	—	—
200	97	88	90	91	97	—	100	89	91	94	100	—
225	106	95	97	100	104	—	110	96	98	102	107	—
250	125	111	113	116	121	—	130	112	114	118	124	—
275	144	126	128	131	136	—	150	127	129	133	139	—
300	162	146	148	152	155	162	170	147	149	154	158	170
350	241	174	178	182	187	199	250	175	179	184	190	207
400	299	210	212	216	222	234	310	211	213	218	225	242

D mm	C-Stücke d in mm d=D	80	100	150	200	300	U-Stücke kg	E-Stücke kg	F-Stücke kg	K-Stücke Winkel 45°	30°	22,5°	15°
	Gewicht in kg												
40	16	—	—	—	—	—	7	9	8	7	6	—	—
50	21	—	—	—	—	—	8	11	10	9	7	—	—
60	25	—	—	—	—	—	10	13	12	10	9	—	—
70	31	—	—	—	—	—	12	15	14	16	13	—	—
80	37	37	—	—	—	—	14	17	16	21	16	14	—
90	40	39	—	—	—	—	17	19	18	25	18	16	—
100	48	42	48	—	—	—	19	21	20	30	22	18	—
125	65	57	60	—	—	—	24	26	26	45	33	28	—
150	82	69	72	82	—	—	31	32	32	66	48	39	—
175	106	88	91	101	—	—	38	39	40	94	66	53	—
200	119	95	98	108	119	—	45	47	48	—	87	70	—
225	132	102	105	115	126	—	53	55	54	—	112	90	—
250	152	115	118	128	139	—	62	62	63	—	142	113	83
275	178	133	136	146	157	—	71	70	71	—	176	140	—
300	229	149	152	162	173	229	82	78	80	—	215	170	123
350	282	179	182	192	203	261	103	95	100	—	—	240	173
400	354	218	221	231	242	309	125	116	120	—	—	—	230

Gewichtstabelle für Wassertöpfe.

Rohr-weite	Lichter Durchm.	Lichte Tiefe	Ge-wicht	Rohr-weite	Lichter Durchm.	Lichte Tiefe	Ge-wicht
mm	mm	mm	kg	mm	mm	mm	kg
40— 50	235	325	50	425—500	800	1000	830—850
60— 80	260	420	85— 90	600	800	1250	1550
90—150	315	550	140—150	700	900	1400	2000
175—225	390	650	210—225	750	1000	1500	2450
250—300	500	800	350—360	800	1100	1700	3150
325—400	650	900	590—610	1000	1250	2000	4200

Gewichtstabelle für gufseiserne Flanschen-Formstücke.

D	Schenkel-länge	Krümmer 90°	T-Stück	Kreuz-stück	Deckel
mm	mm		Gewicht in kg		
40	140	7	10	13	2,5
50	150	8	13	17	3
60	160	10	15	20	3,5
70	170	13	19	25	4
80	180	15	21	28	4,5
90	190	18	25	33	5
100	200	20	29	39	6
125	225	26	40	53	8
150	250	35	52	69	10
175	275	45	64	85	13
200	300	55	76	102	17
225	325	65	80	117	21
250	350	80	110	147	25
275	375	95	135	180	29
300	400	110	165	205	33
325	425	130	190	255	39
350	450	150	220	295	45
375	475	175	255	340	50
400	500	200	290	390	54
450	550	255	370	490	66

Muffenstahlrohre.
(Mannesmann, Thyssen & Co.)

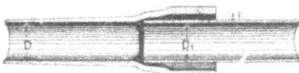

Die Rohre sind nahtlos aus bestem Stahl (Bruch-festigkeit 55 — 65 kg pro qmm) gewalzt. Die Muffen werden entweder aus dem Rohre selbst oder durch einen heifsaufgezogenen Ring verstärkt hergestellt.

Rohrlängen 7 m und mehr.

Rostschutz durch Heifsasphaltieren und Umhüllung mit asphaltierter Jute.

Bemerkung: In neuester Zeit erstreckt sich die Fabrikation der Gesellschaft auch auf Rohre schon mit ³/₄'' beginnend in jeder handelsüblichen Lichtweite bis zu obigen 40 mm Rohren.